国家林业局普通高等教育"十三五"规划教材

江苏省"十二五"高等学校重点教材（编号 2015-1-113）

测 量 学

（第 2 版）

史玉峰　主编

中国林业出版社

图书在版编目（CIP）数据

测量学/史玉峰主编. —2 版. —北京：中国林业出版社，2017.6（2024.9重印）
国家林业局普通高等教育"十三五"规划教材　江苏省"十二五"高等学校重点教材
ISBN 978-7-5038-9036-9

Ⅰ. ①测…　Ⅱ. ①史…　Ⅲ. ①测量学—高等学校—教材　Ⅳ. ①P2

中国版本图书馆 CIP 数据核字（2017）第 126755 号

中国林业出版社·教育出版分社
策划、责任编辑：田苗
电话：（010）83143557　　　　　　传真：（010）83143516

出版发行	中国林业出版社（100009　北京市西城区德内大街刘海胡同 7 号） E-mail：jiaocaipublic@163.com　电话：（010）83143500 https://www.cfph.net
经　销	新华书店
印　刷	北京中科印刷有限公司
版　次	2012 年 6 月第 1 版（共印 3 次） 2017 年 6 月第 2 版
印　次	2024 年 9 月第 5 次印刷
开　本	850mm×1168mm　1/16
印　张	20.5
字　数	472 千字
定　价	42.00 元

《测量学》（第 2 版）编写人员

主　　编：史玉峰

副 主 编：冯遵德　何立恒

编写人员：（按姓氏拼音排序）

陈改英（北京农学院）

陈红华（南京林业大学）

陈　健（南京林业大学）

冯遵德（江苏师范大学）

何立恒（南京林业大学）

纪亚洲（江苏师范大学）

栾志刚（南京林业大学）

史晓云（南京林业大学）

史玉峰（南京林业大学）

隋铭明（南京林业大学）

王志杰（南京林业大学）

魏浩翰（南京林业大学）

许秀泉（沈阳农业大学）

杨　强（南京林业大学）

张雅梅（河南农业大学）

《测量学》（第1版）编写人员

主　　编：史玉峰

副 主 编：栾志刚　陈改英　吴学伟

编写人员：（按姓氏拼音排序）

陈改英（北京农学院）

陈红华（南京林业大学）

陈　健（南京林业大学）

何立恒（南京林业大学）

李桂苓（嘉兴学院）

栾志刚（南京林业大学）

史晓云（南京林业大学）

史玉峰（南京林业大学）

隋铭明（南京林业大学）

王志杰（南京林业大学）

魏浩翰（南京林业大学）

吴学伟（东北林业大学）

郑加柱（南京林业大学）

第2版前言

《测量学》第1版出版5年来，我们收到了来自使用该教材的高校师生和企业技术人员的近百封电子邮件，他们在肯定该教材的同时，也指出了书中的错误和不足，并提出了细致的修改意见和建议。2015年根据几年来的使用情况和广大读者的意见，我们对第1版教材提出了全面修订计划，申报"十二五"江苏省高等学校重点教材并获批。随后，我们组织相关高校教师按照修订计划精心编写了第2版。第2版在第1版的基础上，将部分章节的内容做了修改，主要如下：

（1）修正了第1版中存在的错误，更改或美化了部分插图。

（2）进一步完善了教材中部分公式推导和应用示例；有些公式增加了推导步骤，有些则简化了推导过程，重点突出工程实践应用。

（3）依据最新工程测量规范（GB 50026—2007）、《国家三、四等水准测量规范》（GB/T 12898—2009）等规范标准，修正了教材中有关测量技术要求部分内容。

（4）第10章增补了地下施工测量，第11章增补了11.5 LiDAR技术原理与应用、"北斗"卫星导航原理与应用等内容。

教材编写过程中，我们注重传统理论与现代理论相结合，教学与工程实践相结合。在介绍测量仪器及其使用过程中，兼顾了非专业工程测量仪器使用现状和多数学校的实验条件，将光学仪器和数字仪器均纳入介绍范围，教师可根据学生的专业特点和本校的实验条件进行教学。

本教材由南京林业大学史玉峰教授任主编，江苏师范大学冯遵德教授任副主编；史晓云、何立恒、陈改英、陈红华、魏浩翰、陈健、隋铭明、纪亚洲、张雅梅、许秀泉、杨强、王志杰、栾志刚等教师参加编写；李晓雯等研究生为本书绘制了部分插图。全书由史玉峰统稿。

本教材为"十二五"江苏省高等学校重点教材（修订），编写过程中

　　还得到东南大学、河海大学、南京师范大学、南京工业大学等高校教授专家的悉心指导和审阅，并提出了宝贵的修改意见，谨在此表示衷心感谢！

　　由于编者水平所限，书中可能存在不足和缺陷，请读者批评指正。

编　者

2017 年 4 月

第1版前言

本书是根据高等学校测量学课程的教学大纲要求，本着提高教学质量、培养高素质人才的目的，结合新形势下高等教育的发展需求，在总结近年来测量学课程教育教学改革成果的基础上，由南京林业大学、东北林业大学、北京农学院、嘉兴学院等高校的测量教师在多次学术交流、教学研讨、使用修正、反复实践的基础上编写而成，也是南京林业大学精品教材建设立项项目的研究成果。

本书在编写过程中遵循"完整性、系统性、先进性和科学性"的编写原则，突出教材内容的"基础性、实用性、通用性"和"少而精、宽而新"的编写宗旨。本书既强调了经典的测量基本知识、基本理论和基本技能，也有测绘新技术、新仪器、新方法。本书具有以下特点：

（1）以现代测绘新技术为主导，精简提炼传统测绘理论，突出教材的先进性与实用性，内容较全面。书中力图全方位地反映测绘基础知识，对传统测绘理论进行精简提炼，补充测绘新技术，增强教材的先进性。

（2）突出以空间点的定位为中心、数字测图和数字化施工测量为主线的原则，体系较新颖。以确定空间点位为中心，介绍测量学的目的、理论、方法和应用。

（3）自始至终贯彻理论联系实际的原则，形成较新的教学内容和方法体系。紧密结合最新的工程测量方向，力求符合工程实际，拓宽了专业面。

（4）认真贯彻国家的测绘新规范、新细则和新规定等，采用了最新颁布实施的国家标准和规范。

本书由史玉峰任主编，栾志刚、陈改英、吴学伟任副主编，郑加柱、何立恒、陈红华、史晓云、魏浩翰、陈健、王志杰、李桂苓和隋铭明等人员参加编写。全书由史玉峰统稿和定稿。

　　本书承蒙东南大学胡伍生教授审阅，他对本书提出了宝贵的意见和建议，为提高书稿质量起了重要作用；中国林业出版社对本书进行认真审校；丁月平、张俊等研究生为本书绘制了部分插图；在本书的编写过程中，参考了许多国内外有关教材和参考书，在此一并表示衷心的感谢。

　　由于作者水平所限，书中难免存在缺点和疏漏，谨请读者批评指正。

作　者

2012 年 3 月

目　录

第 1 章
绪 论

1.1 测绘学简介

1.1.1 测绘学研究的对象与内容

测绘学是一门古老的学科,有着悠久的历史。据考证,早在公元前21世纪夏禹治水时,已使用了"准、绳、规、矩"4种测量工具和方法;埃及尼罗河泛滥后农田的整治也应用了原始的测量技术。但测绘学的早期发展较缓慢,直到17世纪以后,随着望远镜的发明和光学测量仪器体系的逐步形成,才带动传统测绘理论与方法的发展并趋于成熟。1880年,赫尔默特(Helmert)将测绘学定义为以地球为研究对象,对它进行测定与描绘的科学。随着科学技术的发展和社会的进步,测绘学的概念与研究对象也在不断发展变化。测绘学的一个比较完整的基本概念为:研究对实体(包括地球整体、表面以及外层空间各种自然和人造的物体)中与地理空间分布有关的各种几何、物理、人文及其随时间变化信息的采集、处理、管理、更新和利用的科学与技术。

针对地球而言,测绘学的主要内容是研究确定和绘制空间点的位置信息、地球形状、地球重力场等相关信息的理论方法。

众所周知,地球表面极不规则,有高山、丘陵、平原、盆地、湖泊、河流和海洋等自然形成的物体,还有房屋、工厂、道路、桥梁等人工建造的建筑物和构筑物。测绘学将这些地表物体分为地物和地貌;测绘的主要任务是对地物和地貌进行测定,对建(构)筑物进行测设。

地物:地表上天然或人工形成的物体,包括湖泊、河流、海洋、房屋、道路、桥梁、管线、森林、植被等。

地貌:自然地表高低起伏的形态,包括山地、丘陵等。

测定:使用测量仪器和工具,通过测量和计算确定地貌和地物的位置并按照一定的比例、规定的符号缩小绘制成图,供科学研究和工程建设使用。

测设:又称放样,是指按设计文件要求将建筑物(构筑物)的关键点(如桥墩中心)或关键轴线(如隧道中线)等在实地测量后标定出来,作为施工的必要依据。

1.1.2 测绘学的分类

1.1.2.1 大地测量学(geodesy)

大地测量学主要是研究地球的形状及大小、地球重力场、地球板块运动、地球表面点的几何位置及其变化的科学。大地测量学是整个测绘学科各个分支的理论基础,也是开展其他测绘工作的前提。大地测量学的基本任务是建立高精度的地面控制网及重力水准网,为研究地球形状及大小、地球重力场及其分布、地球动力学、地壳形变及地震预测等提供精确的位置信息,同时也为各类工程施工测量及摄影测量提供依据,为地形测图及海洋测绘提供控制基础。

1.1.2.2 摄影测量学(photography)与遥感(remote sensing,RS)

摄影测量学与遥感是研究利用摄影或遥感的手段获取目标物的影像数据,从中提取几何的或物理的信息,并用图形、图像或数字形式表达测绘成果的学科。它的主要研究内容有:获取目标物的影像,对影像进行处理,将所测得的成果用图形、图像或数字表达。

摄影测量与遥感是一种快速获取地球表面上地貌及地物影像的技术,在通信技术、航空航天技术、计算机技术等技术支持下,可以实时地获取地物、地貌的相关信息,并形成数字地图,为地理信息系统(geographical information system,GIS)提供基础信息数据。利用遥感技术(电磁波、光波及热辐射)也可快速获取地球表面、地球内部、环境景象及天体等传感目标的信息信号,它在农业调查、土地性质分析、植被分布调查、地下资源探测、气象及环境污染监测、文物考古及自然灾害预测中应用非常广泛。

1.1.2.3 工程测量学(engineering surveying)

工程测量学主要是研究在工程施工和资源开发利用中的勘测设计、建设施工、竣工验收、生产运营、变形监测和灾害预报等方面的测绘理论与技术。工程测量的特点是应用基本的测量理论、方法、技术及仪器设备,并结合具体的工程特点,采用具有特殊性的施工测绘方法。它是大地测量学、摄影测量学及地形测量学的理论与方法在具体工程中的应用。

1.1.2.4 地图学(cartology)

地图学是以地图信息传递为中心,研究地图的基本理论、地图制作技术和地图应用的综合性科学。地图学是由地图理论、地图制图方法及地图应用三大部分组成。地图是测绘工作的重要产品形式之一。地图学科的不断发展,促使地图产品从模拟地图向数字地图转化,从二维静态向三维立体、四维动态转变。计算机制图技术及地图数据库的不断完善,促使了地理信息系统的产生,数字地图的发展和应用领域的不断拓宽,为地图学的发展及地图应用开辟了新的前景。

1.1.2.5 海洋测量学(marine surveying)

海洋测量学是以海洋水体及海底地形为对象,研究海洋定位,测定海洋大地水准面及平均海平面、海面及海底地形、海洋重力及磁力等自然及社会信息的地理分布,并编制成各种海图的理论与技术的学科。

1.1.2.6 普通测量学(surveying)

普通测量学简称测量学,它是研究地球表面较小区域内测绘工作的基本理论、技术和应用方法的学科。它研究的对象只是地球表面局部区域内各类固定性物体的形状和位置,所进行的工作是地形测量和一般工程测量。由于地球半径较大,地球表面曲率较小，在一定条件下，地面上的小区域可以近似地看成平面。因此，有关地形测量的许多问题，都是以平面为依据进行的。测量学的基本任务包括图根控制测量、地形测图和一般工程测量，具体工作有距离测量、角度测量、高程测量、定向测量和观测数据的处理与绘图等。

1.2　测绘学的发展

1.2.1　测绘学发展简史

科学技术的产生与发展是由生产决定的，测绘科学技术也不例外，它是长期以来人类在生活和生产中与自然界斗争的结果。测绘学有着悠久的历史，测绘技术起源于社会生产的需求，随着社会的进步而发展。

早在公元前 1400 年，在埃及就已有地产边界的测定，开设了测量工作。我国是世界四大文明古国之一，测绘科学有着悠久的历史。公元前 7 世纪左右，管仲所著《管子》一书中就收集了早期的地图 27 幅。公元前 3 世纪前，中国人已知道天然磁石的磁性，并已有了某些形式的磁罗盘。公元前 2 世纪，司马迁在《史记·夏本纪》中叙述了禹受命治理洪水而进行测量工作的情况，所谓"左准绳，右规矩，载四时，以开九州、通九道、陂九泽、度九山"。这说明在上古时代，中国人为了治水就已经会用简单的测量工具了。战国时期发明的指南针，促进了古代测绘技术的发展。1973 年长沙马王堆西汉古墓出土的 3 幅帛地图是目前世界上保存最早的地图。西晋裴秀所著的《制图六体》，是一部世界最早较系统的测绘地图的规范。唐朝刘遂等人，在河南滑县至上间实测了一段长达 351 里 80 步（唐代 1 里为 300 步）的子午线弧长，并用日圭测太阳的阴影来确定纬度，是世界上最早的子午线弧长测量。宋代的沈括曾用水平尺、罗盘进行地形测量，创立了分成筑堰的方法，并且制作了表示地形的立体模型，比欧洲最早的地形模型早了 700 余年。元代郭守敬创造了多种天文测量仪器，在全国进行了大规模的天文观测，共实测了 72 个点，并首创了以海平面为基准来比较不同地点的地势高低。明代郑和 7 次下西洋，绘制了中国第一部航海图。清康熙为了统一在测量中使用的长度单位，规定 200 里为地球子午线 1°的长度（清代 1 里为 1800 尺，1 尺折合为 0.01″经线的长度），为世界上以经线弧长作为长度标准之始，并于 1718 年完成了《皇舆全图》。17 世纪末，为了用地球的精确大小定量证实万有引力定律，英国的牛顿（J. Newton）和荷兰的惠更斯（C. Huygens）首次从力学原理提出地球是两极略扁的椭球，称为地扁说。18 世纪中叶，法国科学院在南美洲的秘鲁和北欧的拉普兰进行弧度测量，证实了地扁说。19 世纪初，随着测量精度的提高，通过各处弧度测量结果的研究，法国的拉普拉斯（P. S. Laplace）和德国的高斯（C. F. Gauss）相继指出地球的非椭球性，现在的研究结果证明地球总体上是一个不规则的梨型体。

1.2.2　我国测绘事业的发展

到 20 世纪，我国开始采用了一些新的测量技术，但将测量作为一门现代科学，还是在新中国成立后才得以迅速发展。党和国家对测绘工作给予很大的关怀和重视，1956 年成立了国家测绘局；建立了测绘研究机构；各业务部门也纷纷成立测绘机构和科研机构；组建了专门培养测绘人才的院校。目前，设有测绘工程专业的院校已超过百所，具有测绘科学技术硕士、博士学位授予权的院校也有数十所。

50 余年来，我国测绘工作的主要成就包括：①在全国范围内（除台湾省）建立了高精度的天文大地控制网，建立了适合我国的统一坐标系统——1980 年国家大地坐标系统；20 世纪 90 年代，利用 GPS（global positioning system）测量技术建立了包括 AA 级、A 级和 B 级在内的国家 GPS 控制网；21 世纪初对喜马拉雅山进行了重新测高，测得其主峰海拔高程为 8844.43m；建立了 CGCS（Chinese geodetic coordinate system）2000 大地测量坐标系，以 2000 中国国家大地坐标系为地心坐标，是采用国家测绘局、总参测绘局、国家地震局等多个部门的对地观测结果联合平差处理得到的；经国务院批准，我国自 2008 年 7 月 1 日起启用。②完成了国家基本地形图的测绘，测图比例尺也随着国民经济建设的发展而不断增大，城市规划、工程设计都使用了大比例尺的地形图。测图方法也从常规经纬仪、平板仪测图发展到全数字摄影测量成果和 GPS 测量技术及全站仪地面数字成果。编制并出版了各种地图、专题图，制图过程实现了数字化、自动化。③制定了各种测绘技术规范（规章）和法规，统一了技术规程及精度指标。④在工程测量方面取得显著成绩，先后完成了一系列大型工程建设和特殊工程的测量定位工作，如长江大桥、葛洲坝水电站、宝山钢铁厂、三峡水利枢纽、正负电子对撞机和同步辐射加速器、核电站、杭州湾大桥、中国大剧院、国家体育场（鸟巢）等。⑤建立了完整的测绘教育体系，测绘技术步入世界先进行列，研制了一批具有世界先进水平的测绘软件，如全数字摄影测量系统——Virtuo Zo，面向对象的地理信息系统——GeoStar（吉奥之星），地理信息系统软件平台——MapGIS、SuperMap，数字测图系统——清华三维的 EPSW、武汉瑞得的 RDMS、南方的 CASS、广州的 SC-SG2002 等，使测绘数字化、自动化的程度越来越高。⑥测绘仪器生产发展迅速，不仅可以生产出各等级的经纬仪、水准仪、平板仪，而且还能批量生产电子经纬仪、电磁波测距仪、自动安平水准仪、全站仪、GPS 接收机、解析测图仪等。测绘技术及手段不断发展，传统的测绘技术已基本被现代测绘技术（GPS、RS、GIS，简称"3S"）所代替；测绘产品应用范围不断拓宽，并可向用户提供"4D"（digital elevation model，DEM；digital orthophoto map，DOM；digital line graphic，DLG；digital raster graphic，DRG）数字产品。

综上所述，我国在测绘事业上已经做了大量的工作，为国民经济建设和国防建设做出了不可磨灭的贡献，但与国际先进水平相比，我们在测绘人才培养、测绘新理论、新技术发展与应用等方面有一些差距。我们要发愤图强，追赶并争取超过国际先进水平，为祖国的测绘事业做出更大的贡献。

1.2.3　地球空间信息学与现代测绘学的任务

地球空间信息科学（geo-spatial information science）是全球定位系统、地理信息系统、遥感、计算机技术和数字传输网络等一系列现代技术的高度集成，是在信息科学与地球系统科学交叉基础上形成的，以信息流为手段，研究地球系统内部物质流、能量流和人流运动规律的一门应用科学。20世纪中后期，国外又称其为 Geomatics。

Geomatics 一词最早出现在20世纪60年代末期的法国，大地测量和摄影测量学家 Bernart Dubuisson 于1975年将该词的法文"geomatique"正式用于科学文献。Geomatics 作为一个科学术语，涉及采集、量测、分析、存储、管理、显示和应用空间数据的集成方法，属于现代的空间信息科学技术。Geomatics 所涵盖的学科范围包括（但不限于）地图学、控制测量、数字测图、大地测量、地理信息系统、水道测量、土地信息管理、土地测量、摄影测量、遥感、重力测量和天文测量。所采用的方法有星载、机载、舰载和地面数据采集方法，属于现代测绘科学与计算机信息科学的集成，归属于空间信息科学。测绘是 Geomatics 内容的组成部分，也可以说现代测绘学正朝着 Geomatics 跨越和融合。

1.3 测量学的学习目的与要求

测量学是林学、土木工程、交通工程、土地资源管理、地理信息科学等专业的专业基础课。上述专业的学生学习该课程后，要求掌握测量学的基础理论和基本知识；具备常规测量仪器的操作技能，初步掌握新型测绘仪器的原理与使用方法；基本掌握大比例尺地形图测图的原理、方法；了解数字测图的原理、过程和方法；在工程规划设计与施工工作中能正确使用地形图和测绘信息；掌握有关测量数据处理理论和精度评定方法。在施工工程中，能够正确地使用测量仪器进行一般工程的施工放样工作。同时，在学习测量学后，还要对测绘科学技术的发展现状有所了解和认识。

测量学是一门以学习地球空间信息科学知识为主导的课程，教学的目的不单是传统的地球空间信息数据采集，更是要实现不同学科专业对地球空间信息的采集、管理、传播、使用和综合开发。测量学的实践性很强，在教学过程中，除了课堂教学外，还有实验课和集中教学实习。在掌握课堂讲授内容的同时，要认真参加实验课，巩固和验证课堂所学理论。测量教学实习是一个系统的教学实践环节，只有自始至终地完成实习各项作业，才能对测量学的系统知识和实践过程有一个完整的、系统的认识。

测量工作的主要任务是按照各种规范和规定提供点位的空间信息，工作中稍有不慎，发生错误，将造成巨大损失，甚至造成人民生命、财产的损失，这是绝对不允许的。因此，学习测量学还要注意以下几个方面：要养成认真细致的工作习惯，尽可能减少粗差和错误；坚持处处时时按照规范作业的原则，以保持测量工作和成果的严肃性；树立和加强检核工作的高度责任感，以保证数据的正确性；测量工作大多是集体作业，有的是外业工作，工作环境条件较差，因而要有团结合作的集体主义精神和吃苦耐劳的工作作风，以保证测量工作的顺利进行和成果的高质量。

1.4 地球形状与大小

地球是一个南北极稍扁、赤道稍长、平均半径为6371km的椭球体。测量学的基本任务是将地球表面的地物和地貌测绘成地形图，因此，确定地面点的位置是测量学最基本的任务。地面点位置的确定必须建立一个基准框架，而要建立基准框架，就必须了解地球的形状及地球椭球体。

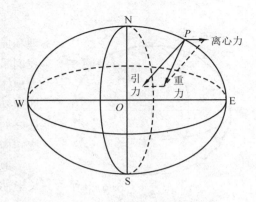

图1-1 引力、离心力和重力

由于测量工作是在地球自然表面上进行的，而地球自然表面的形状非常复杂，有高山、丘陵、平原、河谷、湖泊及海洋。世界上最高的山峰珠穆朗玛峰高达8844.43m，而太平洋西部的马里亚纳海沟则深达11 022m，但这些同地球的平均半径相比是微不足道的。而且地球表面海洋面积约占71%，陆地面积仅占29%。因此，可以把地球形状看做是被海水包围的球体，也就是假设一个静止的海水面向大陆延伸所形成的一个封闭的曲面来代替地球表面。地球有引力，地球上每个质点都受到地球引力的作用。地球的自转又产生离心力，每个质点又受到离心力的作用。因此，地球上的质点都受到这两个力的作用，这两个力的合力称为重力，如图1-1所示。重力方向线又称为铅垂线，它是测量工作的基准线。

地球表面的水面，每个水分子都会受到重力作用。当水面静止时，表面每个水分子的重力位相等。静止的水面称为水准面，水准面上处处重力位相等，所以水准面是等位面，具有处处都与铅垂线方向正交的特性。水准面有无穷多个，其中与平均海水面重合的一个水准面称为大地水准面。大地水准面同水准面一样，也是等位面，大地水准面上任何一点均与其重力方向正交。大地水准面向大陆内部延伸所包围的形体叫大地体。研究地球形状和大小就是研究大地水准面的形状和大地体的大小。

大地水准面与地球表面相比可算是个光滑的曲面，如图1-2所示。由于地球内部物质分布的不均匀性，地面上各点铅垂线方向产生不规则的变化，造成了大地水准面实际上是略有起伏而极不规则的光滑曲面，如图1-2所示。

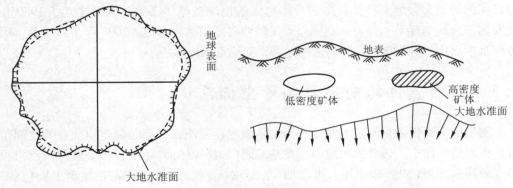

图1-2 大地水准面

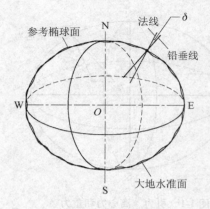

图 1-3 旋转椭球体

显然，在这样的曲面上进行各种测量数据的处理和成图是极其困难的，甚至是无法实现的。因此，我们采用一个十分接近大地体的旋转椭球体来代替大地体，称为地球椭球体。其中与大地体最接近的地球椭球体称为总地球椭球体，局部与大地体密合最好的地球椭球体称为参考椭球体。如图 1-3 所示为旋转椭球体。

地球椭球体是一个数学曲面，用 a 表示椭球体的长半轴，b 表示短半轴，则地球椭球体的扁率 f 为：

$$f = \frac{a-b}{a} \tag{1-1}$$

在几何大地测量中，地球椭球体的形状和大小通常用 a 和 f 来表示。其值可用传统的弧度测量和重力测量的方法测定，也可以采用现代大地测量的方法来测定。许多国内外学者曾分别测算出了不同地球椭球体的参数值，如表 1-1 所列。

表 1-1 典型地球椭球体的几何参数

椭球体名称	年份	长半轴 a(m)	扁率 f	备 注
德兰布尔	1800	6 375 653	1:334.0	法国
白赛尔	1841	6 377 397	1:299.152 812 8	德国
克拉克	1880	6 378 249	1:293.459	英国
海福特	1909	6 378 388	1:297.0	美国
克拉索夫斯基	1940	6 378 245	1:298.3	苏联
1980 大地测量参考系	1979	6 378 140	1:298.257	IUGG[*] 17 届大会推荐值
WGS-84 系统	1984	6 378 137	1:298.257 223 563	美国国防部(DMA)
CGCS2000	2008	6 378 137	1:298.257 222 101	中国

[*] IUGG 为国际大地测量与地球物理联合会(International Union of Geodesy and Geophysics)。

我国采用的参考椭球体有新中国成立前的海福特椭球体和新中国成立初期的克拉索夫斯基椭球体。但由于克拉索夫斯基椭球体参数与 1975 年国际大地测量与地球物理联合会第十六届大会推荐的数据相比，其长半轴相差 105m，因而 1978 年我国根据自己实测的天文大地资料推算出适合本地区的地球椭球体参数，从而建立了 1980 年西安国家大地坐标系，并将大地原点设于陕西省泾阳县永乐镇。2008 年 7 月 1 日，国务院批准启用 CGCS2000 大地测量坐标系，其原点为地球质心。

1.5 地面点位的确定与测量坐标系

测量的主要任务是测定和测设。无论是测定还是测设，都是确定地面点的空间位置。在测量工作中，通常采用地面点在基准面(如椭球体面)上的投影位置及该点沿投影方向到基准面(如椭球体面、水准面)的距离(高程)来表示该点在地球上的位置。空间是三维的，所以表示地面点在空间的位置需要 3 个参数。测量中，将空间坐标系分为参心坐标系和地心坐标系。"参心"系指参考椭球的中心。由于参考椭球一般不与地球质心重合，所以它属于非地心坐标系，表1-1中前6个坐标系都是参心坐标系。"地心"系指地球的质心，表1-1中后2个坐标系为地心坐标系。

1.5.1 地理坐标系

以经纬度来表示地面点位置的球面坐标系称为地理坐标系（geographical reference system）。地理坐标系又可分为天文地理坐标系和大地地理坐标系两种。

1.5.1.1 天文地理坐标系

天文地理坐标系又称为天文坐标，是以大地水准面和铅垂线为基准建立起来的坐标系。地面一点可用天文经度（astronomical longitude）λ、天文纬度（astronomical latitude）φ 和正高（$H_{正}$）来表示，它是用天文测量的方法实地测得的。

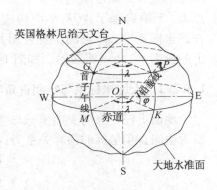

图1-4 天文地理坐标

如图1-4所示，过地面上任一点 P 的铅垂线与地球旋转轴 NS 所组成的平面称为该点的天文子午面。天文子午面与大地水准面的交线称为天文子午线，也称经线。过英国格林尼治（Greenwich）天文台的天文子午面称为首子午面。

P 点天文经度 λ 的定义：过 P 点天文子午面与首子午面的两面角；从首子午面向东或向西计算，取值范围是 0°~180°；在首子午线以东为东经，以西为西经。

P 点天文纬度 φ 的定义：P 点铅垂线与赤道面的夹角；自赤道起向南或向北计算，取值范围为 0°~90°；在赤道以北为北纬，以南为南纬。

1.5.1.2 大地地理坐标系

大地地理坐标系又称为大地坐标，表示地面点在参考椭球面上的位置。地面上一点可用大地经度（geodetic longitude）L、大地纬度（geodetic latitude）B 和大地高（H）来表示，它是利用地面上实测数据推算出来的。地形图上的经纬度一般都是以大地坐标系来表示的。

大地坐标系是以参考椭球体为基准面，以其法线为基准线，以起始子午面和赤道面作为确定地面上某一点在椭球体面上投影位置的两个参考面。如图1-5所示，过地面上任一点 P 的子午面与起始子午面的夹角，称为该点的大地经度 L，并规定大地经度由起始子午面起算，向东称为东经，向西称为西经，其取值范围均为 0°~180°。过 P 点的法线与赤道面的夹角，称为该点的大地纬度 B，并规定由赤道面

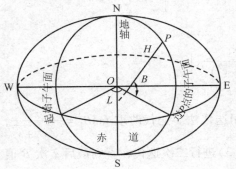

图1-5 大地坐标系

向北称为北纬，向南称为南纬，其取值范围均为 0°~90°。沿 P 点的椭球体面法线到椭球体面的距离称为大地高 H。以椭球体面起算，高出椭球体面为正，低于椭球体面为负。

1.5.2 空间直角坐标系

1.5.2.1 空间直角坐标系的定义

空间直角坐标系的定义是：原点 O 位于椭球体中心，Z 轴与椭球体的旋转轴重合并指向地球北极，X 轴指向起始子午面与赤道面的交点 E，Y 轴垂直于 XOZ 平面构成右手坐标系。在该坐标系中，P 点的位置可用其在各坐标轴上的投影 x、y、z 来表示，如图 1-6 所示。

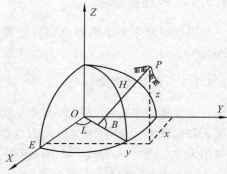

图 1-6 空间直角坐标系

1.5.2.2 大地坐标系与空间直角坐标系的转换

地面上任一点的大地坐标与空间直角坐标之间可以进行相互转换。由大地坐标转换为空间直角坐标的换算关系为：

$$\left.\begin{array}{l} x = (N + H)\cos B\cos L \\ y = (N + H)\cos B\sin L \\ z = \left[N(1 - e^2) + H\right]\sin B \end{array}\right\} \tag{1-2}$$

式中　N——椭球体的卯酉圈曲率半径；

e——椭球体的第一偏心率。

$$e^2 = \frac{a^2 - b^2}{a^2}; \quad N = \frac{a}{w}; \quad w = (1 - e^2\sin^2 B)^{1/2}$$

由空间直角坐标转换为大地坐标时，通常可用式（1-3）来转换：

$$\left.\begin{array}{l} B = \arctan\left[\tan\varphi\left(1 + \dfrac{ae^2}{z}\dfrac{\sin B}{w}\right)\right] \\ L = \arctan\left(\dfrac{y}{x}\right) \\ H = \dfrac{R\cos\varphi}{\cos B} - N \end{array}\right\} \tag{1-3}$$

其中，

$$\varphi = \arctan\left[\frac{z}{(x^2 + y^2)^{1/2}}\right]$$
$$R = \left[x^2 + y^2 + z^2\right]^{1/2}$$

当用式（1-3）计算大地纬度 B 时，一般采用迭代法。迭代时取 $\tan B_1 = \dfrac{z}{\sqrt{x^2 + y^2}}$，用 B 的初始值 B_1 计算 N_1 和 $\sin B_1$，然后按式（1-3）进行二次迭代，直到最后 2 次 B 值之差小于允许值为止。

1.5.2.3 平面直角坐标系

由于一般的工程规划、设计和施工放样都是在平面上进行的，需要将点的位置及地面图形表示在平面上，因此，通常均采用平面直角坐标系。

平面直角坐标系是由平面内两条相互垂直的直线构成，如图1-7所示。南北方向的直线为平面坐标系的纵轴，即 X 轴，向北为正；东西方向的直线为坐标系的横轴，即 Y 轴，向东为正；纵、横坐标轴的交点 O 为坐标原点。坐标轴将整个坐标系分为4个象限，象限的顺序是从东北象限开始，依顺时针方向计算。

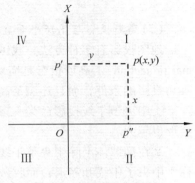

图1-7 平面直角坐标系

p 点的平面位置是以该点到纵横坐标轴的垂直距离 pp' 和 pp'' 来表示。pp'' 称为 p 点的纵坐标 x，pp' 称为 p 点的横坐标 y。

测量上采用的平面坐标系与数学上的笛卡尔坐标系有所不同。测量坐标系将南北方向的坐标轴定义为 X 轴，东西方向的坐标轴定义为 Y 轴，其象限顺序也与数学上的相反，这是由于测绘工作中以极坐标表示点位时其角度值均以纵轴起，按顺时针方向计算，而解析几何中则从横轴起按逆时针方向计算的缘故。这样 X 轴同 Y 轴互换后，将使所有平面三角公式均可用于测量计算中。

1.5.2.4 高斯投影及高斯平面直角坐标系

(1) 高斯投影

大地坐标系是大地测量的基本坐标系，它对于大地问题的解算、研究地球形状及大小、编制地图等都是极其有用的。然而，若将其直接用于地形测绘或各种工程建设，则是不方便的。如果将椭球体面上的大地坐标按一定数学法则归算到平面上，再在平面上进行各种数据运算要比椭球体面上方便得多。将椭球体面上的图形、数据按一定的数学法则转换到平面上的方法，就是地图投影。其过程可用方程式表示：

$$\left.\begin{array}{l} X = f_1(L,B) \\ Y = f_2(L,B) \end{array}\right\} \qquad (1-4)$$

式中 L，B——分别为椭球体面上某点的大地坐标；

X，Y——分别为该点投影到平面上的平面直角坐标。

由于旋转椭球体面是一个不可直接展开的曲面，如果将该曲面上的元素投影到平面上，其变形是不可避免的。投影变形一般分为角度变形、长度变形和面积变形3种。因此，地图投影也有等角投影、等面积投影和任意投影。尽管投影变形不可避免，但人们可根据要求来加以控制。选择适当的投影方法，可使某一种变形为零，也可使整个变形减小到某一适当程度。

等角投影又称正形投影。在投影中，使原椭球体面上的微分图形与平面上的图形始终保持相似。正形投影有两个基本条件，一是它的保角性，即投影前后保持角度大小不变；二是它的伸长固定性，即长度投影虽然会发生变形，但在任一点上各个方向上的微分线段投影前后比为一常数，即：

$$m = \frac{\mathrm{d}s}{\mathrm{d}S} = k$$

（2）高斯投影与高斯平面直角坐标系

地图投影有多种方法，我国采用的是高斯—克吕格正形投影（Gauss-Kruger conformal projection）。高斯投影是横切椭圆柱正形投影，如图1-8所示。这种投影不但满足等角投影的条件，而且还满足高斯投影的条件：

①中央子午线投影后为一条直线，且其长度保持不变。距中央子午线越远，投影变形也越大。

②在椭球体上除中央子午线外，其余子午线投影后均向中央子午线弯曲，并且对称于中央子午线和赤道，而收敛于两极。

③在椭球体面上凡对称于赤道的纬圈，其投影后仍为对称的曲线，且垂直于子午线的投影曲线，并凹向两极。

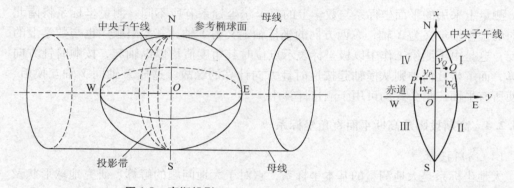

图1-8 高斯投影　　　　　　　　　　图1-9 高斯平面直角坐标系

高斯平面直角坐标系是在投影面上，中央子午线和赤道的投影都是直线，并将中央子午线与赤道的交点 O 作为坐标原点，以中央子午线的投影为纵坐标轴 X，并规定其向北为正；以赤道的投影作为横坐标轴 Y，并规定其向东为正。如图1-9所示。

在高斯投影中，除中央子午线外，其余各点均存在长度变形，且距中央子午线越远，长度变形越大。为了控制长度变形，将地球椭球体面按一定的经度分成若干投影带。带宽一般为经差6°、3°或1.5°，分别称为6°带、3°带或1.5°带。6°带和3°带投影如图1-10所示。

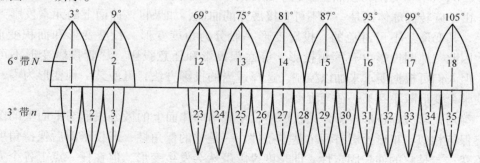

图1-10 6°带与3°带划分

6°带投影的中央子午线从0°子午线算起，按经差6°自西向东划分，共分成60个投影带，其编号为1~60，如图1-10所示。中央子午线的经度 L_0 为3°、9°、15°、…，并可用 $L_0 = 6°N - 3°$ 计算（N 为6°带的带号）。反之，若已知地面任一点的经度 L，计算该点所在的统一6°带编号的公式为：

$$N = \text{int}\left(\frac{L+3}{6} + 0.5\right) \tag{1-5}$$

式中　int——取整函数符号。

3°带投影是在6°带投影的基础上划分的，经差3°为一带，其中央子午线在奇数带时与6°带中央子午线重合，偶数带为6°带分带子午线经度，全球共分120个带，其中央子午线经度可用 $L_0' = 3°n$ 计算（n 为3°带的带号）。反之，若已知地面任一点的经度 L，计算该点所在的统一3°带编号的公式为：

$$n = \text{int}\left(\frac{L}{3} + 0.5\right) \tag{1-6}$$

1.5°带投影的中央子午线经度与带号的关系，国际上没有统一规定，通常是使1.5°带投影的中央子午线与统一3°带投影的中央子午线或边缘子午线重合。

另外，除了上述6°带、3°带或1.5°带投影外，工程测量中也常使用任意带投影。任意带投影通常用于建立局部独立坐标系，通常选择过被测区域中心点的子午线为中央子午线进行投影。这样可以使整个区域范围内的距离投影变形都保持比较小。

我国领土所处的概略经度范围是，南起北纬3°52′的南沙群岛曾母暗沙，北至北纬53°33′的黑龙江省漠河县以北的黑龙江主航道；西由东经73°40′的帕米尔高原乌兹别里山口起，东至东经135°02′的黑龙江和乌苏里江交汇处；东西横跨11个统一6°投影带、21个统一3°投影带，它们的带号范围分别为13~23、24~45。可见，在我国领土范围内，统一6°投影带和统一3°投影带的带号不重叠。

由于我国领土全部位于赤道以北，因此 X 值永远为正值，而 Y 值则有正有负，如图1-9所示。为了计算方便，使 Y 坐标恒为正值，则将坐标纵轴西移500km，使此带中横坐标都为正值，并在 Y 坐标前冠以带号。如某点 P 的坐标为：

$$X_P = 3\,467\,668.998\text{m}; \quad Y_P = 19\,368\,533.165\text{m}$$

Y_P 坐标百公里前的数字19，表示6°带的第19带；则 P 点 Y 坐标的自然值为：

$$368\,533.165 - 500\,000 = -131\,466.835\,(\text{m})$$

即点 P 在赤道以北3 467 668.998m，6°带的第19带中央子午线以西131 466.835m。

1.5.3　高程系统

有了地理坐标或平面直角坐标，虽可确定地面任一点在球面或平面上的位置，但还是无法确切地表示地球表面上一点的位置。这是由于地球表面有高低起伏，因此还需确定它的高度。

地面任一点到其高度起算面的距离称为高程。高度起算面又称高程基准面，如图1-11所示。若选用的高程基准面不同，则所对应的高程也不同，某点沿铅垂线方向到大地水准面的距离称为该点的绝对高程或海拔高。地面上 A、B 两点的绝对高程分别

为 H_A、H_B，它们到任一假定水准面的垂直距离，称为该点的相对高程，分别为 H_A'、H_B'。地面上两点高程之差，称为高差或比高。高差是相对的，其值可正可负。在图 1-11 中，A 点到 B 点的高差 $h_{AB} = H_B - H_A$ 值为正；反之，B 点到 A 点的高差 $h_{BA} = H_A - H_B$ 值为负。同理，$h_{AB} = H_B' - H_A'$为正，$h_{BA} = H_A' - H_B'$为负。可见，两点之间的高差与高程起算面无关。

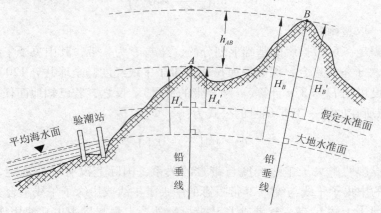

图 1-11　高程系

高程系是一维坐标系，通常它的基准面是大地水准面。由于海水面受潮汐、风浪等影响，它的高低时刻在变化。为了建立全国统一的高程系统，我国采用以山东青岛验潮站测定的黄海平均海水面作为全国统一高程基准面，并于 1954 年在青岛市观象山建立了国家水准原点，应用水准测量的方法将验潮站确定的高潮零点引测到水准原点，求出水准原点的高程。1956 年，我国采用 1950—1956 年共 7 年的潮汐记录资料推算出的大地水准面为基准引测出水准原点的高程为 72.289m，以上述高程基准建立的高程系称为"1956 年黄海高程系"。随着观测资料的积累，20 世纪 80 年代，我国又采用青岛验潮站 1953—1977 年共 25 年的潮汐记录资料重新推算出水准原点的高程为 72.260m，以这个大地水准面为高程基准建立的高程系称为"1985 国家高程基准（Chinese height datum 1985）"，简称"85 高程基准"。

在局部地区，当无法知道绝对高程或远离国家高程控制点时，可以假定一个水准面作为高程起算面，建立假定高程系统，如图 1-11 中的 H_A'、H_B'。

1.5.4　WGS-84 坐标系

在全球定位系统中，卫星主要被作为位置已知的空间观测目标。因此，为了确定地面观测站位置，GPS 卫星的瞬间位置也应换算到统一的地球坐标系统。

在 GPS 试验阶段，卫星的瞬间位置计算采用了 1972 年世界大地坐标系统（world geodetic system 1972，WGS-72），而从 1987 年 1 月 10 日开始采用了改进的大地坐标系统 WGS-84 坐标系。世界大地坐标系统（WGS）属于协议地球坐标系（conventional terrestrial system，CTS）。

WGS-84 坐标系的原点为地球质心 M；Z 轴指向 BIH1984.0 定义的协议地极（con-

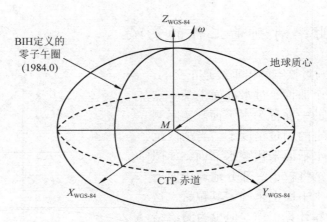

图 1-12 WGS-84 坐标系

ventional terrestrial pole，CTP)；X 轴指向 BIH1984.0 定义的零子午面与 CTP 相应的赤道的交点；Y 轴垂直于 XMZ 平面，且与 Z、X 轴构成右手坐标系(图1-12)。

WGS-84 坐标系采用的地球椭球体称为 WGS-84 椭球体，其常数为国际大地测量学与地球物理学联合会(IUGG)第 17 届大会的推荐值，4 个主要参数为：

①长半径 $a = 6\ 378\ 137m \pm 2m$；

②地心(含大气层)引力常数 $GM = (39\ 686\ 005 \pm 0.6) \times 10^8 m^3/s^2$；

③正常化二阶带谐系数 $C_{2.0} = -484.166\ 85 \times 10^{-6} \pm 1.36 \times 10^{-9}$；

④地球自转角速度 $\omega = (7\ 292\ 115 \times \pm 0.1500) \times 10^{-11} rad/s$。

利用上述 4 个基本参数，可计算出 WGS-84 椭球体的扁率 $f = 1/298.257\ 223\ 563$。

1.5.5 2000 中国国家大地坐标系

经国务院批准，我国自 2008 年 7 月 1 日起，启用 2000 国家大地坐标系。2000 国家大地坐标系为地心坐标，是采用国家测绘局、总参测绘局、国家地震局等多个部门的对地观测结果联合平差得到的。

国家大地坐标系的定义包括坐标系的原点、3 个坐标轴的指向、尺度以及地球椭球的 4 个基本参数的定义。2000 国家大地坐标系的原点为包括海洋和大气的整个地球的质量中心；2000 国家大地坐标系的 Z 轴由原点指向历元 2000.0 的地球参考极的方向，该历元的指向由国际时间局给定的历元为 1984.0 的初始指向推算，定向的时间演化保证相对于地壳不产生残余的全球旋转，X 轴由原点指向格林尼治参考子午线与地球赤道面(历元 2000.0)的交点，Y 轴与 Z 轴、X 轴构成右手正交坐标系。2000 国家大地坐标系采用的地球椭球参数的数值为：

①长半轴 $a = 6\ 378\ 137m$；

②扁率 $f = 1/298.257\ 222\ 101$；

③地心引力常数 $GM = 3.986\ 004\ 418 \times 10^{14} m^3/s^2$；

④自转角速度 $\omega = 7.292\ 115 \times 10^{-5} rad/s$。

1.6 地球曲率对测量工作的影响

由于水准面与过该点的铅垂线是正交的，所以水准面是一个曲面，过水准面上某一点而与水准面相切的平面称为水平面。实际测量工作中，在一定的测量精度下，当测区范围较小时，可用水平面来代替水准面，如图 1-11 所示，也就是将较小一部分地球表面上的点直接投影到水平面上来确定其位置，这样做简化了测量和计算工作，但也为测绘结果带来了误差。如果误差在其允许的范围内，这种代替是允许的。因此，应当了解地球曲率对观测值的影响，以确定用水平面来代替水准面的范围。下面讨论用水平面代替水准面对距离、角度及高程的影响。在此，将水准面近似看作圆球体，其半径为 $R = 6371\text{km}$。如图 1-13 所示，设 C 点为测区的中心，在测区中选定一点 P，两点沿铅垂线投影到大地水准面上分别为 c 和 p 点，过 c 点作大地水准面的切平面（水平面），p 点在切平面上的投

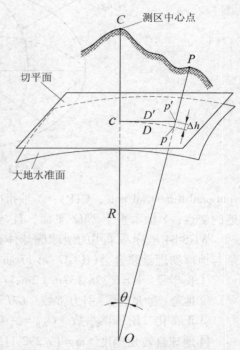

图 1-13 水平面代替大地水准面的影响

影为 p'。图中大地水准面的曲率对水平距离的影响为 $\Delta D = D' - D$，对高程的影响为 $\Delta h = p'p$。下面讨论它们的计算模型。

1.6.1 水平面代替水准面对水平距离的影响

由图 1-13 可知：

$$\left.\begin{array}{l} D = R\theta \\ D' = R\tan\theta \end{array}\right\} \tag{1-7}$$

以水平长度 D' 代替球面上弧长 D 产生的误差为：

$$\Delta D = D' - D = R(\tan\theta - \theta) \tag{1-8}$$

将 $\tan\theta$ 按泰勒级数展开，并略去高级项，得：

$$\tan\theta = \theta + \frac{1}{3}\theta^3 + \frac{1}{5}\theta^5 + \cdots \approx \theta + \frac{1}{3}\theta^3 \tag{1-9}$$

将式 (1-9) 代入式 (1-8) 并考虑 $\theta = \dfrac{D}{R}$，得：

$$\Delta D = R\left[\theta + \frac{\theta^3}{3} - \theta\right] = R\frac{\theta^3}{3} = \frac{D^3}{3R^2} \tag{1-10}$$

等号两端除以 D，得相对误差：

$$\frac{\Delta D}{D} = \frac{1}{3} \left(\frac{D}{R} \right)^2 \tag{1-11}$$

若取地球半径 $R = 6371\text{km}$，并用不同 D 值代入，可计算出代替水准面时所产生的距离误差和相对误差，见表 1-2。

表 1-2   水平面代替水准面对距离的影响

距离 $D(\text{km})$	距离误差 $\Delta D(\text{cm})$	相对误差
1	0.00	—
5	0.10	1:5 000 000
10	0.82	1:1 217 700
15	2.77	1:541 516

从表 1-2 可见，当距离为 10km 时，以水平面代替水准面所产生的距离误差为 0.82cm，相对误差为 1:1 217 700。这样小的误差，在地面上进行精密测距时是可以满足要求的。所以，在半径为 10km 范围内，以水平面代替水准面所产生的距离误差可忽略不计。

1.6.2   水平面代替水准面对水平角度的影响

从球面三角形可知，球面上三角形内角之和比平面上相应三角形内角之和多出一个球面角超，如图 1-14 所示。其值可用多边形面积求得，即：

$$\varepsilon = \frac{P}{R^2} \rho'' \tag{1-12}$$

式中 ε——球面角超；

P——球面多边形面积；

ρ''——206 265″；

R——地球半径。

以球面上不同面积代入式(1-12)，求出的球面角超列入表 1-3。

计算结果表明，当测区范围在 100 km² 时，用水平面代替水准面时，对角度影响仅为 0.51″，在普通测量工作中是可以忽略不计的。

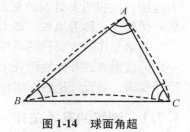

图 1-14   球面角超

表 1-3   水平面代替水准面
对角度的影响

球面面积(km^2)	球面角超(″)
10	0.05
50	0.25
100	0.51
500	2.54

1.6.3   水平面代替水准面对高程的影响

由图 1-13 可见，$p'p$ 为水平面代替水准面对高程产生的误差，令其为 Δh，称其为地球曲率对高程的影响。

$$(R + \Delta h)^2 = R^2 + D'^2$$

$$2R\Delta h + \Delta h^2 = D'^2$$

$$\Delta h = \frac{D'^2}{2R + \Delta h}$$

在上式中，用 D 代替 D'，而 Δh 相对于 $2R$ 很小，可略去不计，则：

$$\Delta h = \frac{D^2}{2R} \tag{1-13}$$

若以不同的距离 D 代入式(1-13)中，则可得相应的高程差，见表1-4 所列。

表 1-4 水平面代替水准面的高程误差

$D(\text{m})$	10	50	100	200	500	1000
$\Delta h(\text{mm})$	0.0	0.2	0.8	3.1	19.6	78.5

从表1-4 可见，用水平面代替水准面，在 200m 的距离时，对高程影响就有 3.1mm，所以地球曲率对高程影响很大。在高程测量中，即使距离很短也应顾及地球曲率的影响。

1.7 测量工作概述

地球自然表面高低起伏，形状极其复杂，根据测量工作的需要，可将地球表面分为地物与地貌两大类。如人工建筑物、道路、水坝及河流水系等称为地物，而地表高低起伏的变化称为地貌，如山脊、谷地和悬崖等。

测量工作的主要目的是按规定要求测定地物、地貌的相对位置或绝对位置，并按一定的投影方式和比例用规定的文字符号将其转绘于图纸上，形成地形图；或者根据设计要求，将设计地物在实地进行测设。

1.7.1 测量的基本工作

为了确定地面点的位置，需要进行哪些测量工作呢？如图 1-15 所示，设 A、B 为地面上的两点，投影到水平面的位置分别为 a、b。若 A 点位置已知，要确定 B 点的位置，除观测 A、B 的水平距离 D_{AB} 之外，还需要知道 B 点在 A 点的哪个方向。图上 a、b 的方向可用过 a 点的指向北方向与 ab 的水平夹角 α 表示，α 角称为方位角。有了 D_{AB} 和 α，B 点在图上的位置 b 就可以确定。如果还需要确定 C 点在图上的位置，需测量 BC 的水平距离 D_{BC} 与 B 点上两相邻边的水平角 β。因此，为了确定地面点的平面位置，必须测定水平距离和水平角。

从图1-15 中还可以看出，A、B、C 3 点

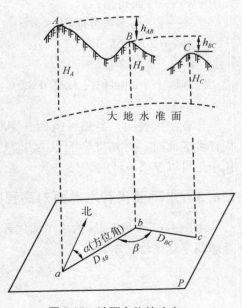

图 1-15 地面点位的确定

不是等高的,要完全确定它们在三维空间中的位置,还需要测量其高程 H_A、H_B、H_C 或高差 h_{AB}、h_{BC}。

由此可见,距离、角度和高程是确定地面点位置的 3 个基本要素,距离测量、角度测量和高程测量是测量的基本工作。

1.7.2 测量的基本原则

对具体的测绘任务,如果我们从某一点出发,依次逐点进行测量,虽然最后也能将整个测区的地物、地貌的位置测定出来,但由于在整个测量过程中不可避免地产生一些误差,若经一点一点的传递积累,最终必将使误差不断增大,从而导致十分严重的后果。所以,为了防止误差的积累,保证测量成果的精度,测量工作必须按照下列程序进行:在测量的布局上,是"由整体到局部";在测量次序上,是"先控制后碎部";在测量精度上,是"从高级到低级"。这是测量工作必须遵循的基本原则。同时,就具体的测绘工作而言,需要做到"项项遵规范,步步有校核",以获得符合精度要求的测量结果。

一般地讲,整个测量工作大致分为 3 个阶段:首先进行外业踏勘及资料收集,其内容包括测区的自然、人文情况,道路交通情况,气候情况及测区已有的测绘资料等;其次是用控制测量进行控制网点的敷设(包括选埋点、观测、计算),从而获得控制点的平面位置和高程;最后是以控制点为基础进行地形测图。测绘地形图可以在地面上利用常规仪器或现代测绘仪器,一点一点地测绘成图,也可采用航空摄影测量或遥感技术的成图方法。

1.8 测量常用计量单位与换算

测量常用的长度、角度和面积等几种法定计量单位的换算关系分别列于表 1-5 至表 1-7。

表 1-5 长度单位制及其换算关系

公　制	英　制
1km=1000m	1 英里(mile,简写 mi);1 英尺(foot,简写 ft)
1m =10dm	1 英寸(inch,简写 in)
=100cm	1km=0.6214mi=3280.8ft
=1000mm	1m=3.2808ft=39.37in

表 1-6 角度单位制及其换算关系

60 进制	弧度制
1 圆周=360°	1 圆周=2π 弧度
1°=60′	1 弧度=180°/π=57.295 779 51°($\rho°$)
1′=60″	=3438′(ρ')
	=206 265″(ρ'')

表 1-7　面积单位制及其换算关系

市　制	公　制	英　制
$1km^2 = 1500$ 亩	$1km^2 = 1 \times 10^6 m^2$	$1km^2 = 247.11$ 英亩
$1m^2 = 0.0015$ 亩	$1m^2 = 100dm^2$	$= 100hm^2$
1 亩 $= 666.666\ 666\ 7m^2$	$= 1 \times 10^4 cm^2$	$10\ 000m^2 = 1hm^2$
$= 0.066\ 666\ 67hm^2$	$= 1 \times 10^6 mm^2$	$1m^2 = 10.764ft^2$
$= 0.1647$ 英亩		$1cm^2 = 0.155in^2$

思考与练习题

1. 测量学研究的对象与任务是什么？

2. 我国近代测绘事业有哪些成就？

3. 什么叫水准面、大地水准面和大地体？

4. 试述测量学的分科内容。

5. 什么是绝对高程、相对高程和高差？

6. 测量学中常用的坐标系统有哪些？

7. 高斯投影有哪些特性？高斯平面直角坐标是如何建立的？

8. 我国某点的大地经度为 118°45′，试计算它所在的 6°带和 3°带的带号及其中央子午线的经度。

9. 我国某地一点 P 的高斯平面坐标为：$x = 2\ 497\ 019.17m$，$y = 19\ 743\ 154.33m$。试说明 P 点所处的 6°投影带和 3°投影带的带号、各自的中央子午线经度。

10. 用水平面代替水准面，对水平角、水平距离和高程有何影响？

11. 测量工作应遵循哪些程序和原则？其目的是什么？

第 2 章
水准测量

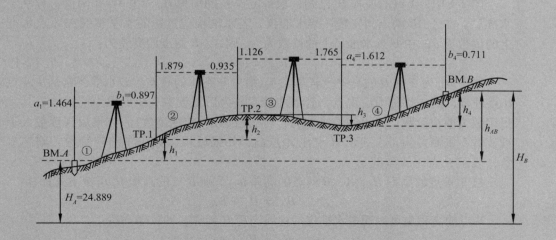

水准测量是测定高程的主要方法之一。根据所使用的仪器和测量方法的不同，高程测量方法还有三角高程测量、气压高程测量和 GPS 高程测量等。水准测量是精密测量地面点高程最主要的方法。本章将重点介绍水准测量原理、水准仪的基本构造和使用、水准测量的施测方法和成果计算、检核等内容。

2.1 水准测量原理

水准测量不是直接测定地面点的高程，而是测出两点间的高差，也就是在测定高差的两个点上分别竖立水准尺，利用水准仪提供的水平视线，读取两点上水准尺的读数，从而测得两点间的高差，再由已知点的高程推算出未知点的高程。测量原理如图 2-1 所示。

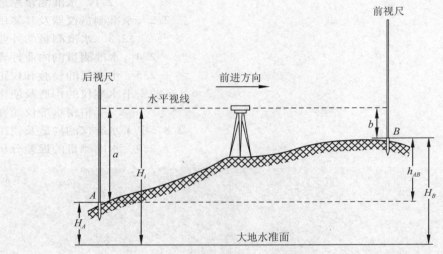

图 2-1 水准测量原理

图 2-1 中，A 点的高程 H_A 已知，求待定点 B 的高程 H_B，在 A、B 两点上分别竖立水准尺，在 A、B 两点间安置一架水准仪，若水准仪望远镜的水平视线在 A 点水准尺上的读数为 a，在 B 点水准尺上的读数为 b，则 A、B 两点的高差为：

$$h_{AB} = a - b \tag{2-1}$$

式中 h_{AB} 为 A 到 B 的高差，若写成 h_{BA} 则为 B 到 A 的高差。若水准测量是从 A 点向 B 点进行，则 A 点称为后视点，其水准尺读数为后视读数；B 点称为前视点，其水准尺读数为前视读数。两点间的高差为："后视读数 − 前视读数"。如果后视读数大于前视读数，则高差为正，表示 B 点比 A 点高；如果后视读数小于前视读数，则高差为负，表示 B 点比 A 点低。

已知 A 点的高程 H_A，A、B 两点的高差 h_{AB}，则 B 点的高程 H_B 可按下式计算：

$$H_B = H_A + h_{AB} \tag{2-2}$$

B 点的高程也可以通过水准仪的视线高程 H_i 计算，即仪器高法：

$$\left. \begin{array}{l} H_i = H_A + a \\ H_B = H_i - b \end{array} \right\} \tag{2-3}$$

仪器高法可以方便地在同一测站上测出若干个前视点的高程，这种方法常用于工程的施工测量中。

当地面上 A、B 两点的距离较远，或 A、B 两点的高差太大，放置一次仪器不能测定其高差时，就需要增设若干个临时传递高程的立尺点，称为转点，一般用 ZD 表示（图 2-2）。设已知 A 点的高程 H_A，欲测定 B 点的高程 H_B，将水准仪安置于①站，一水准尺立于 A 点，另一水准尺立于 ZD_1，当水准仪的视线水平后，先读后视 a_1，再读前视 b_1，得第一段高差 h_1。同法将水准仪搬到②站，ZD_1 点的水准尺转过尺面仍位于原来点，将 A 点的水准尺移到点 ZD_2 上，读出后视和前视得 h_2。其余类推，直到 B 点为止，最后算出 A、B 两点之间的高差 h_{AB} 及 B 点的高程 H_B。

$$h_{AB} = h_1 + h_2 + h_3 + h_4 + \cdots = \sum h_i \tag{2-4}$$

$$H_B = H_A + h_{AB}$$

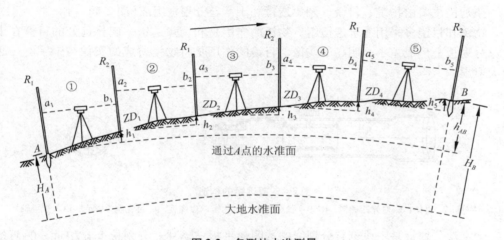

图 2-2　多测站水准测量

2.2　水准测量仪器及其使用

水准测量设备主要包括水准仪、水准尺和尺垫。水准仪是水准测量的主要仪器，按精度分为 DS_{05}、DS_1、DS_3、DS_{10} 几种等级。"D"和"S"是"大地"和"水准仪"的汉语拼音的第一个字母，其下标的数值为仪器的精度，表示水准测量每千米往、返高差中误差，以 mm 为单位。例如，05 代表水准测量每千米往、返高差中误差为 0.5mm，以此类推。DS_{05}、DS_1 型水准仪一般称为精密水准仪，DS_3、DS_{10} 型水准仪一般称为工程水准仪或普通水准仪。本节主要介绍 DS_3 型微倾水准仪的构造及使用。

2.2.1　DS₃型微倾水准仪的构造

水准仪由望远镜、水准器和基座三部分组成，如图 2-3 所示。

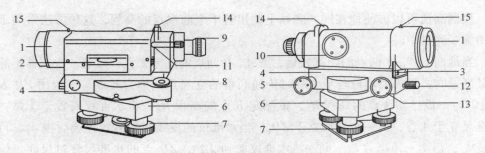

图 2-3　DS₃ 型微倾水准仪

1. 望远镜物镜；2. 水准管；3. 簧片；4. 支架；5. 微倾螺旋；6. 基座；7. 脚螺旋；
8. 圆水准器；9. 望远镜目镜；10. 物镜调焦螺旋；11. 气泡观察器；12. 制动螺旋；
13. 微动螺旋；14. 瞄准缺口；15. 准星

2.2.1.1　望远镜

　　望远镜主要由物镜、目镜、调焦透镜和十字丝分划板组成(图 2-4)。

　　物镜和目镜多采用复合透镜组。物镜的作用是和调焦透镜一起将远处的目标在十字丝分划板上形成缩小而明亮的实像，目镜的作用是将物镜所成的实像与十字丝一起放大成虚像。

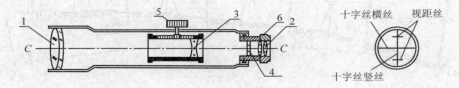

图 2-4　望远镜的构造

1. 物镜；2. 目镜；3. 对光凹透镜；4. 十字丝分划板；5. 物镜调焦螺旋；6. 目镜调焦螺旋；CC. 视准轴

　　十字丝分划板是一块刻有分划线的透明薄平板玻璃片。分划板上互相垂直的两条长丝，称为十字丝。纵丝也称竖丝，横丝也称中丝。上、下两条对称的短丝称为上、下视距丝，用于测量距离。操作时利用十字丝横丝和竖丝的交点和中丝瞄准目标并读取水准尺上的读数。十字丝交叉点与物镜光心的连线，称为望远镜的视准轴(图 2-4 中的 CC)。水准测量是在视准轴水平时，用十字丝的中丝截取水准尺上的读数。观测不同距离处的目标，可旋转目镜对光螺旋使十字丝清晰，旋转物镜调焦螺旋改变调焦透镜的位置，能在望远镜内清晰地看到所要观测的目标。

　　图 2-5 为望远镜成像原理图。目标 AB 经过物镜后形成一个倒立面缩小的实像 ab，移动对光透镜可使不同距离的目标均能成像在十字丝平面上。再通过目镜的作用，便可看到同时放大了的十字丝和目标影像 $a_1 b_1$。

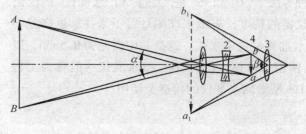

图 2-5　望远镜成像原理图

1. 物镜；2. 对光透镜；3. 目镜；4. 十字丝平面

从望远镜内所看到的目标影像的视角与肉眼直接观察该目标的视角之比，称为望远镜的放大率。如图 2-5 所示，从望远镜内看到目标的像所对的视角为 β，用肉眼看目标所对的视角可近似地认为是 α，故放大率 $k = \beta/\alpha$。DS$_3$ 级水准仪望远镜的放大率一般为 28 倍。

2.2.1.2 水准器

水准器是操作人员判断水准仪安置是否正确的重要部件。水准仪通常装有圆水准器和管水准器，分别用来指示仪器竖轴(圆水准器)是否竖直和视准轴是否水平(管水准器)。圆水准器的功能是使仪器粗略整平；管水准器的功能是使望远镜视线精确水平。

（1）圆水准器

如图 2-6 所示，圆水准器顶面的内壁是球面，其中有圆形分划圈，圆圈的中心为水准器的零点。通过零点的球面法线为圆水准器轴线，当圆水准器气泡居中时，该轴线处于竖直位置。水准仪竖轴应与该轴线平行。当气泡不居中时，气泡中心偏移 0.2mm，轴线所倾斜的角值称为圆水准器分划值，其值约为 8′。

（2）管水准器

管水准器又称水准管。它是一个内装酒精和乙醚的混合液并留有气泡的密封玻璃管。其纵向内壁磨成圆弧形，外表刻有间隔 2mm 的分划线，分划线的对称中点称为水准管零点。通过零点作水准管圆弧的纵切线，称为水准管轴(图 2-7 中 LL)。当水准管的气泡中点与水准管零点重合时，称为气泡居中，这时水准管轴处于水平位置，否则水准管轴处于倾斜位置。水准管圆弧 2mm 所对的圆心角 τ，称为水准管分划值，即：

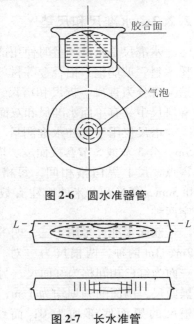

图 2-6 圆水准器管

图 2-7 长水准管

$$\tau = \frac{2}{R} \cdot \rho'' \qquad (2-5)$$

式中 ρ''——弧度相应的秒值，$\rho'' = 206\ 265''$；

R——水准管圆弧半径(mm)。

水准管的圆弧半径越大，分划值越小，灵敏度(即整平仪器的精度)也越高。常用的测量仪器的水准管分划值为 10″、20″，分别记作 10″/2mm、20″/2mm。

为提高水准管气泡居中精度，DS$_3$ 水准仪在水准管的上方安装一组符合棱镜，通过符合棱镜的折光作用，使气泡两端的像反映在望远镜旁的符合气泡观察窗。两端半边气泡的像吻合时，表示气泡居中；若成错开状态，则表示气泡不居中。这时，应转动目镜下方右侧的微倾螺旋，使气泡的像吻合。如图 2-8 所示，这种装置称为符合水准。

2.2.1.3 基座

基座的作用是支撑仪器及用于仪器整平，主要由轴座、脚螺旋、底板和三角压板构成，使用时将仪器的竖轴插入轴座内旋转，脚螺旋用于调整圆水准器气泡居中，底

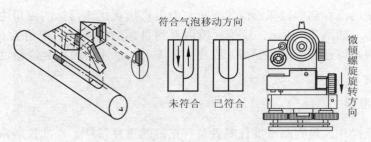

图 2-8   符合水准管与符合棱镜

板通过连接螺旋与下部三脚架连接。

2.2.2　水准尺和尺垫

水准尺是水准测量时使用的标尺。常用干燥的优质木料、玻璃钢、铝合金等材料制成。根据它们的构造又可分为直尺、折尺和塔尺，如图 2-9 所示。直尺和塔尺中又有单面水准尺和双面水准尺。

塔尺仅用于等外水准测量，其长度有 2m、3m 和 5m，分 3 节或 5 节套接而成。塔尺可以伸缩，尺底为零点，尺上黑白格相间，每格宽度为 1cm，有的为 0.5cm，每米和分米处皆注有数字。数字有正字和倒字两种。

双面水准尺多用于三、四等水准测量。其长度为 2m、3m 两种，两根尺为一对。尺的两面均有刻划，一面为红白相间称为红面尺，另一面为黑白相间称为黑面尺，两面的刻划均为 1cm，并在分米处注字。两根尺的黑面底部均为 0；而红面底部，一根尺为 4.687m，另一根为 4.787m。

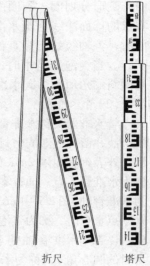

图 2-9　水准尺

图 2-10　尺　垫

尺垫是用生铁铸成，一般为三角形，中央有一凸起的半球体，下部有 3 个支脚，如图 2-10 所示。水准测量时，将支脚牢固地踩入地下，然后将水准尺立于半球顶上，用以保持尺底高度不变。尺垫仅在转点处竖立水准尺时使用。

2.2.3　水准仪的使用

选择合适的地点放置仪器的三脚架，并根据观测者的身高调节架腿长度，使架头大致水平，高度适中，将三脚架安置稳固，用连接螺旋将水准仪固连在脚架上。

水准仪的使用一般包括下列 4 个步骤：粗平、瞄准、精平和读数。

2.2.3.1　粗平

转动脚螺旋，使圆水准器气泡居中，称为粗平。粗平使仪器竖轴大致铅直，从而

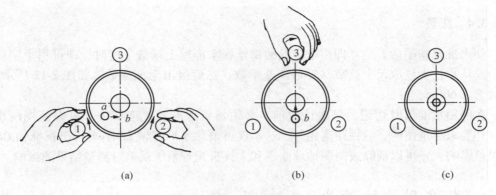

图 2-11　圆水准器整平

视准轴粗略水平。如图 2-11(a)所示，气泡未居中而位于 a 处，则先按图上箭头所指的方向用两手相对转动脚螺旋 1 和 2，使气泡移到 b 的位置[图 2-11(b)]。再转动脚螺旋 3，即可使气泡居中[图 2-11(c)]。在整平的过程中，气泡的移动方向与左手大拇指运动的方向一致。

2.2.3.2　瞄准

首先进行目镜对光，即把望远镜对着明亮的背景，转动目镜对光螺旋，使十字丝清晰；再松开制动螺旋，转动望远镜，用望远镜筒上的照门和准星瞄准水准尺，拧紧制动螺旋；然后从望远镜中观察，转动物镜调焦螺旋，使目标清晰，再转动微动螺旋，使竖丝对准水准尺。

当眼睛在目镜端上下微微移动时，若发现十字丝与目标影像有相对运动，这种现象称为视差。产生视差的原因是目标成像的平面和十字丝平面不重合。由于视差的存在会影响到读数的准确性，必须加以消除。消除的方法是重新仔细地进行物镜对光，直到眼睛上下移动，读数不变为止。此时，从目镜端见到十字丝与目标的像都十分清晰(图 2-12)。

2.2.3.3　精平

精平是转动微倾螺旋，使水准管气泡居中(符合)，从而使望远镜的视准轴处于水平位置。通过位于目镜左方的符合气泡观察窗观察水准管气泡，同时转动微倾螺旋，使气泡两端的像吻合(图 2-13)，即表示水准仪的视准轴已精确水平。

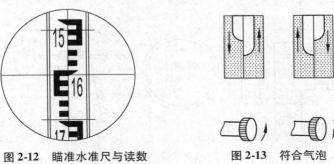

图 2-12　瞄准水准尺与读数　　　　　图 2-13　符合气泡

2.2.3.4　读数

使水准仪精平后，应立即用十字丝的横丝在水准尺上读数。这时，即可用十字丝的中丝从小往大读取尺上读数，先估读毫米数，然后报出全部读数。如图 2-12 所示，读数为 1.608m。

在使用水准仪时切记，每次读数前，必须使管水准器气泡居中，以保证视线水平，并要求尽量使前、后视距离相等，这不仅可消除水准管轴 LL 不平行于视准轴 CC 的误差影响，还可以消除或削弱地球曲率和大气折光等系统误差对测量结果的影响。

2.3　水准测量的外业

2.3.1　水准点

为了统一全国的高程系统和满足各种测量的需要，测绘部门在全国各地埋设并用水准测量的方法测定了很多高程点，这些点称为水准点（bench mark），简记为 BM。水准点有永久性和临时性两种。国家等级水准点如图 2-14 所示，一般用石料或钢筋混凝土制成，深埋到地面冻结线以下。在标石的顶面设有用不锈钢或其他不易锈蚀的材料制成的半球状标志。有些水准点也可

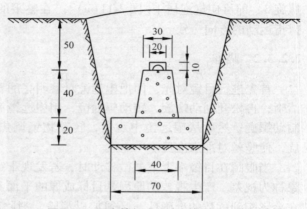

图 2-14　国家等级水准点（单位：cm）

设置在坚固稳定的永久性建筑物的墙脚上（图 2-15），称为墙上水准点。

在工程上的永久性水准点一般用混凝土或钢筋混凝土制成，顶部嵌入半球状金属标志，如图 2-16(a) 所示。临时水准点可用地面上突出的坚硬的岩石或用大木桩打入地面，桩顶钉以半球形铁钉，如图 2-16(b) 所示。埋设水准点后，应绘出能标记水准点位置的草图，在图上要注明水准点编号和高程，称为"点之记"，以便日后寻找和使用水准点。水准点编号前通常加 BM，作为水准点的代号。

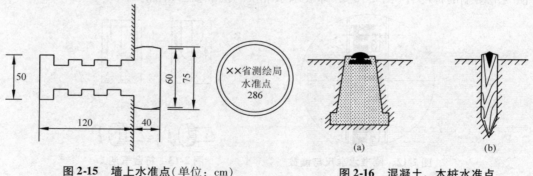

图 2-15　墙上水准点（单位：cm）　　　　图 2-16　混凝土、木桩水准点

2.3.2 水准路线

水准路线是由已知水准点和待定点组成一定的路线。根据测区已知高程的水准点分布情况和实际需要，水准路线一般布置成单一水准路线和水准网。单一水准路线的形式有 3 种，即闭合水准路线、附合水准路线和支水准路线。

2.3.2.1 闭合水准路线

如图 2-17(a)所示，闭合水准路线是从已知水准点 BM.A 出发，经过各高程待定点 1、2、3 和 4，最后测回到起始水准点 BM.A。

2.3.2.2 附合水准路线

如图 2-17(b)所示，附合水准路线是从已知水准点 BM.A 出发，经过各高程待定点 1、2、3 之后，最后附合到另一已知水准点 BM.B 上。

2.3.2.3 支水准路线

如图 2-17(c)所示，支水准路线是由已知水准点 BM.A 出发，经过高程待定点 1、2 之后不闭合，也不附合到另一已知水准点上。对于支水准路线，为避免观测错误，有时进行往返测量。

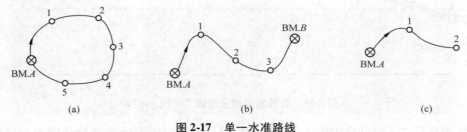

图 2-17 单一水准路线
(a)闭合水准路线 (b)附和水准路线 (c)支水准路线

2.3.2.4 水准网

水准网由若干条单一水准路线相互连接构成。单一路线相互连接的交点称为结点。在水准网中，如果已知高程的水准点的数目多于一个，则称为附和水准网[图 2-18(a)]；如果只有一个已知水准点，则称为独立水准网[图 2-18(b)]。

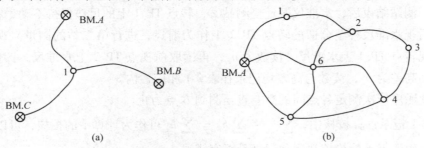

图 2-18 水准网
(a)独立水准网 (b)附和水准路线

2.3.3　普通水准测量的施测

国家三、四等以下的水准测量为普通水准测量，广泛用于一般的工程测量、数字测图等领域。

2.3.3.1　水准测量一测段作业程序

如图 2-19 所示，已知水准点 BM. A 点的高程为 20.993m，欲测定距水准点 BM. A 较远的 B 点高程，按实际情况，由 BM. A 点出发共需设 4 个测站，连续安置水准仪测出各站两点之间的高差，施测程序如下：

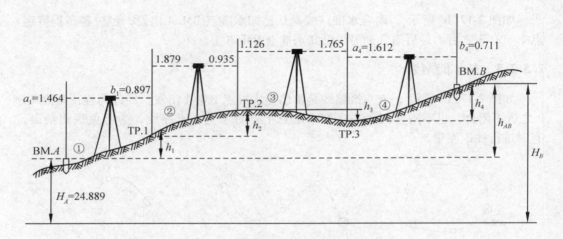

图 2-19　普通水准测量略图（单位：m）

将水准尺立于已知点 BM. A 点上作为后视，水准仪安置于施测路线附近合适位置①处，在施测路线的前进方向上，视地形情况，在距水准仪距离约等于水准仪距后视点 BM. A 距离处设转点 TP. 1 点安放尺垫并立尺，观测者经过"粗平—瞄准—精平—读数"的操作程序，后视已知水准点 BM. A 上的水准尺读数为 a_1，前视 TP. 1 转点上水准尺读数为 b_1，记录者将观测数据记录在表 2-1 相应水准尺读数的后视与前视栏内，并计算该站高差 h_1，记在表 2-1 高差栏中，此为第一测站的全部工作。

第一测站结束后，水准仪搬迁至测站②，转点 TP. 1 上的尺垫保持不动，将 BM. A 点上的后视水准尺移至合适的转点 TP. 2 上作为前尺，进行第二站的测量。观测者先读取后视转点 TP. 1 上水准尺，读数为 a_2，再读取前视点 TP. 2 上水准尺，读数为 b_2，计算②站高差为 h_2，读数与高差均记录在表 2-1 相应栏内。

按此顺序依次测定各点间的高差直至测到 B 点为止。

表 2-1 记录计算校核中，$\sum a_i - \sum b_i = \sum h_i$ 可作为计算中的校核，可以检查计算是否正确，但不能检核观测和记录是否有错误。

表2-1 水准测量手簿

日　　期：2010.10.16　　　　　仪器型号：DS$_3$　　　　　观测者：李军
天　　气：多云　　　　　　　　地　　点：校内实习基地　　　记录者：张娜

测　站	点　号	水准尺读数(m)		高　差(m)	高　程 (m)	备　注
		后视	前视	+（-）		
1	BM. A	1.356		0.532	20.993	已知点
	TP. 1		0.824		21.525	
2	TP. 1	1.325		0.510		
	TP. 2		0.815		22.035	
3	TP. 2	1.611		-0.193		
	TP. 3		1.804		21.842	
4	TP. 3	1.569		0.796		
	BM. B		0.773		22.638	
计算 检核	∑	5.861	4.216	1.645		
	$\sum a - \sum b = +1.645$			$\sum h = +1.645$	$H_B - H_A = +1.645$	

2.3.3.2 测站检核

在进行连续水准测量时，若其中测错任何一个高差，终点高程都不会正确。因此，为保证观测精度，对每一站的高差，都必须进行测站检核。测站检核通常采用变动仪器高法或双面尺法。

（1）变动仪器高法

变动仪器高法是在同一个测站上用两次不同的仪器高度，测得两次高差进行检核。即测得第一次高差后，改变仪器高度（通常大于10cm），再测一次高差。两次所测高差之差不超过容许值（等外水准容许值为±6mm），则认为符合要求，取其平均值作为最后结果，否则必须重测。

（2）双面尺法

双面尺法是立在前视点和后视点上的水准尺分别用黑面和红面各进行一次读数，测得两次高差，进行检核。若同一水准尺红面与黑面读数（加常数后）之差不超过±3mm，且两次高差之差不超过±5mm，则取其平均值作为该测站的观测高差。否则，需要检查原因，重新观测。

2.3.3.3 水准测量注意事项

①作业之前，要对水准仪和水准尺进行检验。

②在作业中为抵消因水准尺磨损而造成的标尺零点差，要求每一水准测段的测站数目应为偶数站。

③尽量保持各测站的前后视距大致相等。

④通过调节每站前、后视距离，尽可能保持整条水准路线中的前、后视距之和相等。

⑤水准测量观测应在通视良好、望远镜成像清晰及稳定的情况下进行，若成像不

好，应酌情缩短视线长度。

2.4　水准测量的内业计算

水准测量的外业观测结束后，首先应全面检查外业测量记录，如发现有计算错误或超出限差之处，应及时改正或重测。如经检核无误，满足了规定等级的精度要求，就可以进行成果整理工作。水准测量内业计算工作包括高差闭合差的计算和检核、高差闭合差的调整和计算出各待定点的高程。

2.4.1　高差闭合差计算和检核

由于受到自然条件如温度、风力、大气折光等的影响，仪器和尺垫下沉引起的误差，水准尺倾斜和读数估读误差，以及仪器本身的误差等的影响，观测结果不可避免地带有误差。这些误差在一个测站上反映并不明显，但测站数的增多可使误差积累，可能会超过规定的限差。因此，尽管进行了测站检核和计算检核，也不能说明其高程精度符合要求。为此，需要对水准路线高差闭合差进行检核。

2.4.1.1　闭合水准路线

闭合水准路线从 BM. A 点起实施水准测量，经过 1、2、3 和 4 点后，再重新闭合到 BM. A 点上。显然，理论上闭合水准路线的高差总和应等于零，但实际上总会有误差，致使高差闭合差，即观测高差和理论高差的差值不等于零，则高差闭合差为：

$$f_h = \sum h_{测} \tag{2-6}$$

2.4.1.2　附合水准路线

附合水准路线从水准点 BM. A 出发，沿各个待定高程点进行水准测量，最后附合到另一水准点 BM. B。因此，在理论上附合水准路线中各待定高程点间高差的代数和，应等于始、终两个已知水准点的高程之差，即：

$$\sum h_{理} = H_{终} - H_{始} \tag{2-7}$$

如果不相等，两者之差称为高差闭合差，计算公式为：

$$f_h = \sum h_{测} - (H_{终} - H_{始}) \tag{2-8}$$

2.4.1.3　支水准路线

支水准路线由已知水准点 BM. A 出发，沿各待定点进行水准测量，既不闭合也不附合到其他水准点上，因此，支水准路线要进行往、返观测，往测高差与返测高差的绝对值应相等且符号相反，所以，把它作为支水准路线测量正确性与否的检验条件。如不等于零，则高差检核差为：

$$f_h = h_{往} + h_{返} \tag{2-9}$$

2.4.1.4 容许高差闭合差

各种路线形式的水准测量，其高差闭合差均不应超过规定容许值，否则即认为水准测量结果不符合要求。高差闭合差容许值的大小，与测量等级有关。测量规范中，对不同等级的水准测量做了高差闭合差容许值的规定。等外水准测量的高差闭合差容许值规定为：

$$\left.\begin{array}{l} f_{h容} = \pm 40\sqrt{L}\,(\text{mm}) \quad (\text{平地}) \\ f_{h容} = \pm 12\sqrt{N}\,(\text{mm}) \quad (\text{山地}) \end{array}\right\} \qquad (2\text{-}10)$$

式中　　L——水准路线长度（km）；

N——水准路线总的测站数。

若 $f_h \leqslant f_{h容}$，则可进行高差闭合差的调整。

2.4.2 高差闭合差调整

高差闭合差调整的原则是，将闭合差反号，按各测段的测站数多少或路线长短成正比例计算出高差改正数，加入到各测段的观测高差之中，并计算出各测段的改正高差。

2.4.2.1 按路线长度进行高差闭合差调整

$$v_i = -\frac{f_h}{\sum L} \cdot L_i \qquad (2\text{-}11)$$

式中　　$\sum L$——水准路线总长度；

L_i——第 i 测段水准路线的长度；

v_i——第 i 测段的高差改正数。

2.4.2.2 按测站数进行高差闭合差调整

$$v_i = -\frac{f_h}{\sum n} \cdot n_i \qquad (2\text{-}12)$$

式中　　$\sum n$——水准路线的总测站数；

n_i——第 i 测段的测站数；

v_i——第 i 测段的高差改正数。

2.4.3 计算改正后的高差

求出各段高差改正数后，应按 $\sum v_i = -f_h$ 进行检核，再按下式计算各测段改正后高差。即：

$$h_{i改} = h_{i测} + v_i \qquad (2\text{-}13)$$

改正后的高差之和应等于高差观测值与改正数的代数和。

2.4.4 计算待定点的高程

根据已知点的高程和各测段的改正高差可推算出各未知点的高程。即:

$$H_后 = H_前 + h_改 \qquad (2-14)$$

2.4.5 水准测量成果整理实例

2.4.5.1 闭合水准路线的内业成果整理

现有一条闭合水准路线,如图 2-20 所示,
BM. 1 为已知点,水准测量前进方向为 BM. 1—
A—B—C—D—BM. 1,路线外围的数字为测得
的两点间的高差,路线内数字为该段路线的长
度。试计算待定点 A、B、C、D 的高程(表 2-
2)。

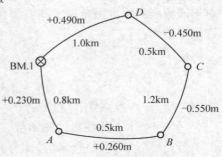

图 2-20 闭合水准路线略图

表 2-2 闭合水准测量成果计算表

点号	距离(km)	观测高差(m)	改正数(mm)	改正后高差(m)	高程(m)
BM. 1					12. 000
	0.8	+ 0. 230	+ 4	+ 0. 234	
A					12. 234
	0.5	+ 0. 260	+ 3	+ 0. 263	
B					12. 497
	1.2	− 0. 550	+ 6	− 0. 544	
C					11. 953
	0.5	− 0. 450	+ 2	− 0. 448	
D					11. 505
	1.0	+ 0. 490	+ 5	+ 0. 495	
BM. 1					12. 000
∑	4. 0	− 0. 020	+ 20	0	

高差闭合差 $f_h = \sum h_测 = -20mm$

容许值 $f_{h容} = \pm 40 \sqrt{L} = \pm 40 \sqrt{4} = \pm 80mm$

高差改正数 $-\dfrac{f_h}{\sum L} = -\dfrac{-0.02}{4} = 5mm/km$

2.4.5.2 附合水准路线的内业成果整理

图 2-21 为按图根水准测量要求施测某附合水准路线观测成果略图。BM. A 和
BM. B 为已知高程的水准点,图中箭头表示水准测量前进方向,路线上方的数字为测
得的两点间的高差(以 m 为单位),路线下方数字为该段路线的长度(以 km 为单位)。

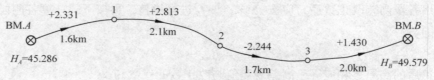

图 2-21 附合水准路线略图

表2-3 附合水准测量成果计算表

测 段编 号	点号	距离（km）	观测高差（m）	改正数（m）	改正后高差（m）	高程（m）	备注
1	BM. A	1.6	+2.331	-0.008	+2.323	45.286	
2	1	2.1	+2.813	-0.011	+2.802	47.609	
3	2	1.7	-2.224	-0.008	-2.252	50.411	
4	3	2.0	+1.430	-0.010	+1.420	48.159	
Σ	BM. B	7.4	+4.330	-0.037	+4.293	49.579	

辅 助计 算	高差闭合差 $f_h = \sum h_{测} - (H_终 - H_始) = +4.330 - (49.579 - 45.286) = 0.037\text{m}$ 容许值 $f_{h容} = \pm 40 \sqrt{L} = \pm 40 \sqrt{7.4} = \pm 108.8\text{mm}$ 高差改正数 $v_{km} = -\dfrac{f_h}{\sum L} = -\dfrac{0.037}{7.4} = -5\text{mm/km}$

试计算待定点1、2、3点的高程（表2-3）。

2.5 水准仪的检验和校正

水准仪的检校由于水准仪的种类不同、精度不同要求也不尽相同。本节仅介绍普通微倾式光学水准仪的主要检验项目。光学水准仪检验就是要查明仪器各轴线是否满足应有的几何条件，只有这样水准仪才能提供水平视线，正确测定高差。但由于仪器的长期使用以及在搬运过程中可能出现的震动和碰撞等原因，使各轴线的关系发生了变化，所以，在水准作业前，必须对水准仪进行检验，如不满足，且超出规定范围，则应进行仪器校正。

微倾式光学水准仪有4条主要轴线，分别是望远镜的视准轴 CC、水准管轴 LL、圆水准器轴 $L'L'$ 和仪器旋转轴（纵轴）VV，如图2-22所示。

各轴线之间应满足下列几何条件：

① 圆水准器轴应平行于仪器的纵轴（$L'L' /\!/ VV$）；

② 十字丝的中丝（横丝）应垂直于仪器的纵轴；

③ 水准管轴应平行于视准轴（$LL /\!/ CC$）。

其中第三个条件为主要条件。

2.5.1 圆水准器的检验和校正

检校目的是保证圆水准器轴平行于纵轴。

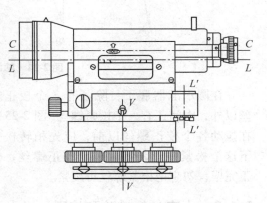

图 2-22 水准仪的轴线

2.5.1.1 检验

首先用脚螺旋，使圆水准气泡居中[图 2-23(a)]，然后将仪器绕纵轴旋转 180°，如果气泡偏于一边[图 2-23(b)]，说明 $L'L'$ 不平行于 VV，需要校正。

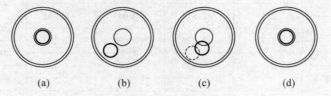

(a)　　　(b)　　　(c)　　　(d)

图 2-23　圆水准器的检验与校正

2.5.1.2 校正

如果圆水准轴不平行于纵轴，则设两者的交角为 α。转动脚螺旋，使圆水准器气泡居中，则圆水准轴位于铅垂方向，而纵轴倾斜了一个角 α[图 2-24(a)]。当仪器绕纵轴旋转 180° 后，圆水准器已转到纵轴的另一边，而圆水准轴与纵轴的夹角 α 未变，故此时圆水准轴相对于铅垂线就倾斜了 2α 的角度[图 2-24(b)]，气泡偏离中心的距离相应于 2α 的倾角。因为仪器的纵轴相对于铅垂线仅倾斜了一个 α 角，因此，校正时先转动脚螺旋，使气泡向中心移动偏距的一半，纵轴即处于铅垂位置[图 2-24(c)]，然后用校正针拨动圆水准器底下的 3 个校正螺丝，使气泡居中[图 2-23(d)]，使圆水准轴也处于铅垂位置，从而达到了使圆水准轴平行于纵轴的目的[图 2-24(d)]。校正一般需要反复进行，直至仪器旋转到任何位置圆水准气泡都居中。

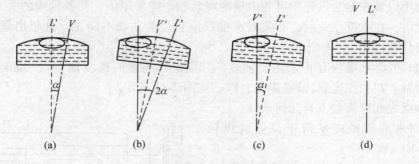

(a)　　　(b)　　　(c)　　　(d)

图 2-24　圆水准器检校原理

在圆水准器底下，除了有 3 个校正螺丝以外，中间还有一个松紧螺丝(图 2-25)。在拨动各个校正螺丝以前，应先稍转松一下这个松紧螺丝，然后拨动校正螺丝，校正完毕，勿忘把松紧螺丝再旋紧。

2.5.2 十字丝的检验和校正

检校目的是保证十字丝横丝垂直于仪

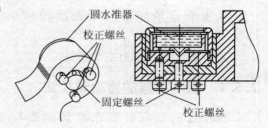

图 2-25　圆水准器的校正螺丝

器竖轴。

2.5.2.1　检验

水准仪整平后，用十字丝横丝瞄准一个明显点 P，如图 2-26(a)所示，然后固定制动螺旋，转动微动螺旋，如果 P 点沿横丝移动，如图 2-26(b)所示，则说明横丝垂直于竖轴，如果 P 点在望远镜中左右移动时离开横丝[图 2-26(c)(d)]，表示纵轴铅垂时横丝不平，需要校正。

2.5.2.2　校正

校正方法因十字丝分划板装置的形式不同，多数仪器可旋下靠目镜处的十字丝环外罩，如图 2-26(e)所示；用螺丝刀松开十字丝组的 4 个固定螺丝，如图 2-26(f)所示，按横丝倾斜的反方向转动十字丝组，再进行检验。如果 P 点始终在横丝上移动，则表示横丝已水平，最后转紧十字丝组固定螺丝。

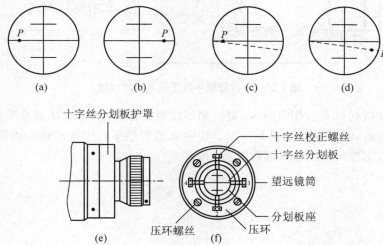

图 2-26　十字丝的检验与校正

2.5.3　水准管轴平行于视准轴的检验和校正

检校目的是保证望远镜视准轴平行于水准管轴。当水准管轴与望远镜视准轴互相平行时，它们在竖直面上的投影是平行的，若两轴不平行，它们的投影也不平行，其夹角称为 i 角即为 i 角误差。另外，两轴若在空间不平行，在水平面的投影也不平行，其夹角 ε 称为交叉误差，因其对普通水准测量的影响很小，一般可忽略。

2.5.3.1　检验

检验时，在平坦地面上选定相距 $60 \sim 80m$ 的 A、B 两点(打木桩或安放尺垫)，竖立水准尺，如图 2-27 所示。先将水准仪安置于 A、B 的中点 C，精平仪器后分别读取 A、B 点上水准尺的读数 a_1、b_1；改变水准仪高度 10cm 以上，再重读两尺的读数 a_1'、

b_1'。若存在 i 角，水准管气泡居中时，读数也存在偏差 x，水准尺离水准仪越远，引起的读数偏差 x 越大。当水准仪至水准尺前、后视距 S_1、S_2 相等时，即使存在 i 角误差，但因在两根水准尺上读数偏差 x 相等，则高差不受影响。因此，2次的高差之差如果不大于5mm，则可取其平均数，作为 A、B 两点间不受 i 角影响的正确高差：

$$h_1 = \frac{1}{2}\left[(a_1 - b_1) + (a_1' - b_1')\right] \tag{2-15}$$

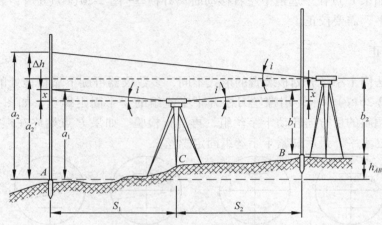

图 2-27 水准管轴平行于视准轴的检验

将水准仪搬到与 B 点相距约3m处，精平仪器后分别读取 A、B 点水准尺读数 a_2、b_2，测得高差 $h_2 = a_2 - b_2$。如果 $h_1 = h_2$，说明水准管轴平行于视准轴，否则，按下列公式计算 A 点水准尺上的应有读数以及 i 角：

$$a_2' = h_1 + b_2$$

$$i = \frac{a_2 - a_2'}{D_{AB}} \cdot \rho'' \tag{2-16}$$

式中　D_{AB}——AB 两点间的水平距离。

规范规定，用于三、四等水准测量的仪器 i 角数值不得大于20″，否则需要进行水准管轴平行于视准轴的校正。当 $i > 0$，说明视准轴为仰视；$i < 0$，视准轴为俯视。

2.5.3.2　校正

仪器的校正应紧接着检验工作进行，不要搬动仪器，转动微倾螺旋，使横丝在 A 尺上的读数从 a_2 移到 a_2'，此时，视准轴已水平，但水准管气泡不居中，用校正针拨动水准管位于目镜一端的左右2颗校正螺丝，再拨动上、下2个校正螺丝，如图2-28所示，使水准管两端的影像符合（居中），即水准管轴处于水平位置，满足 $LL /\!/ CC$ 的条件。校正完毕后再旋紧4颗螺丝。

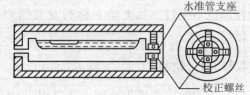

图 2-28　水准管轴的校正

此项检验校正也须反复进行，直至达到要求为止。两轴不平行所引起的误差对水准测量成果影响很大，因此校正时要认真仔细，校正要细心。

2.5.4 水准尺的检验和校正

水准尺是水准测量所用仪器的重要组成部分，水准尺质量的好坏直接影响到水准测量的结果。水准尺应满足尺面平直、尺上圆水准器轴平行于尺面、分划正确、尺底零点正确等要求。测量作业前应对水准尺进行检验校正。

2.5.4.1 一般检查

主要的检查内容有：尺身有无损坏，分划着色是否清晰，注记数字有无错误，尺底有无磨损等。

2.5.4.2 水准尺分划面弯曲差(矢距)的测定

将水准尺平置于一平台上，拉一细线于尺的两端并使之张于尺身两端，用卷尺量取垂直于尺面方向的细线与尺面间的最大垂距f(矢距)。对普通水准尺，当$f < 8mm$，尺的弯曲对高差测量无大的影响；否则应进行尺长改正。

2.5.4.3 圆水准器的检验校正

检校目的是保证圆水准器的水准轴平行于尺面。一种方法是用一个垂球挂在水准尺上，使尺的边缘与垂线一致，观察圆水准器气泡，若气泡不居中，用圆水准器的校正螺丝使气泡居中，这种方法应在室内或能避风之处进行。另一种方法是安置一架经检校后的水准仪，在距仪器50m左右处的尺垫上竖立水准尺。瞄准水准尺使竖丝与尺身至边缘相切，观察气泡，将水准尺转90°，再观察气泡，若均居中，满足水准器水准轴平行于尺面的要求。否则，应调整校正螺丝使气泡居中，然后重复前述步骤再作检验校正，直至再转90°，气泡仍居中为止。

2.5.4.4 水准尺分划正确性检验

水准尺分划的检验，包括水准尺每米平均真长的测定、水准尺每分米分划误差的测定、水准尺红面与黑面零点差(尺常数K)的测定、一对水准尺黑面零点差的测定。

（1）水准尺每米平均真长的测定

水准尺每米平均真长的测定是为了检测水准尺名义长度和真实长度的差值。例如，《国家水准测量规范》对三、四等水准测量用的区格式木质水准尺，规定每米长度的误差不得超过$\pm 0.5mm$；否则，应在水准测量中对所测高差进行改正。测定方法是将水准尺和检验尺(一级线纹米尺)相比较，一级线纹米尺本身应经过检定并有尺长方程式。具体的测定方法可参考有关规范进行作业。

（2）水准尺每分米分划误差的测定

水准尺每分米分划误差的测定的目的是检查水准尺的分米分划线位置是否正确，从而审定是否允许该水准尺用于水准测量作业。《国家水准测量规范》规定区格式木质水准尺分划线位置的误差不应超过 ±1.00mm。测定方法仍是将水准尺与检验尺相比较,但需每分米进行读数,以便计算分米分划线的误差值。具体测定方法可参考有关规范进行作业。

(3) 水准尺红面与黑面零点差(尺常数 K) 的测定

一对木质双面水准尺的红黑面零点的理论差,一根为 4687mm,另一根为 4787mm,该差值如果不正确将影响水准测量读数,需加以检查。检定的方法是:先安置好水准仪,在距离水准仪约 20 m 处,打一有一个球形铁钉的木桩,或放一尺垫,将水准尺竖立在上面,将水准仪上的水准气泡严格居中,照准水准尺的黑面进行读数,不动仪器,随即转动水准尺,使红面朝向仪器,进行红面读数,两数之差即为红黑面零点差。以不同的仪器高度、同样的方法测定 4 次取其平均值为红黑面零点差,2 根水准尺分别进行检验,实际作业应以测定值作为黑、红面读数的常数差。

(4) 一对水准尺黑面零点差的测定

水准尺黑面零点应与其底面相合,水准尺黑面的底面均自零开始。一对水准尺黑面零点应相同,但由于制造和使用时磨损的原因,零点和尺底可能不一致,其差值称为一对水准尺黑面零点差。零点差是系统误差,如果 2 根水准尺的此项数值不相等,在偶数站的水准测段能得到抵消,而在奇数测站需引进零点差的改正。

测定时将水准尺平置于检测平台,紧贴底面置一双面刀片,在尺上 1m 范围内选择一清楚的同一读数分划线,用检查尺量出从刀片至该线的距离。若第一根水准尺测量值为 D_1,第二根水准尺测量值为 D_2,则所求的零点差 Z 为:

$$Z = D_1 - D_2$$

2.6　自动安平水准仪的构造及使用

自动安平水准仪不用符合水准器和微倾螺旋,而只需用圆水准器进行粗略整平,然后借助仪器内部的自动安平补偿器自动地把视准轴置平,就能获得视线水平时的正确读数。因此,自动安平水准仪不仅能缩短观测时间,简化操作,而且对于施工场地地面的微小震动、松软土地的仪器下沉以及风吹时的视线微小倾斜等不利状况,能自动安平仪器,有利于提高观测速度和精度。图 2-29 为国产 DZS3-1 型自动安平水准仪结构。

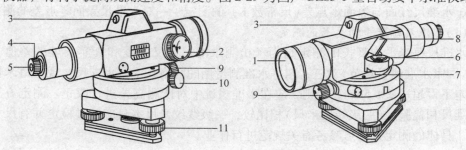

图 2-29　DZS3-1 型自动安平水准仪

1. 物镜;2. 物镜调焦螺旋;3. 粗瞄器;4. 目镜调焦螺旋;5. 目镜;6. 圆水准器;
7. 圆水准器校正螺丝;8. 圆水准器反光镜;9. 制动螺旋;10. 微动螺旋;11. 脚螺旋

2.6.1 自动安平原理

自动安平水准仪自动安平原理如图2-30所示,当视准轴水平时,在水准尺上的正确读数为a,即a点的水平视线经望远镜光路到达十字丝中心。当视准轴倾斜了一个小角度α时,如图2-30(b)所示,则按视准轴读数为a'。为了能使十字丝横丝的读数仍为视准轴水平时的读数a,在望远镜的光路中加一补偿器,使通过物镜光心的水平视线经过补偿器的光学元件后偏转一个β角后,仍能成像于十字丝中心。由于α、β都是很小的角度,如果下式成立,即能达到补偿的目的:

$$f \cdot \alpha = d \cdot \beta \tag{2-17}$$

式中　f——物镜焦距;

　　　d——补偿器至十字丝的距离。

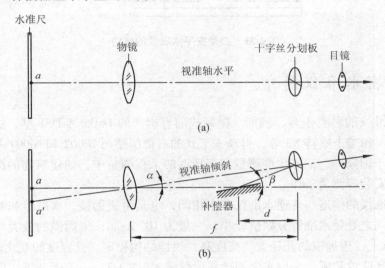

图 2-30　自动安平水准仪基本原理

自动安平补偿器的种类很多,但一般都是采用吊挂光学棱镜的方法,借助重力的作用达到视线自动补偿的目的。其构造是:将屋脊棱镜固定在望远镜筒内,在屋脊棱镜的下方,用金属丝吊挂着一个梯形棱镜,该棱镜在重力作用下,能与望远镜做相对的偏转。为了使吊挂的棱镜尽快地停止摆动,还设置了阻尼器,如图2-31所示。

2.6.2 自动安平水准仪的使用

使用自动安平水准仪观测时,自动安平水准仪的圆水准器,其灵敏度一般为$(8''\sim10'')/2mm$,而补偿器的作用范围约为$\pm15'$。因此,安置自动安平水准仪时,首先只要用脚螺旋使圆水准器气泡居中(仪器粗平),补偿器即能起到自动安平的作用,然后用望远镜瞄准水准尺,由十字丝中丝在水准尺上读得的数,就是视线水平时的读数,不需要"精平"这一项操作。但有时由于仪器运输或操作不当的原因,补偿器未能起作用,因此,这类仪器一般设有补偿器检查按钮。按检查钮时,如果发现成像有不规则的跳动或不动,则说明补偿摆已被搁住,应检查原因,使其恢复正常功能。

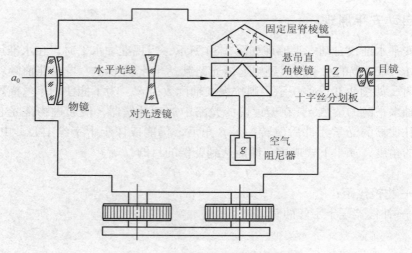

图 2-31   自动安平水准仪的结构

2.7   精密水准仪简介

精密水准仪的种类很多，例如，微倾式的有国产的 DS05 和 DS1 型，进口的有德国蔡司 Ni004 和瑞士威特 N3 等，自动安平式的有德国蔡司 Ni002 和 Ni007 等。精密水准仪主要用于国家一、二等水准测量和高精度的工程测量中，如建筑物的沉降观测和大型设备的安装等测量工作。

精密水准仪的构造与普通水准仪基本相同，也是由望远镜、水准器和基座三部分组成。其不同之处是水准管分划值较小，一般为 $10''/2\text{mm}$；望远镜的放大率较大，一般在 40 倍以上；望远镜的孔径大、亮度高，仪器结构稳定，受温度的变化影响小等。

为了提高读数精度，采用光学测微器读数装置(图 2-32)，测微装置主要由平行玻璃板、测微分划尺、传动杆、测微螺旋和测微读数系统组成。平行玻璃板装在物镜前面，它通过有齿条的传动杆与测微分划尺及测微螺旋连接。测微分划尺上刻有 100 个分划，在另设的固定棱镜上刻有指标线，可通过目镜旁的测微读数显微镜读数。当转动测微螺旋时，传动杆推动平行玻璃板前后倾斜，此时视线通过平行玻璃板产生平行移动，移动的数值可由测微尺读数反映出来，当视线上下移动为 5mm(或 1cm)时，测微尺恰好移动 100 格，即测微尺最小格值为 0.05mm(或 0.1mm)。

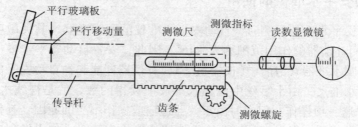

图 2-32   精密水准仪的光学测微器读数装置

精密水准仪必须配有精密水准尺。这种尺一般是在木质尺身的槽内，引张一根钢瓦合金带。带上标有刻划，数字注在木尺上，如图 2-33 所示。精密水准尺的分划值有 1cm 和 0.5cm 两种，与精密水准仪配套使用。精密水准尺上的注记形式一般有两种：一种是尺身上刻有左右两排分划，右边为基本分划，左边为辅助分划，基本分划的注记从零开始，辅助分划的注记从某一常数 K 开始，K 称为基辅差。另一种是尺身上两排均为基本分划，其最小分划为 10mm，但彼此错开 5mm，所以分划的实际间隔为 5mm。尺身一侧注记米数，另一侧注记分米数。尺身标有大、小三角形，小三角形表示半分米处，大三角形表示分米的起始线。这种水准尺上的注记数字比实际长度扩大了 1 倍，即 5cm 注记为 1dm。因此使用这种水准尺进行测量时，要将观测高差除以 2 才是实际高差。

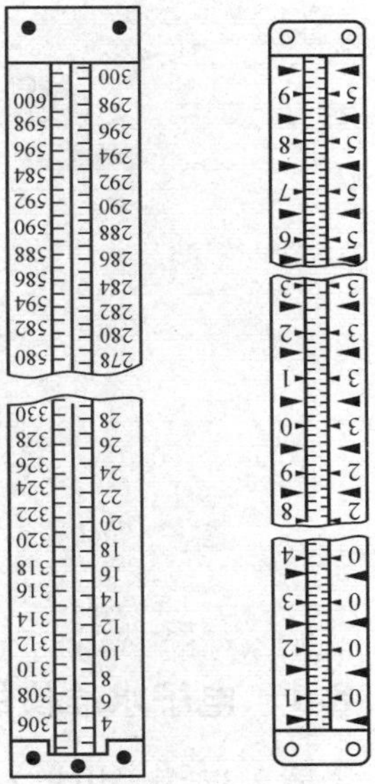

图 2-33 精密水准尺

精密水准仪的操作方法与一般水准仪基本相同，不同之处是用光学测微器测出不足一个分格的数值。即在仪器精平后，十字丝横丝往往不恰好对准水准尺上某一整分划线，这时就要转动测微轮使视线上、下平行移动，十字丝的楔形丝正好夹住一个整分划线，如图 2-34 所示，被夹住的分划线读数为 0.97m。此时视线上下平移的距离则由测微器读数窗中读出，其读数为 1.50mm。所以水准尺的全读数为 0.97 + 0.0015 = 0.9715m，由于该尺注记扩大了 1 倍，故实际读数是全读数除以 2，即 0.485 75m。

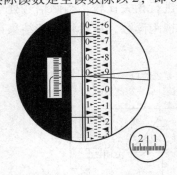

图 2-34 精密水准仪读数

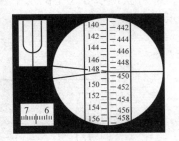

图 2-35 N3 水准仪的视场图

图 2-35 是 N3 水准仪的视场图，楔形丝夹住的读数为 1.48m，测微尺读数为 65mm，所以全读数为 1.4865m。在此由于尺上注记并未扩大，故该读数即为实际读数而无需除以 2。

2.8 电子水准仪的构造及使用

电子水准仪又称数字水准仪（图 2-36），它是在自动安平水准仪的基础上发展起来的。

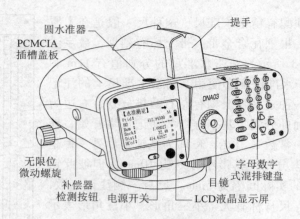

图 2-36　电子水准仪

2.8.1　电子水准仪的原理

　　图 2-37 为采用相关法的徕卡 NA3003 数字水准仪的机械光学结构图，电子水准仪是在仪器望远镜光路中增加了分光镜和光电探测器（CCD 阵列）等部件。当用望远镜照准标尺并调焦后，标尺上的条形码影像入射到分光镜上，分光镜将其分为可见光和红外光两部分，可见光影像成像在分划板上，供目视观测。红外光影像成像在 CCD（charge-coupled device，电荷耦合器件）线阵光电探测器上（探测器长约 6.5mm，由 256 个口径为 25μm 的光敏二极管组成，一个光敏二极管就是线阵的一个像素），探测器将接收到的光图像先转换成模拟信号，再转换为数字信号传送给仪器的处理器，通过与机内事先存储好的标尺条形码本源数字信息进行相关比较，当两信号处于最佳相关位置时，即可获得水准尺上的水平视线读数和视距读数，最后将处理结果存储并送往屏幕显示。

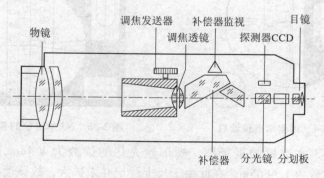

图 2-37　电子水准仪光学结构

　　电子水准仪的特点是：

　　①读数客观。用自动电子读数代替人工读数，不存在读错、记错等问题，读数客观。

　　②精度高。多条码（等效为多分划）测量，削弱标尺分划误差，自动多次测量，削弱外界环境变化的影响。

③速度快、效率高。电子水准仪实现数据自动记录、检核、处理和存储，测量数据便于输入计算机和容易实现水准测量内外业一体化。

④数字水准仪一般是设置有补偿器的自动安平水准仪，当采用普通水准尺时，数字水准仪又可当作普通自动安平水准仪使用。

2.8.2 条码水准尺

与电子水准仪配套的条码水准尺一般为铟瓦带尺、玻璃钢或铝合金制成的单面或双面尺，形式有直尺和折叠尺两种，规格有1m、2m、3m、4m、5m几种，尺子的分划一面为二进制伪随机码分划线（配徕卡仪器）或规则分划线（配蔡司仪器），其外形类似于一般商品外包装上印制的条纹码，各厂家标尺编码的条码图案不相同，不能互换使用。图2-38为与徕卡电子水准仪配套的条码水准尺，它用于数字水准测量；双面尺的另一面为长度单位的分划线，用于普通水准测量。

2.8.3 电子水准仪的使用

目前电子水准仪采用自动电子读数的原理有相关法（如徕卡 NA3002/3003）、相位法（如拓普康 DL-100C/102C）和几何法（如蔡司 DiNi10/20）3 种。电子水准仪使用时照准标尺和调焦仍需目视进行。人工完成照准和调焦之后，标尺条码一方面

图 2-38　条码水准尺

被成像在望远镜分板上，供目视观测；另一方面通过望远镜的分光镜，标尺条码又被成像在光电传感器上，供电子读数。因此，如果使用传统水准标尺，电子水准仪又可以像普通自动安平水准仪一样使用，不过这时的测量精度低于电子测量的精度。

2.9　水准测量的误差分析

水准测量误差来源包括仪器误差、观测误差和外界条件的影响3个方面。在水准测量作业中应根据产生误差的原因，采取措施，尽量减少或消除其影响。

2.9.1　仪器误差

2.9.1.1　视准轴与水准管轴不平行的误差

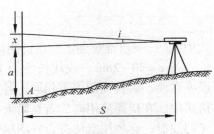

水准仪在使用前，虽然经过检验校正，但实际上很难做到视准轴与水准管轴严格平行。视准轴与水准管轴在竖直面上投影的夹角（i 角）会给水准测量的观测结果带来误差，如图 2-39 所示。设 A、B 分别为同一测站的后视点和前视点，S_A、S_B 分别为后视和前视的距离，x_A、x_B 为由于视准

图 2-39　i 角对读数的影响

轴和水准管轴不平行而引起的读数误差。如果不考虑地球曲率和大气折光的影响,则 B 对 A 点的高差为:

$$h_{AB} = (a - x_A) - (b - x_B) = (a - b) - (x_A - x_B)$$

因为:

$$x = S \tan i$$

故:

$$h_{AB} = (a - b) - (S_A - S_B) \tan i = (a - b) - (S_A - S_B) \frac{i}{\rho''}$$

对于一测段则有:

$$\sum h = \sum (a - b) - \frac{i}{\rho''} \sum (S_A - S_B)$$

为了使一个测站的 $x_A = x_B$,应使 $S_A = S_B$。但实际上,要是前、后视距正好相等是比较困难的,也是不必要的。所以,根据不同等级的精度要求,对每一测站的后、前视距之差和每一测段的后、前视距的累计差规定一个限值。这样,就可把残余 i 角对所测高差的影响限值在可忽略的范围内。但残余 i 角也不是固定的,即使在同一测站,前、后视的 i 角也会由于光照的不同而不同。因此,为避免这种误差,在太阳下进行观测必须用伞遮住仪器,在读取前、后视读数时,尽量避免调焦。

2.9.1.2 水准尺误差

由于水准尺上水准器误差、水准尺刻划不准确、尺底磨损、尺长变化和弯曲等影响,都会影响水准测量的精度,因此,对于高精度的水准测量,水准尺需经过检验才能使用,必要时予以更换。对于水准尺的零点差,可在一个测段中使测站数为偶数,水准尺用于前、后视的次数相等的方法予以消除。

2.9.2 观测误差

观测误差主要包括整平误差、读数误差、视差误差和水准尺倾斜误差。

2.9.2.1 整平误差

水准测量前必须精平,精平程度反映了视准轴水平程度,设水准管分划值为 τ'',居中误差一般为 $0.15\tau''$,采用符合式水准器时,气泡居中精度可提高 1 倍,故居中误差为:

$$m_\tau = \frac{0.15\tau''}{2\rho''} \cdot D \tag{2-18}$$

式中 D——水准仪到水准尺的距离。

若 $\tau = 20''/2mm$,视线长度为 100m,符合水准气泡居中误差可达 0.73mm,这种误差在前、后视读数中不相同,且数字可观,不容忽视,因此,水准测量时一定要严格居中。在仪器使用时,若是晴天必须打伞保护仪器,更要注意保护水准管避免太阳光的照射;必须注意使符合气泡居中,且视线不能太长;后视完毕转向前视,应注意重新转动微倾螺旋令气泡居中才能读数,但不能转动脚螺旋,否则将改变仪器高而产生其他误差。

2.9.2.2 读数误差

在水准尺上估读毫米数的误差，与人眼的分辨能力、望远镜的放大倍率以及视线长度有关，通常按下式计算：

$$m_V = \frac{60''}{V} \cdot \frac{D}{\rho''} \qquad (2-19)$$

式中　V——望远镜的放大倍率；

　　　　$60''$——人眼的极限分辨能力；

　　　　D——水准仪到水准尺的距离。

若望远镜放大率为 28 倍，视距为 100m，读数误差可达 1.04mm，望远镜放大倍率较小或视线过长，读数误差将增大。因此，在测量作业中，必须按规定使用相应望远镜放大倍率的仪器和不超过视线的极限长度，以保证估读精度。

2.9.2.3 视差误差

当存在视差时，十字丝平面与水准尺影像不重合，若眼睛观察的位置不同，便读出不同的读数，因而也会产生读数误差。因此，观测时要反复几次，仔细调焦，严格消除视差，直至十字丝和水准尺成像均清晰，眼睛上下晃动时读数不变。

2.9.2.4 水准尺倾斜误差

水准尺倾斜使读数增大，且视线离开地面越高，误差越大。设水准尺倾斜将使尺上读数增大 Δl，l 为正确读数，l' 为倾斜读数，$\Delta l = l' - l$，若水准尺倾斜 δ 角，则：

$$\Delta l = \frac{l'}{2} \cdot \left(\frac{\delta}{\rho}\right)^2$$

若水准尺倾斜 $3°30'$，在水准尺上 1m 处读数时，将会产生 2mm 的误差，若读数大于 1m，误差将超过 2mm。若读数或倾斜角增大，误差也增大。为了减少这种误差的影响，扶尺必须认真，使尺既竖直又稳。由于一测站高差为后、前视读数之差，故在高差较大的测段，误差也较大。

2.9.3 外界条件的影响

2.9.3.1 水准仪下沉误差

由于仪器下沉，使视线降低，或由于土壤的弹性因为观测人员的走动，使仪器上升，视线升高，都会产生读数误差。在一测站观测中，若后视完毕转向前视时，仪器下沉了 x_1，则前视读数 b_1 小了 x_1，即测得的高差 $h_1 = a_1 - b_1$，大了 Δl_1。设在一测站上进行 2 次测量，第二次先前视后后视，若从前视转向后视过程中仪器又下沉了 x_2，则第二次测得的高差 $h_2 = a_2 - b_2$，小了 Δl_2。如果仪器随时间均匀下沉，则 $\Delta l_1 \approx \Delta l_2$。取 2 次所测高差的平均值，这项误差就可得到有效削弱。因此，如果采用"后、前、前、后"的观测程序，可减弱其影响。

2.9.3.2　尺垫下沉误差

尺垫下沉对读数的影响表现为两个方面：一是同仪器下沉相类似，其影响规律和应采取的措施同上。二是转站时，如果在转点发生尺垫下沉，将使下一站后视读数增大，这将引起高差减小。消除办法为：在观测时，选择坚固平坦的地点设置转点，将尺垫踩实，加快观测速度减少尺垫下沉的影响；采用往返观测的方法，取成果的中数，这项误差也可以得到削弱。

2.9.3.3　地球曲率及大气折光影响

如图 2-40 所示，用水平视线代替大地水准面在尺上读数产生的误差为 Δh，此处用 C 代替 Δh，则：

$$C = \frac{D^2}{2R} \tag{2-20}$$

式中　D——仪器到水准尺的距离；

R——地球的平均半径，$R = 6371 \mathrm{km}$。

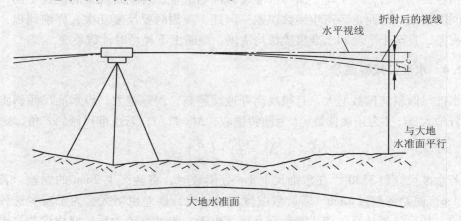

图 2-40　地球曲率及大气折光影响

实际上，由于大气折光，视线并非是水平的，而是一条曲线（图 2-40），曲线的曲率半径约为地球半径的 7 倍，其折光量的大小对水准尺读数产生的影响为：

$$r = \frac{D^2}{2 \times 7R} \tag{2-21}$$

大气折光与地球曲率影响之和为：

$$f = C - r = \frac{D^2}{2R} - \frac{D^2}{14R} = 0.43 \frac{D^2}{R} \tag{2-22}$$

若前、后视距离相等，地球曲率与大气折射的影响在计算高差中被互相抵消或大大减弱。所以，在水准测量中，前、后视距离应尽量相等。同时，视线高出地面应有足够的高度，在坡度较大的地面观测应适当缩短距离。

2.9.3.4 日照和风力误差

日照和风力对水准测量的影响是综合的，较复杂。如烈日照射水准管时，由于水准管本身和管内液体温度升高，气泡向着温度高的方向移动，而影响仪器水平；风大时会使仪器抖动，引起误差，因此，观测时应选好天气，观测时应注意撑伞遮阳。

思考与练习题

1. 用水准仪测定 A、B 两点间的高差，已知 A 点高程为 $H_A = 8.016 \text{m}$，A 尺上读数为 1.124m，B 尺上读数为 1.428m，求 A、B 两点间高差 h_{AB} 为多少？B 点高程 H_B 为多少？绘图说明。

2. 什么是视准轴？什么是水准管轴？

3. 什么是视差？产生视差的原因是什么？如何消除视差？

4. 水准路线的布设形式主要有哪几种？怎样计算它们的高差闭合差？

5. 水准测量中前、后视距相等可消除哪些误差？

6. 何谓转点？转点在水准测量中起什么作用？

7. DS$_3$ 型水准仪有哪几条轴线？它们之间应满足什么条件？哪一条件最主要？

8. 自动安平水准仪有何特点？精密水准仪有何特点？

9. 数字水准仪有何特点？

10. 对一水准仪进行水准管平行于视准轴的检验与校正。首先将仪器放在相距 80m 的 A、B 两点中间，用两次仪器高法测得 A、B 两点的高差为 $h_1 = +0.310 \text{m}$，然后将仪器移至 A 点附近，测得 A、B 两点的尺读数为 $a_2 = 1.527 \text{m}$，$b_2 = 1.245 \text{m}$。试检验水准管轴是否平行视准轴？若不平行，应如何校正？

11. 如图 1 所示，为一附合水准路线，点1、2为已知高程的水准点，A、B 为高程待定水准点，各点间的路线长度、高差实测值及已知点高程如图中所示。试按水准测量精度要求，进行闭合差的计算与调整，最后计算各待定水准点的高程。

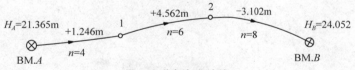

图 1　附合水准路线

12. 如图 2 所示，为一闭合水准路线，BM.A 为已知高程的水准点，1、2、3 为高程待定水准点，各点间的路线长度、测站数、高差实测值及已知点高程如图中所示。试按水准测量精度要求，进行闭合差的计算与调整，最后计算各待定水准点的高程。

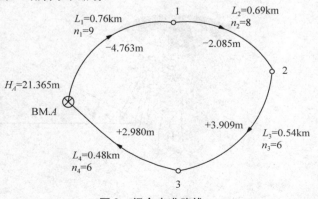

图 2　闭合水准路线

第3章
角度测量

角度测量是确定点位的基本测量工作之一。角度测量包括水平角测量和竖直角测量，水平角用于求算地面点的平面位置，竖直角用于求算高差或将倾斜距离换算成水平距离。

3.1 角度测量原理

3.1.1 水平角观测原理

3.1.1.1 水平角定义

如图 3-1 所示，A、O、B 为地面上任意 3 点，将 3 点沿铅垂线方向投影到水平面上得到相应的 A_1、O_1、B_1 点，则水平线 O_1A_1 与 O_1B_1 的夹角即为地面 OA 与 OB 两方向线间的水平角，用"β"表示。由此可见，水平角就是地面上某点到两个目标点连线在水平面上投影的夹角，它也是过两条方向线的铅垂面所夹的两面角，其范围是 $0^\circ \sim 360^\circ$。

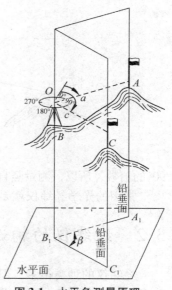

图 3-1 水平角测量原理

3.1.1.2 水平角测量原理

为了测定水平角值，设想在角顶的铅垂线上水平放置一个带有顺时针均匀刻划的水平度盘，通过左方向 BA 和右方向 BC 各作一竖直面与水平度盘相交，在水平度盘上截取相应的左方向读数 a 和右方向读数 b，则水平角 β 为 2 个读数之差。即：

$$\beta = b - a \tag{3-1}$$

3.1.2 竖直角观测原理

3.1.2.1 竖直角定义

竖直角是指在同一竖直面内，视线方向与水平线之间的夹角，又称倾斜角，用"α"表示。竖直角有仰角和俯角之分，当视线在水平线以上时称为仰角，取"+"号，角值为 $0^\circ \sim +90^\circ$，当视线在水平线以下时称为俯角，取"-"号，角值为 $-90^\circ \sim 0^\circ$。在同一竖直面内，视线与铅垂线的天顶方向之间的夹角称为天顶角，也叫天顶距，用"Z"表示，角值为 $0^\circ \sim 180^\circ$。显然，同一方向线的天顶距和竖直角之和等于 90°。

3.1.2.2 竖直角测量原理

为了测定竖直角，在铅垂面内垂直放置一个带有顺时针均匀刻划的竖直度盘（图 3-2）。竖直角与水平角一样，其角值为度盘上两个方向的读数之差，不同的是，竖直角的其中一个方向是水平方向，对某种经纬仪来说，视线水平时的竖盘读数应为 0° 或

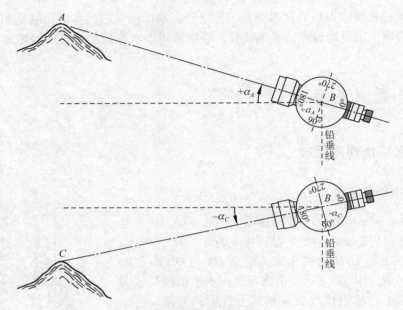

图 3-2 竖直角测量原理

90°的倍数，所以，测量竖直角时，只要瞄准目标，读出竖盘读数，即可计算出竖直角。

常用的光学经纬仪就是根据上述测角原理及其要求制成的一种测角仪器。

3.2 经纬仪的构造及使用

经纬仪的种类很多，但基本结构大致相同。按精度分，我国生产的经纬仪可以分为 DJ_{07}、DJ_1、DJ_2、DJ_6、DJ_{15} 等级别。其中 D、J 分别为"大地测量"和"经纬仪"汉语拼音的第一个字母，07、1、2、6、15 分别为该经纬仪一测回方向的观测中误差，即表示该仪器所能达到的精度指标，如 DJ_{07} 和 DJ_6 分别表示水平方向测量一测回的方向中误差不超过 ±0.7″和 ±6″的大地测量经纬仪。各种等级和型号的光学经纬仪，其结构有所不同，因厂家生产而有所差异，但是它们的基本构造大致相同。

3.2.1 DJ₆ 型光学经纬仪的构造

3.2.1.1 基本结构

各种型号 DJ_6 光学经纬仪（简称 J_6）的基本构造大致相同，主要由基座、水平度盘、照准部三部分组成，如图 3-3 所示。

（1）基座

基座用来支承整个仪器，是仪器的底座，借助基座的中心螺旋可使经纬仪与脚架相连接。基座上有 3 个脚螺旋，用来整平仪器。使用仪器时，切勿松动该螺旋，以免照准部与基座分离而坠地。

（2）水平度盘

水平度盘是由光学玻璃制成的精密刻度盘，在其上刻有分划，从 0°~360°，顺时

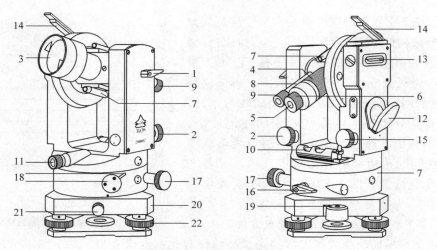

图 3-3   DJ₆ 型光学经纬仪

1. 望远镜制动螺旋；2. 望远镜微动螺旋；3. 物镜；4. 物镜调焦螺旋；5. 目镜；6. 目镜调焦螺旋；
7. 光学瞄准器；8. 度盘读数显微镜；9. 度盘读数显微镜调焦螺旋；10. 照准部管水准器；11. 光
学对中器；12. 度盘照明反光镜；13. 竖盘指标管水准器；14. 竖盘指标管水准器观察反射镜；
15. 竖盘指标管水准器微动螺旋；16. 水平方向制动螺旋；17. 水平方向微动螺旋；18. 水平度盘
变换螺旋与保护卡；19. 基座圆水准器；20. 基座；21. 轴套固定螺旋；22. 脚螺旋

针方向注记，用来测量水平角。测水平角时，水平度盘不动；若需设定水平读盘读
数，可通过度盘变换手轮或复测器(复测钮或复测扳手)实现。

（3）照准部

照准部是指水平度盘之上，能绕其旋转轴旋转的全部部件的总称。照准部主要由
望远镜、支架、旋转轴、竖直制动、水平制动、微动螺旋、竖直度盘、竖盘指标、管
水准器、读数设备、水准器和光学对点器等组成。

照准部在水平方向的转动，由水平制动、水平微动螺旋控制，其旋转轴称为仪器
竖轴。照准部上的管水准器，用于精平仪器。此外，经纬仪的望远镜与横轴固连在一
起，望远镜可绕仪器横轴转动，并由望远镜的竖直制动螺旋和竖直微动螺旋来控制这
种转动。

3.2.1.2   读数系统

光学经纬仪的读数系统，包括度盘、光路系统及测微器。水平度盘和竖直度盘分
划线通过一系列棱镜和透镜，成像于望远镜旁的读数显微镜内，观测者通过读数显微
镜读取度盘上的读数。各种光学经纬仪因读数系统不同，读数方法也不一样，DJ₆ 型
光学经纬仪的读数设备多用分微尺测微器。

（1）分微尺测微器及其读数方法

分微尺测微器的结构简单，读数方便，具有一定的读数精度，广泛应用于 DJ₆ 型
光学经纬仪。国产 DJ₆ 型光学经纬仪一般采用这种装置。这类仪器的度盘分划值为
1°，按顺时针方向注记。其读数设备是由一系列光学零件组成的光学系统。读数的主
要设备为读数窗上的分微尺，水平度盘与竖盘上 1° 的分划间隔，成像后与分微尺的全

长相等。图 3-4 上面的窗格里是水平度盘及其分微尺的影像（注有"H"或"水平"），下面的窗格里是竖盘和其分微尺的影像（注有"V"或"竖直"）。分微尺分成 60 等分，格值 1′，可估读到 0.1′。读数时，以分微尺上的零刻划线为指标，度数由夹在分微尺上的度盘刻划的注记读出，小于 1°的数值，即分微尺上的零刻划线至该度盘刻度线间的角值，由分微尺上读出，二者之和即为度盘读数。图 3-4 中，水平度盘读数为 206°01′48″，竖直度盘读数为 86°55′18″。

（2）单平板玻璃测微器及其读数方法

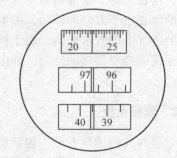

图 3-4　读数显微镜内度盘成像

采用单平板玻璃测微器读数的光学经纬仪有北京红旗 II 型、瑞士 Wild T1 型等。单平板玻璃测微器主要由平板玻璃、测微尺、连接机构和测微轮组成，如图 3-5 所示。转动测微轮，通过齿轮带动平板玻璃和与之固连在一起的测微尺一起转动。测微尺和平板玻璃同步转动，单平板玻璃测微器读数窗的影像如图 3-6 所示，下面的窗格为水平度盘影像；中间的窗格为竖直度盘影像；上面较小的窗格为测微尺影像。度盘分划值为 30′，测微尺的量程也为 30′，将其分为 90 格，即测微尺最小分划值为 20″，当度盘分划影像移动一个分划值（30′）时，测微尺也正好转动 30′。

读数时，旋转测微轮，分别使水平度盘和竖直度盘的一条分划线位于双指标线的中央，将度盘分划线的读数和测微器的读数相加，即为各自的最终读数。图 3-6 中水平度盘的读数为 39°52′28″（39°30′ + 22′20″ + 0.4 格 ×20″）。

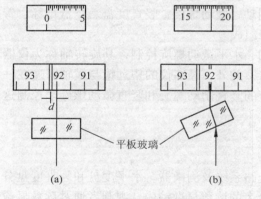

图 3-5　平板玻璃测微器原理　　　　图 3-6　单平板玻璃测微器读数系统

3.2.2　经纬仪的安置与使用

经纬仪的安置包括对中和整平。对中的目的是要把仪器的纵轴安置到测站的铅垂线上；整平的目的是使经纬仪的纵轴铅垂，从而使水平度盘和横轴处于水平位置，竖直度盘位于铅垂平面内。观测包括瞄准和读数，因此经纬仪的使用可概括为对中—整平—瞄准—读数 4 步。

3.2.2.1 对中

按观测者的身高调整好三脚架的长度,张开三脚架,使三脚架头大致水平。从箱中取出经纬仪,放到三脚架头上,一手握住经纬仪支架,一手将三脚架上的连接螺旋旋入基座底板。对中可利用垂球或光学对中器,也可强制对中及激光对中等。

(1)垂球对中

把垂球挂在连接螺旋中心的挂钩上,调整垂球线长度,使垂球尖离地面点的高差为1~2mm,并使垂球尖大约对准地面点,如果偏差较大,可平移三脚架,当垂球尖与地面点偏差不大时,可稍微松开连接螺旋,在三脚架头上移动仪器,使垂球尖准确对准测站点,再将连接螺旋转紧。用垂球对中的误差一般可小于3mm。

(2)光学对中(图3-7)

光学对中器是装在照准部的一个小望远镜,光路中装有直角棱镜,使通过仪器纵轴中心的光轴由铅垂方向折成水平方向,便于观察对中情况。光学对中的步骤如下:三脚架头大致水平,目估初步对中;旋转光学对中器目镜调焦螺旋,使对中标志(小圆圈或十字丝)及地面点清晰;旋转脚螺旋,使地面点的像位于对中标志中心;伸缩三脚架的相应架腿,使圆水准器气泡居中;反复几次,再进行精确整平;当照准部水准管居中时,再从光学对中器中检查与地面点的对中情况,可略微旋松连接螺旋,手扶基座使仪器做微小的平移。光学对中误差可达1mm。

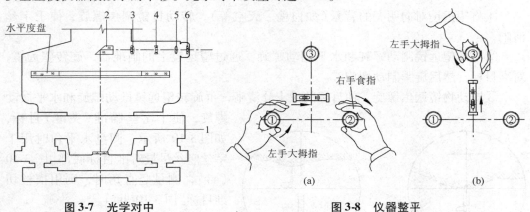

图 3-7 光学对中

1. 保护玻璃;2. 转向棱镜;3. 物镜;
4. 对中标注分划板;5. 目镜;6. 组成

图 3-8 仪器整平

3.2.2.2 整平

整平分粗平和精平。粗平是通过伸缩脚架腿或旋转脚螺旋使圆水准气泡居中,圆水准气泡移动方向是脚架腿伸高的一侧,或与旋转脚螺旋的左手大拇指和右手食指运动方向一致。

精平是利用基座上的3个脚螺旋,通过旋转脚螺旋使管水准气泡居中,使照准部水准管在相互垂直的两个方向上气泡都居中,具体步骤如下:

①先松开水平制动螺旋。转动照准部,使水准管大致平行于任意2个角螺旋,如

图 3-8(a)所示，两手同时向内(或向外)转动脚螺旋使气泡居中。气泡移动的方向与左手大拇指方向一致。

②将照准部旋转 90°，如图 3-8(b)所示，旋转另一脚螺旋，使气泡居中。

按上述方法反复操作，直到照准部旋转至任何位置气泡都居中为止。整平误差一般不应大于水准管分划值 1 格。

3.2.2.3　瞄准目标

角度测量时瞄准的目标一般是竖立在地面上的测钎、花杆、觇牌等(图 3-9)。用望远镜瞄准目标的方法和步骤如下：

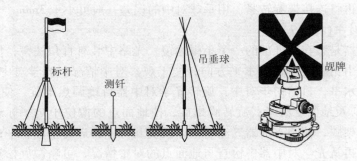

图 3-9　照准标志

①将望远镜对向明亮的背景(如白墙、天空等)，转动目镜调焦螺旋，使十字丝清晰。

②松开望远镜制动螺旋和水平制动螺旋，通过望远镜上的瞄准器，旋转望远镜，对准目标，然后旋紧制动螺旋。

③转动物镜调焦螺旋，使目标的像十分清晰，再旋转望远镜微动螺旋和水平微动螺旋，使十字丝瞄准(夹准)目标，如图 3-10 所示，测量水平角时用十字丝竖丝尽量对准目标底部[图 3-10(a)]，测量竖直角时，则用横丝切准目标[图 3-10(b)]。

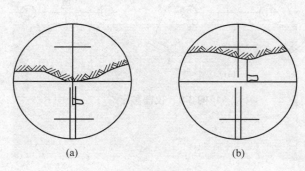

图 3-10　瞄准方法

④消除视差，左、右或上、下微移眼睛，观察目标像与十字丝之间是否有相对移动，如果存在视差，则需要重新进行物镜调焦，直至消除视差为止。

3.2.2.4　读数

读数时先打开度盘照明反光镜，调整反光镜的开度和方向，使读数窗亮度适中，旋转读数显微镜的目镜使刻划线清晰，然后读数。若观测竖直角，读数前应使竖直指标水准管气泡居中再读数。

3.3　水平角观测方法

水平角观测的方法，一般根据目标的多少和精度要求而定，常用的水平角观测方法有测回法和方向观测法两种。

3.3.1　测回法

此法适用于观测由两个方向构成的单角。

如图 3-11 所示，在测站点 O，需要测出 OA、OB 两方向间的水平角 β，在 O 点安置经纬仪后，按下列步骤进行观测：

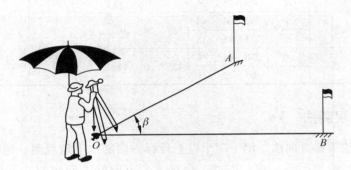

图 3-11　水平角观测（测回法）

①将经纬仪安置在测站点 O，对中、整平。

②使经纬仪置于盘左位置（竖盘在望远镜观测方向的左边，又称正镜），瞄准目标 A，配置水平度盘，使其读数略大于 $0°$，记为 $a_左$，顺时针旋转照准部，瞄准目标 B，得读数 $b_左$。以上称为上半测回或盘左测回。盘左位置所得半测回角值为：

$$\beta_左 = b_左 - a_左 \qquad\qquad (3-2)$$

③倒转望远镜成盘右位置（竖盘在望远镜观测方向的右边，又称倒镜），瞄准目标 B，得读数 $b_右$；按逆时针方向旋转照准部，瞄准目标 A，得读数 $a_右$。以上称为下半测回或盘右测回。盘右位置所得半测回角值为：

$$\beta_右 = b_右 - a_右 \qquad\qquad (3-3)$$

上、下半测回构成一个测回。理论上，上、下半测回角值应该相等。但由于观测误差的存在，两者之间往往会存在一定的差异。该差异须小于规范规定的限值（如某规范规定 DJ_6 型光学经纬仪盘左盘右两半测回角值之差的绝对值应小于 $40''$）。如果 $\beta_左$ 与 $\beta_右$ 的差值满足规范要求，则取盘左、盘右角值的平均值作为一测回观测的结果：

$$\beta = \frac{\beta_左 + \beta_右}{2} \qquad\qquad (3-4)$$

在测回法测角中，仅测一个测回可以不配置度盘起始位置，但有时为了计算方便，将起始目标的读数调至 $0°0'$ 附近。当测角精度要求较高时，需要观测多个测回，为了减小度盘分划误差的影响，各测回间应按 $180°/n$ 的差值变换度盘起始位置，n 为测回数。表 3-1 为测回法观测手簿(两测回),第二测回观测时,A 方向的水平度盘应配置为 90°左右。如果第二测回的半测回角差符合要求,且两测回间角值之差不得超过 24″,取两测回角值的平均值作为最后结果。用 DJ$_6$ 型光学经纬仪观测时,各测回间角值的限差为 ±24″。

表 3-1　测回法观测手簿

测站	测回数	竖盘位置	目标	水平度盘读数 (° ′ ″)			半测回角值 (° ′ ″)			一测回角值 (° ′ ″)			各测回平均角值 (° ′ ″)			备注
O	1	左	A	0	04	48	125	20	24	125	20	30	125	20	27	
			B	125	25	12										
		右	A	180	05	00	125	20	36							
			B	305	25	36										
	2	左	A	90	05	42	125	20	36	125	20	24				
			B	215	25	18										
		右	A	270	05	06	125	20	12							
			B	35	25	18										

3. 3. 2　方向观测法

　　方向观测法简称方向法,用于两个以上目标方向的水平角观测。规范规定,当超过 4 个方向时,必须归零一次;因此,超过 4 个方向的方向观测法又称为全圆观测法。两相邻方向的方向值之差即为该两方向间的水平角值。

3. 3. 2. 1　方向观测法操作步骤

　　如图 3-12 所示,设 O 为测站点,在 A、B、C、D 4 个目标中选择一个标志十分清晰的点作为零方向,现以 A 点方向为零方向,用方向观测法观测水平方向的步骤和方法如下:

　　①将经纬仪安置在测站点 O,对中、整平。

　　②盘左位置:选定一目标明显的点 A 作为起始方向(零方向),大致瞄准目标 A,旋转水平度盘位置变换轮,使水平度盘读数置于 0°附近,精确瞄准目标 A,水平度盘

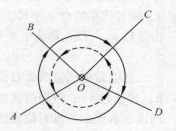

图 3-12　方向观测法

读数为 a_1;顺时针旋转照准部,依次瞄准 B、C、D,得到相应的水平度盘读数 b、c、d;由于超过 4 个方向,构成全圆观测,故需归零一次;所以,最后再次瞄准起始点 A,水平度盘读数为 a_2,此步骤为归零;读数 a_1 与 a_2 之差称为"半测回归零差"。对于 DJ$_6$ 型光学经纬仪,半测回归零差限差为 ±18″。若在允许范围内,取 a_1 和 a_2 的平均数为 A 方向读数,该数值即为起始方向读数。

　　③盘右位置:倒转望远镜成盘右位置,逆时针方向转动照准部,瞄准目标 A,得水平度盘读数 a_1';逆时针方向转动照准部,依次瞄准目标 D、C、B,得相应的读数 d'、c'、b';再次瞄准目标 A,得读数 a_2';a_1' 与 a_2' 之差为盘右测回的归零差,其限差

规定同盘左，若在允许范围内，则取其平均值。

以上完成方向观测法一个测回的观测。方向观测法（全圆观测法）观测记录见表3-2。

当测角精度要求较高时，往往需要观测几个测回。为了减小度盘分划误差的影响，各测回间要按$180°/n$变动水平度盘的起始位置。

表 3-2 方向观测法观测手簿

测站	测回数	目标	水平度盘读数 盘 左 (° ′ ″)	盘 右 (° ′ ″)	2C (″)	平均读数 (° ′ ″)	一测回归零方向值 (° ′ ″)	各测回归零平均方向值 (° ′ ″)	角值 (° ′ ″)
1	2	3	4	5	6	7	8	9	10
O	1					(0 00 34)			
		A	0 00 54	180 00 24	+30	0 00 39	0 00 00	0 00 00	
									79 26 59
		B	79 27 48	259 27 30	+18	79 27 39	79 27 05	79 26 59	
									63 03 30
		C	142 31 18	322 31 00	+18	142 31 09	142 30 35	142 30 29	
									146 15 18
		D	288 46 30	108 46 06	+24	288 46 18	288 45 44	288 45 47	
									71 14 13
		A	0 00 42	180 00 18	+24	0 00 30			
	2					(90 00 52)			
		A	90 01 06	270 00 00	+18	90 00 57	0 00 00		
		B	169 27 54	349 27 36	+18	169 27 45	79 26 53		
		C	232 31 30	42 31 00	+30	232 31 15	142 30 23		
		D	18 46 48	198 46 36	+12	18 46 42	288 45 50		
		A	90 01 06	270 00 36	+24	90 00 48			

3.3.2.2 方向观测法的计算

（1）归零差的计算

对起始目标，分别计算盘左两次瞄准的读数差和盘右两次瞄准的读数差，并记入表格。一旦"归零差"超限（表3-3），应及时进行重测。

（2）两倍视准轴误差2C的计算

$$2C = 盘左读数 - （盘右读数 \pm 180°）$$

各目标的2C值分别列入表3-2第六栏。对于同一台仪器，在同一测回内，各方向的2C值应为一个定数，若有变化，其变化值不应超过表3-3规定的范围。

（3）各方向平均读数的计算

$$平均读数 = [盘左读数 + （盘右读数 \pm 180°）]/2$$

计算时，以盘左读数为准，将盘右各方向归零方向值列入表3-2第八栏。

（4）各测回归零后平均方向值的计算

当一个测站观测两个或两个以上测回时，应检查同一方向值各测回的互差。互差要求见表3-3。若检查结果符合要求，取各测回同一方向归零后的方向值的平均值作为最后结果，列入表3-2第九栏。

（5）水平角的计算

相邻方向值之差，即为两相邻方向所夹的水平角，计算结果列入表 3-2 第十栏。当需要观测的方向为 3 个时，除不做归零观测外，其他均与 3 个以上方向的观测方法相同。

方向观测法有 3 项限差要求，见表 3-3 中的规定。若任何一项限差超限，则应重测。

表 3-3　方向观测法的各项限差

经纬仪级别	半测回归零差	一测回内 $2C$ 值变化范围	同一方向值各测回互差
DJ$_2$	8″	18″	9″
DJ$_6$	18″	—	24″

3.3.3　水平角观测的注意事项

①仪器高度要和观测者的身高相适应；三脚架要踩实，仪器与脚架连接要牢固，操作仪器时不要用手扶三脚架；转动照准部和望远镜之前，应先松开制动螺旋，使用各种螺旋时用力要轻。

②精确对中，特别是对短边测角，对中要求应更严格。

③当观测目标间高低相差较大时，更应注意仪器整平。

④照准标志要竖直，尽可能用十字丝交点瞄准标杆或测钎底部。

⑤记录要清楚，应当场计算，发现错误，立即重测。记录计算过程中，既要遵循"四舍五入"的数学法则，还要注意"奇进偶不进"的测量记录计算原则。

⑥一测回水平角观测过程中，不得再调整照准部管水准气泡，如气泡偏离中央超过 1 格，应重新整平与对中仪器，重新观测。

3.4　竖直角观测方法

3.4.1　竖直度盘及读数系统

图 3-13 为光学经纬仪的竖直度盘的构造示意图。竖直度盘简称竖盘，它被固定在望远镜横轴的一端上，竖盘的平面与横轴垂直。当望远镜瞄准目标而在竖直面内转动时，它便带动竖盘在竖直面内一起转动。

竖盘指标是与竖盘水准管连接在一起的，不随望远镜而转动。通过竖盘水准管微动螺旋，能使竖盘指标和水准管一起做微小的转动。在正常情况下，当竖盘水准管气泡居中时，竖盘指标就处于正确位置。现代经纬仪的竖盘指标利用重摆补偿原理（同自动安平水准仪），设计制成竖盘指标自动归零，可以使垂直角观测的操作简化。

竖盘刻度通常有 0°~360° 顺时针注记［图 3-14（a）］和逆时针注记［图 3-14（b）］两种形式。对顺时针注记度盘来说，当视线水平，竖盘水准管气泡居中时，竖盘盘左位置竖盘指标正确读数为 90°；当视线水平且竖盘水准管气泡居中时，竖盘盘右位置竖盘指标正确读数为 270°。有些 DJ$_6$ 型光学经纬仪当视线水平且竖盘水准管气泡居中时，竖盘盘左位置竖盘指标正确读数为 0°，而盘右位置竖盘指标正确读数为 180°。使用仪器前应认真检查仪器。

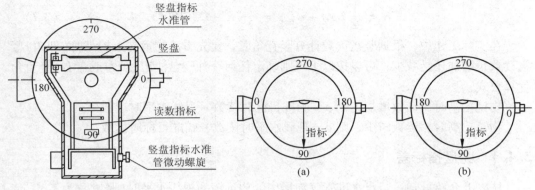

| 图 3-13 竖直度盘的构造 | 图 3-14 竖盘刻度注记形式 |

目前新型的光学经纬仪多采用自动归零装置取代竖盘水准管结构和功能，它能自动调整光路，使竖盘及其指标满足正确关系，仪器整平后照准目标即可读取竖盘读数。

3.4.2 竖直角计算

竖盘注记不同，计算竖直角的公式也不同，下面以图 3-15 所示顺时针注记为例，加以说明。

设盘左竖直角为 $\alpha_左$，瞄准目标时的竖盘读数为 L，则：

$$\alpha_左 = 90° - L \tag{3-5}$$

盘右竖直角为 $\alpha_右$，瞄准目标时的竖盘读数为 R，则：

$$\alpha_右 = R - 270° \tag{3-6}$$

将盘左、盘右位置的 2 个竖直角取平均，即得竖直角 α 的计算公式为：

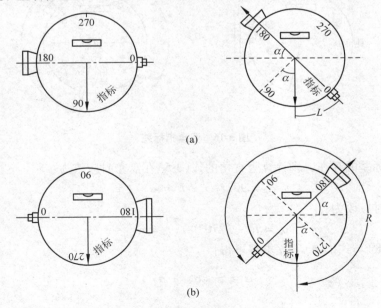

图 3-15 竖盘读数与竖直角计算

$$\alpha = \frac{1}{2}(\alpha_{左} + \alpha_{右}) = \frac{1}{2}(R - L - 180°) \tag{3-7}$$

在实际工作中，根据竖盘读数计算竖直角时，要先看清物镜向上抬高时（仰角）竖盘读数是增加还是减少；可以按以下规则确定任何一种竖盘注记（盘左或盘右）竖直角计算公式：

物镜抬高时，读数增加，则 α = 瞄准目标时读数 - 视线水平时读数

物镜抬高时，读数减少，则 α = 视线水平时读数 - 瞄准目标时读数

3.4.3 竖盘指标差

从以上介绍可知：竖盘水准管气泡居中，望远镜的视线水平时（竖直角为零），读数指标处于正确位置，即正好指向 90° 或 270°，但由于竖盘水准管与竖盘读数指标的关系不正确，使视线水平时的读数与正确读数有一个小的角度差 x，称为竖盘指标差，如图 3-16 所示。当指标偏离位置与注记方向相同时，x 为正；反之，则 x 为负。

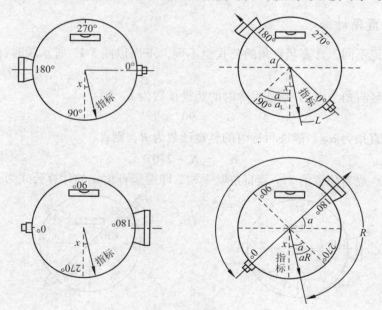

图 3-16 竖盘指标差

由于指标差的存在，则计算竖直角的式（3-5）在盘左时应改为：

$$\alpha = 90° + x - L = \alpha_{左} + x \tag{3-8}$$

在盘右时应改为：

$$\alpha = R - (270° + x) = \alpha_{右} - x \tag{3-9}$$

将式（3-8）与式（3-9）联立求解可得：

$$\alpha = \frac{1}{2}(\alpha_{左} + \alpha_{右}) \tag{3-10}$$

$$x = \frac{1}{2}(\alpha_{右} - \alpha_{左}) = \frac{1}{2}(R + L - 360°) \tag{3-11}$$

由式(3-10)可知,通过盘左、盘右竖直角取平均值,可以消除竖盘指标差的影响,得到正确的竖直角。

指标差互差可以反映观测成果的质量。用同一架仪器在某一段时间内连续观测,竖盘指标差应为稳定值,但由于观测误差的存在,指标差有所变化。城市测量规范规定,对于 DJ_6 型光学经纬仪,同一测站上观测不同目标的指标差变化范围的限差或同一方向各测回竖直角互差的限差为25″。

3.4.4 竖直角观测

竖直角观测前应看清竖盘的注记形式,确定竖直角计算公式。

竖直角观测时,利用十字丝交点附近的横丝瞄准目标的特定位置,如标杆的顶部或标尺上的某一位置。竖直角观测的操作程序如下:

①置经纬仪于测站点,对中、整平。

②盘左位置瞄准目标,使十字丝横丝严格切目标于某一位置,旋转竖盘指标水准管微动螺旋,使气泡居中的瞬间,读取竖盘读数 L。

③盘右位置仍瞄准该目标,方法同步骤②,使竖盘指标水准管气泡居中后的瞬间,读取竖盘读数 R。

以上盘左、盘右观测构成一个竖直角测回。

将各观测数据填入表3-4的竖直角观测手簿中,并按式(3-5)和式(3-6)分别计算半测回竖直角,再按式(3-7)计算出一测回竖直角。

表3-4 竖直角观测手簿

测站	目标	竖盘位置	竖盘读数 (° ′ ″)	半测回竖直角 (° ′ ″)	指标差 (″)	一测回竖直角 (° ′ ″)	备　注
O	J	左	72 18 18	+17 41 42	+9	+17 41 51	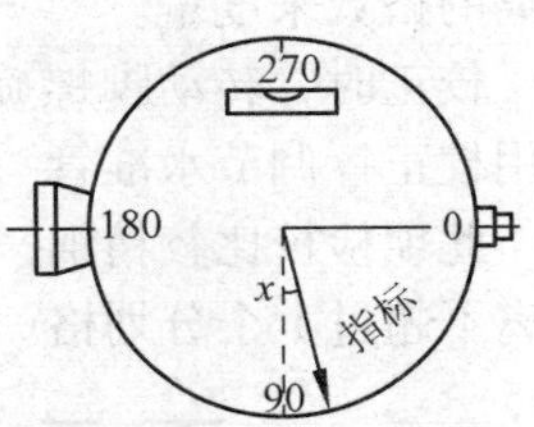
		右	287 42 00	+17 42 00			
	K	左	96 32 18	−6 32 18	−15	−6 32 33	
		右	263 27 12	−6 32 48			

3.5 经纬仪的检验与校正

如图3-17所示,经纬仪的主要轴线有:①照准部水准管轴 LL;②仪器的旋转轴(即竖轴)VV;③望远镜视准轴 CC;④望远镜的旋转轴(即横轴)HH。

仪器在出厂时,以上各条件一般都能满足,但由于在搬运或长期使用过程中的震动、碰撞等原因,各项条件往往会发生变化。因此,经纬仪在使用之前要经过检验,

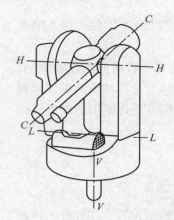

通常对以下几项主要轴线间几何关系进行检校。

（1）照准部水准管轴垂直于仪器竖轴，即 $LL \perp VV$；

（2）望远镜十字丝竖丝垂直于仪器横轴 HH；

（3）望远镜视准轴垂直于仪器横轴，即 $CC \perp HH$；

（4）仪器横轴垂直于仪器竖轴，即 $HH \perp VV$；

（5）竖盘指标差小于 $1'$；

（6）光学对中器的光学垂线与仪器竖轴重合。

在经纬仪检校之前，先检查仪器、脚架各部分的性能，确认性能良好后，可继续进行仪器检校。现以 DJ$_6$ 型光学经纬仪为例，介绍经纬仪的检校。

图 3-17　经纬仪的轴线

3.5.1　水准管轴垂直于竖轴的检验与校正（$LL \perp VV$）

检校目的是使仪器照准部水准管轴垂直于仪器竖轴。

3.5.1.1　检验

先将仪器粗略整平，然后转动照准部使水准管平行于任意两个脚螺旋连线方向，调节这两个脚螺旋使水准管气泡居中，再将仪器旋转 180°，如果气泡仍然居中，表明满足条件，如果偏离量超过 1 格，需要校正。

3.5.1.2　校正

如图 3-18(a) 所示，竖轴与水准管轴不垂直，偏离了 α 角。当仪器绕竖轴旋转 180° 后，竖轴不垂直于水准管轴的偏角为 2α，如图 3-18(b) 所示。2α 角的大小由气泡偏离的格数来度量。

校正时，转动脚螺旋，使气泡退回偏离中心位置的一半，即图 3-18(c) 的位置，再用校正针调节水准管一端的校正螺丝，使气泡居中，如图 3-18(d) 所示。

此项检校比较精细，需反复进行，直至仪器旋转到任意方向，气泡仍然居中，或偏离不超过 1 个分划格。

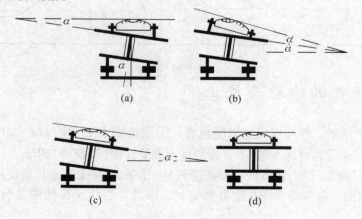

图 3-18　水准管轴垂直于竖轴的检验与校正

3.5.2 十字丝的竖丝垂直于横轴的检验与校正

检校目的是使仪器满足视准轴垂直于横轴的条件。

3.5.2.1 检验

用十字丝竖丝的上端或下端精确对准远处一明显的目标点,固定水平制动螺旋和望远镜制动螺旋,调节望远镜微动螺旋使望远镜上下做微小俯仰,如果目标点始终在竖丝上移动,说明条件满足,否则,需要校正[图 3-19(a)]。

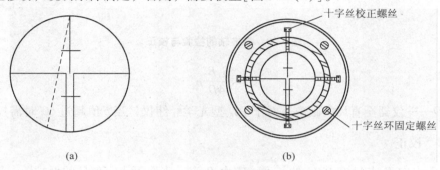

图 3-19 十字丝的检验与校正

3.5.2.2 校正

卸下目镜处的十字丝环罩,如图 3-19(b)所示,微微旋松十字丝环的 4 个固定螺丝,转动十字丝环,直至望远镜上下俯仰时竖丝与点状目标始终重合为止。最后拧紧各固定螺丝,并旋上护盖。

3.5.3 视准轴垂直于横轴的检验与校正($CC \perp HH$)

3.5.3.1 检验

检校目的是使仪器满足视准轴垂直于横轴。当横轴水平,望远镜绕横轴旋转时,其视准面应该是一个与横轴正交的铅垂面。如果两者不垂直,当望远镜绕横轴旋转时,视准轴的轨迹则是一个圆锥面。用该仪器观测同一铅垂面内的不同高度的点,将有不同的水平度盘读数,从而产生误差。

检验时采用 1/4 法。在平坦地面上选择一条长为 $60 \sim 100 \text{m}$ 的直线 AB,将经纬仪安置在 A、B 中间的 O 点处,并在 A 点设置一瞄准标志,在 B 点横置一支有毫米刻划的尺子,尺子与 OB 垂直,与仪器同高,如图 3-20 所示。盘左瞄准 A 点,固定照准部,倒转望远镜瞄准 B 点的横尺,用竖丝在横尺上读数,设为 B_1;盘右瞄准 A 点,固定照准部,倒转望远镜,在 B 点横尺上读得 B_2。若 B_1、B_2 两点重合,说明条件满足。若两点不重合,说明视准轴不垂直横轴,并与垂直位置相差一个角度 c,称为视准轴误差或视准差。$\overline{B_1B}$、$\overline{B_2B}$ 分别反映了盘左、盘右的两倍视准差($2c$),且盘左、盘右读数产生的视准轴符号相反,即 $\angle B_1OB_2 = 4c$,由此算得:

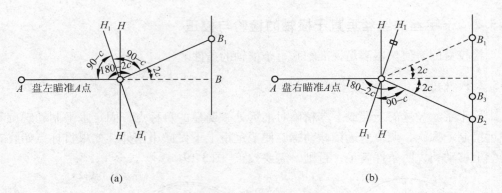

图 3-20 视准轴的检验与校正

$$c = \frac{\overline{B_1 B_2}}{4D} \rho''$$
(3-12)

式中 D——仪器至直尺的距离，对于 DJ$_6$ 型光学经纬仪，当 c 值超过 60″时需校正。

3.5.3.2 校正

由 B_2 点向 B_1 点量 $B_1 B_2/4$ 的长度，定出 B_3 点，先取下十字丝环的保护罩，再通过调节十字丝环的校正螺丝，使十字丝交点对准 B_3 点。反复检校，直至 c 值在 ±1′范围内为止。

3.5.4 横轴垂直竖轴的检验与校正($HH \perp VV$)

检校目的是使仪器的横轴垂直于竖轴，以保证当竖轴垂直时，横轴水平。

3.5.4.1 检验

在距墙壁 15～30m 处安置经纬仪，在墙面上设置一明显的目标点 P（可事先做好贴在墙面上），如图 3-21 所示，要求望远镜瞄准 P 点时的仰角在 30°以上。盘左位置瞄准 P 点，固定照准部，调整竖盘指标水准管气泡居中后，读竖盘读数 L，然后放平望远镜，照准墙上与仪器同高的一点 P_1，做出标志。盘右位置同样瞄准 P 点，读得竖盘读数 R，放平望远镜后在墙上与仪器同高处得出另一点 P_2，也做出标志。若 P_1、P_2 两点重合，说明条件满足。也可用带毫米刻划的横尺代替与望远镜同高时的墙上标志。若 P_1、P_2 两点不重合，则说明横轴不垂直竖轴，与垂直位置相差一个 i 角，称为横轴误差或支架差，此时望远镜瞄准同一竖直面内不同高度目标，就会得到不同的水平角读数，产生测角误差。i 角可用以下公式求得：

$$i = \frac{\overline{P_1 P_2}}{2D} \rho'' \cot\alpha$$
(3-13)

式中 α——瞄准 P 点的竖直角，通过瞄准 P 点时所得的 L 和 R 算出；

D——仪器至建筑物的距离。

对于 DJ$_6$ 型光学经纬仪，i 角大于 20″时需校正。

3.5.4.2 校正

用望远镜瞄准 P_1P_2 的中点 P_M；然后抬高望远镜，使十字丝交点上移至 P' 点（图3-21），因 i 角的存在，此时，P' 与 P 点必然不重合。校正横轴一端支架上的偏心环，使横轴的一端升高或降低，移动十字丝交点位置，并精确照准 P 点。反复检校，直至 i 角在 $\pm 20''$ 范围内。

由于经纬仪的横轴密封在支架内，校正技术性较高，经检验如需校正，应由仪器修理人员进行。

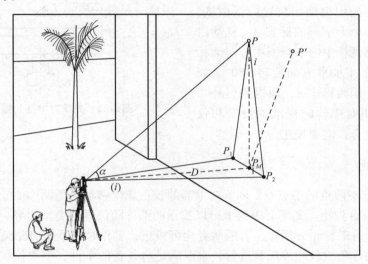

图 3-21 横轴垂直竖轴的检验与校正

3.5.5 竖盘指标差的检验与校正

检校目的是使竖盘指标差为零。

3.5.5.1 检验

检验时在地面上安置好经纬仪，用盘左、盘右分别瞄准同一目标，正确读取竖盘读数 L 和 R，并按式（3-7）和式（3-11）分别计算出竖直角 α 和指标差 x。当 x 值超出 $\pm 1'$ 范围时，应加以校正。

3.5.5.2 校正

盘右位置，照准原目标，调节竖盘指标水准管微动螺旋，使竖盘读数对准正确读数 $R_{正}$：

$$R_{正} = R - x \tag{3-14}$$

此时，竖盘指标水准管气泡不居中，用针拨动竖盘指标水准管校正螺丝，使气泡居中。反复检校，直至指标差 x 在 $\pm 1'$ 以内。

3.5.6　光学对中器的检验与校正

检校目的是使光学对中器的视准轴与仪器竖轴重合。

3.5.6.1　检验

光学对点器是由目镜、分划板、物镜和直角棱镜组成，如图 3-22 所示。检验时，将仪器架于一般工作高度，严格整平仪器，在脚架的中央地面放置一张白纸，在白纸上画一个十字形的标志 A。移动白纸，使对中器视场中的小圆圈中心对准标志，将照准部在水平方向旋转 180°，如果小圆圈中心偏离标志 A，而得到另外一点 A'，则说明对中器的视准轴没有和仪器的纵轴相重合，需要校正。

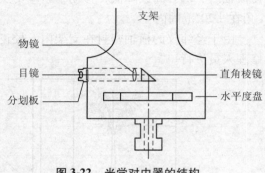

图 3-22　光学对中器的结构

3.5.6.2　校正

定出 A 与 A' 两点的中点 O，调节对中器的校正螺丝移动小圆圈中心，直至小圆圈中心与 O 点重合为止。光学对中器上可以校正的部件随仪器的类型而异，有的校正转向直角棱镜，有的校正分划板，有的两者均可校正，工作时视具体情况而定。

经纬仪的各项检校均需反复进行，直至满足应具备的条件，但要使仪器完全满足理论上的要求是相当困难的。在实际检校中，一般只要求达到实际作业所需要的精度，这样必然存在仪器的残余误差。通过采用合理的观测方法，大部分残余误差是可以相互抵消的。

3.6　电子经纬仪

随着电子技术的发展，传统的光学度盘已不能适应测角自动化的需要。电子经纬仪也采用度盘测角，但不是在度盘上进行角度单位的刻线，而是从度盘上取得电信号，再转换成数字。并可将结果储存在微处理器内，根据需要进行显示和换算以实现记录的自动化。

因此，电子经纬仪与光学经纬仪的根本区别在于，它用微机控制的电子测角系统代替光学读数系统。其主要特点是：

①使用电子测角系统，能将测量结果自动显示出来，实现了读数的自动化和数字化。

②采用积木式结构，可与光电测距仪组合成全站型电子速测仪，配合适当的接口，可将电子手簿记录的数据输入计算机，实现数据处理和绘图自动化。

电子经纬仪自 1968 年面世以来，发展很快，有不同的设计原理和众多的型号。

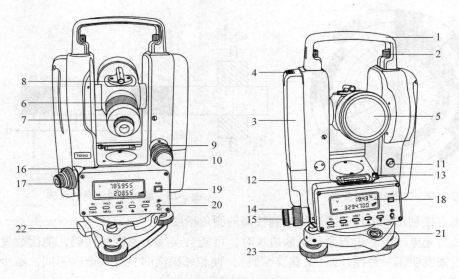

图 3-23　ET-02 电子经纬仪

1. 手柄；2. 手柄固定螺丝；3. 电池盒；4. 电池盒按钮；5. 物镜；6. 物镜调焦螺旋；7. 目镜调
焦螺旋；8. 光学瞄准器；9. 望远镜制动螺旋；10. 望远镜微动螺旋；11. 光电测距仪数据接口；
12. 管水准器；13. 管水准器校正螺丝；14. 水平制动螺旋；15. 水平微动螺旋；16. 光学对中器
物镜调焦螺旋；17. 光学对中器目镜调焦螺旋；18. 显示窗；19. 电源开关键；20. 显示窗照明开
关键；21. 圆水准器；22. 轴套锁定钮；23. 脚螺旋

精度已达 0.5″以内，堪称方便、快捷、精确，但价格较昂贵。图 3-23 为南方测绘仪器
公司生产的 ET-02 电子经纬仪。

电子经纬仪按取得电信号的方式不同可分为编码度盘测角、光栅度盘测角和动态
测角系统 3 种。

编码度盘测角系统是采用编码度盘及编码测微器的绝对式测角系统；光栅度盘测
角系统是采用光栅度盘及莫尔干涉条纹技术的增量式读数系统；动态测角系统是通过
光栅盘自动旋转，测定固定探测器与活动探测器间角值的测角系统。

3.6.1　编码度盘测角系统

图 3-24 为一个二进制编码度盘图。整个度盘圆周均匀地分成 16 个区间，从里到
外有 4 道环(称为码道)，黑色部分为透光区(或称导电区)，白色部分为不透光区(或
非导电区)。设透光(或导电)为 1，不透光(或不导电)为 0。根据两区间的不同状态，
便可测出该两区间的夹角。

编码度盘测角的原理如图 3-25 所示，在度盘的上部为发光二极管，度盘下面的相
对位置上是光电二极管。对于码道的透光区，发光二极管的光信号能够通过而使光电
二极管接收到这个信号，使输出为 1。对于码道的不透光区，光电二极管接收不到信
号，则输出为 0。

编码度盘的缺点：

图 3-24　二进制编码度盘

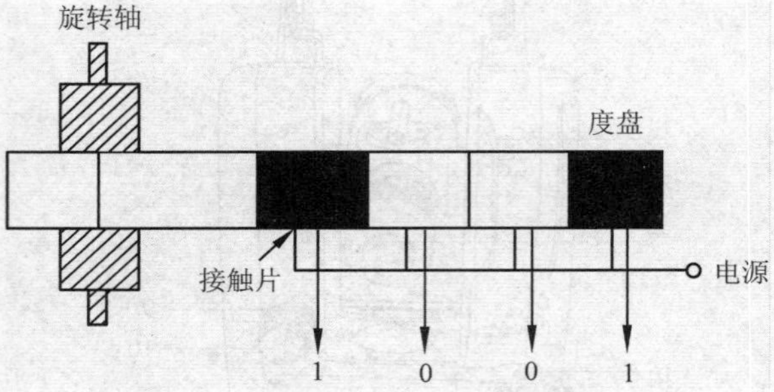

图 3-25　编码度盘测角的原理

①直接利用编码度盘不容易达到较高的测角精度。

②当光电二极管位置紧靠码区边缘时，可能会误读为邻区的代码，使读数发生大错，后来发明了一种循环码(又称葛莱码)，使相邻码区间只有一个码不同，减少误码的可能性。

3.6.2　光栅度盘测角系统

在光学玻璃盘上径向均匀地刻出许多径向刻线，就形成了光栅度盘，如图 3-26(a)所示。如果光栅度盘与密度相同的指示光栅(相当于度盘的零指标线)叠置，将产生莫尔条纹，如图 3-26(b)所示。

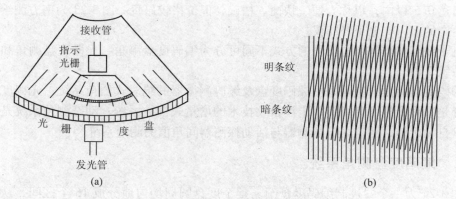

(a)

(b)

图 3-26　光栅度盘系统

根据光学原理，莫尔条纹有以下特点：

①两光栅之间的倾角越小，条纹越宽，则相邻明条纹或暗条纹之间的距离越大。

②在垂直于光栅构成的平面方向上，条纹亮度按正弦规律周期性变化。

③当光栅在垂直于刻线的方向上移动时，条纹顺着刻线方向移动。光栅在水平方向上相对移动一条刻线，莫尔条纹则上下移动一个周期。

④纹距 ω 与栅距 d 之间满足如下关系：

$$\omega = \frac{d}{\theta}\rho' \tag{3-15}$$

式中　θ——指示光栅与光栅度盘之间的倾角；

　　　　ρ'——3438'。

电子经纬仪使用的光栅度盘如图 3-26(a)所示，其指示光栅、发光管和接收二极管等部件位置固定，两光栅度盘与经纬仪照准部一起转动。发光管发出的光信号通过莫尔条纹落到光电接收管上，度盘每转动 1 栅距(d)，莫尔条纹就移动 1 个周期(ω)。光电接收管将正弦信号整形后成为方波，所以，当望远镜从一个方向转动到另一个方向时，统计通过光电管光信号的脉冲(周期)数，即可求得度盘旋转的角度值。为了提高测角精度和角度分辨率，仪器工作时，在每个脉冲(周期)内均匀地内插 n 个脉冲信号，计数器对脉冲计数，则相当于光栅刻划线的条数又增加了 n 倍，即角度分辨率提高了 n 倍。

上述测角方法是通过对两光栅相对转动的计数来确定角值的，故又称增量式测角。现有不少厂家的电子经纬仪设计成增量式测角方式，如苏一光、南方测绘仪器公司的 ET 系列，索佳公司等生产的电子经纬仪。

3.6.3　动态测角系统

瑞士 WILD 厂生产的电子经纬仪 T2000 采用的是动态测角原理。该仪器测角精度为 ±0.5″。其竖直角测量采用硅油液体补偿器，可实现竖盘自动归零。补偿器工作范围为 ±10′，补偿精度为 ±0.1″。

T2000 的测角模式有 2 种：一种是单次测量，精度较高；另一种是跟踪测量，它将随着经纬仪的转动自动测角，这种方式精度较低，适合于放样及跟踪活动目标。测角显示可以设置到 0.1″、1″、10″或 1′。

若将电子经纬仪与光电测距仪联机，即构成电子速测仪。

T2000 电子经纬仪的发光管、指示光栅(又称 L_S 光闸)和接收管的位置固定，此外，还有一个与度盘一起旋转的转动光栅(又称 L_R 光闸，相当于度盘读数指标线)(图 3-27)。测量时，度盘被电动机驱动而绕纵轴旋转，每旋转一周，整盘光栅被两光闸所扫描。两光闸分别给出正弦形脉冲，其强度得到调制，并形成图中右侧的矩形脉冲信号。

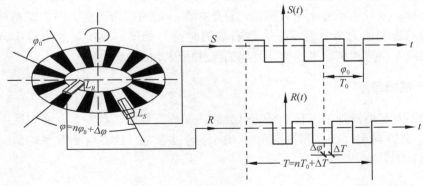

图 3-27　动态测角原理

对角度 φ 的测量是通过测定 L_S 和 L_R 给出的脉冲计数(获得 nT_0)和相位测量(获得 ΔT),即角度 φ 包括 n 个整间隔 $n\varphi_0$ 和不足整间隔的相位差 $\Delta\varphi$,用公式表示为 $\varphi = n\varphi_0 + \Delta\varphi$。事实上,公式右端两项是由仪器的粗测和精测两个电路分别同时取得的。如果 L_S 与 L_R 在同一位置或相隔若干整间隔,则信号 S 和 R 的相位相同,此时 $\Delta\varphi = 0$,n 值是由粗测电路测定的。如 $\Delta\varphi \neq 0$,则由精测电路测定,通过测量 L_S 和 L_R 的相位 ΔT,而由下式计算 $\Delta\varphi$,最后获得完整的 φ:

$$\Delta\varphi = \frac{\Delta T}{T_0}\varphi_0 \tag{3-16}$$

粗测和精测的信号送达角度处理器并衔接成完整的角度(方向)值,再送中央处理器处理,然后在液晶显示器上显示或记录至数据终端。动态测角直接测得的是时间,因此,微型马达的转速要均匀、稳定,这是十分重要的。

3.7　角度测量误差分析

使用经纬仪进行角度测量,会存在许多误差。研究这些误差的成因、性质及影响规律,从而采取一定的观测方法,将有助于减少这些误差的影响,提高测量成果的质量。角度测量的误差来源包括 3 个方面,即经纬仪本身误差、观测误差和外界条件的影响。

3.7.1　仪器误差

仪器误差的来源有两方面:一方面是仪器检校不完善所引起的,如视准轴不垂直于横轴,以及横轴不垂直于竖轴等;另一方面是由于仪器制造加工不完善所引起的,如度盘偏心差、度盘刻划误差等。这些误差影响可以通过适当的观测方法和相应的措施加以消除或减弱。

3.7.1.1　视准轴误差

视准轴误差是由望远镜视准轴不垂直于横轴引起的误差,又称视准差。尽管仪器进行了检校,但校正不可能绝对完善,总是存在一定的残余误差。因为误差对水平方向观测值的影响值为 $2c$,且盘左、盘右观测时符号相反,故在观测过程中,通过盘左、盘右两个位置观测取平均值,可以消除此项误差的影响。

3.7.1.2　横轴误差

横轴误差是由横轴不垂直于竖轴引起的,又称支架差。盘左、盘右观测中均含有支架差 i,且方向相反。故测水平角时,同样通过盘左、盘右观测取平均值,可以消除此项误差的影响。

3.7.1.3　竖轴误差

竖轴误差是由仪器竖轴与测站铅垂线不重合,或者竖轴不垂直于水准管轴、水准管轴整平不完善引起的。竖轴与铅垂方向偏离了一个小角度，从而引起横轴不水平，这种误差的大小随望远镜瞄准不同方向、横轴处于不同位置而变化。由于竖轴倾斜的方向与正、倒镜观测无关，因此，此项误差不能用盘左、盘右取平均值的方法来消除。因此，应特别注意仪器的整平。

3.7.1.4　竖盘指标差

竖盘指标差是由竖盘指标线位置不正确引起的。可能是由于竖盘指标水准管没有整平或检校的残余误差引起的。因此，测竖直角时，一定要调节竖盘水准管。若此法还不能消除这个误差，可采用盘左、盘右观测取平均值的方法来消除指标差的影响。有补偿装置的仪器可减少该项误差的影响，其残余误差仍可用盘左、盘右观测予以消除。

3.7.1.5　度盘偏心差和照准部偏心差

度盘偏心差分为水平读盘偏心差和竖直度盘偏心差。水平度盘偏心差和照准部偏心差是由照准部旋转中心与水平度盘分划中心不重合引起。由于偏心差在水平度盘对径方向上的读数影响恰好大小相等而符号相反，因此采用对径方向读数取平均值的方法可减少水平度盘偏心差和照准部偏心差引起的误差。对于 DJ$_6$ 型光学经纬仪可取同一方向盘左、盘右位置读数的平均值的方法消除偏心差的影响。

竖直度盘偏心差是竖直度盘圆心与仪器横轴的中心线不重合带来的。该项误差对竖直角测量的影响较小，可忽略不计。仅在高精度测量中需考虑竖直度盘偏心差的影响。

3.7.1.6　度盘刻划误差

该误差是由仪器加工不完善引起的，在目前的加工工艺下，这项误差一般很小。在观测水平角时，多个测回之间按一定方式变换度盘起始位置的读数，可以有效地削弱度盘刻划误差的影响。

3.7.2　观测误差

3.7.2.1　仪器对中误差

测角度时，若仪器中心与测站点不同在一条铅垂线上，就称为对中误差，又称测站偏心误差。

如图 3-28 所示，设 B 为测站点，A、C 为两目标点。由于仪器存在对中误差，仪器中心偏至 B′，设偏离量 BB′ 为 e，即偏心距。β 为无对中误差时的正确角度，β′ 为有对中误差时的实测角度。设 ∠AB′B 为 θ，测站 B 至 A、C 的距离分

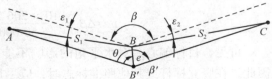

图 3-28　仪器对中误差影响

别为 S_1、S_2。由对中误差所引起的角度偏差为:

$$\beta = \beta' + (\varepsilon_1 + \varepsilon_2) \tag{3-17}$$

$$\varepsilon_1 \approx \frac{e \cdot \sin\theta}{S_1} \rho''$$

$$\varepsilon_2 \approx -\frac{e \cdot \sin(\beta' + \theta)}{S_2} \rho''$$

因此,仪器对中误差对水平角的影响为:

$$\varepsilon = \varepsilon_1 + \varepsilon_2 = e\rho'' \left[\frac{\sin\theta}{S_1} + \frac{\sin(\beta' - \theta)}{S_2} \right] \tag{3-18}$$

由式(3-18)可知,仪器对中误差对水平角观测的影响与下列因素有关:

①与偏心距 e 成正比;

②与边长成反比,边越短,误差越大;

③与水平角的大小有关,θ、$\beta' - \theta$ 越接近 90°,误差越大。

当 $e = 3\mathrm{mm}$,$\theta = 90°$,$\beta = 180°$,$S_1 = S_2 = 100\mathrm{m}$ 时,由对中误差引起的角度偏差为:

$$\varepsilon = \frac{3 \times 206\,265''}{100\,000} \times 2 = 12.4''$$

由于对中误差不能通过观测方法予以消除,因此,在测量水平角时,对中应认真仔细,特别对于短边、钝角更要注意对中。

3.7.2.2　目标偏心误差

测量水平角时,若放置在目标点上的标杆倾斜,且望远镜无法瞄准其底部,将使照准点偏离地面目标而产生目标偏心误差,当使用棱镜时,棱镜中心不在测站的铅垂线上,仍产生该项误差。

如图 3-29 所示,B 为测站点,A 为目标点。若立在 A 点的标杆是倾斜的,在水平角观测中,因瞄准标杆的顶部,则投影位置由 A 偏离至 A',产生偏心距 e_1,所引起的角度误差为:

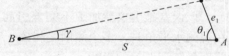

图 3-29　目标偏心误差的影响

$$\gamma = \frac{e_1 \rho''}{S} \sin\theta_1 \tag{3-19}$$

由式(3-19)可知,γ 与偏心距 e_1 成正比,与距离 S 成反比。偏心距的方向直接影响 γ 的大小,当 $\theta = 90°$ 时,γ 最大。

当 $e_1 = 10\mathrm{mm}$,$S = 50\mathrm{m}$,$\theta = 90°$ 时,目标偏心引起的角度误差为:

$$\Delta\beta = \frac{10 \times 206\,265''}{50\,000} = 41.3''$$

可见,目标偏心差对水平角的影响不能忽视,尤其是当目标较近时,影响更大。因此,在竖立标杆或其他照准标志时,应尽量使标志竖直,观测时,应尽量瞄准目标的底部。当目标较近时,可在测站点上悬吊锤球线作为照准目标;也可在目标点上安置带有基座的三脚架,用光学对中器严格对中后,将专用标牌插入基座轴套作为照准标志。

3.7.2.3 仪器整平误差

水平角观测时必须保持水平度盘水平、竖轴竖直。若气泡不居中，导致竖轴倾斜而引起的角度误差，不能通过改变观测方法来消除。因此，在观测过程中，应特别注意仪器的整平。在同一测回内，若气泡偏离超过1格，应重新整平仪器，并重新观测该测回。

3.7.2.4 照准误差

测角时，人的眼睛通过望远镜瞄准目标产生的误差，称为照准误差。望远镜照准误差一般用下式计算：

$$m_V = \frac{60''}{V} \tag{3-20}$$

式中 V——望远镜的放大率。

照准误差除取决于望远镜的放大率以外，还与人眼的分辨能力，目标的形状、大小、颜色、亮度和清晰度等有关。因此，在水平角观测时，除适当选择经纬仪外，还应尽量选择适宜的标志、有利的气候条件和观测时间，以削弱照准误差的影响。

3.7.2.5 读数误差

读数误差与读数设备、照明情况及观测者的习惯和经验有关。一般认为，对 DJ_6 型光学经纬仪最大估读误差不超过 $\pm 6''$，对 DJ_2 型光学经纬仪一般不超过 $\pm 1''$。观测中必须仔细操作，照明亮度均匀，调好读数显微镜焦距，准确估读；否则，误差将会较大。

3.7.3 外界条件的影响

外界环境的影响比较复杂，一般难以由人力来控制。外界条件对测角的主要影响有：

①土质、车辆的震动会影响仪器的稳定；

②大风可使仪器和标杆不稳定，雾汽会使目标成像模糊；

③温度变化会引起视准轴位置变化，烈日暴晒可使三脚架发生扭转，影响仪器的整平；

④大气折光变化致使视线产生偏折等。

这些都会给角度测量带来误差。因此，应选择目标成像清晰稳定的有利时间观测条件，尽量避免不利因素，使其对角度测量的影响降低到最小限度。例如，选择微风多云、清晰度好的条件观测，观测视线应避免从建筑物旁、冒烟的烟囱上面和近水面的空间通过，这些地方都会因局部气温变化而使光线产生不规则的折射，使观测效果受到影响。

思考与练习题

1. 何谓水平角？何谓竖直角？它们的取值范围分别是多少？

2. 经纬仪主要由哪几部分组成？经纬仪上有哪些制动螺旋和微动螺旋？它们各起什么作用？

3. 经纬仪安置包括哪两个内容？目的是什么？

4. 试述用测回法和方向观测法测量水平角的操作步骤及各项限差要求。

5. 何谓指标差？如何在测量中消除竖盘指标差？

6. 试整理水平角观测记录。

测站	竖盘位置	目标	水平度盘读数 (°　′　″)	半测回角值 (°　′　″)	一测回角值 (°　′　″)	备　注
O	左	A	0　20　06			
		B	63　33　24			
	右	A	180　19　54			
		B	243　33　24			

7. 经纬仪有哪几条主要轴线？它们应满足什么条件？

8. 用经纬仪瞄准同一竖直视准面内不同高度的两点，水平度盘上的读数是否相同？此时在竖直度盘上的两读数差是否就是竖直角？为什么？

9. 用经纬仪观测水平角和竖直角时，采用盘左、盘右观测，取平均值可以消除哪些误差的影响？

10. 试整理竖直角观测记录。

测站	目标	竖盘位置	竖盘读数 (°　′　″)	半测回竖直角 (°　′　″)	指标差 (″)	一测回竖直角 (°　′　″)	备注
O	A	左	75　30　06				
		右	284　30　06				
	B	左	82　00　24				
		右	277　59　30				

11. 电子经纬仪和光学经纬仪的主要区别是什么？

第4章
距离测量与直线定向

距离是指两点之间的直线长度。两点之间的距离在水平面上的投影称为水平距离，简称平距；不在同一水平面上的两点之间的距离称为倾斜距离，简称斜距。

距离测量是测量的基本工作之一。根据所使用的仪器和方法的不同，距离测量主要分为钢尺量距、视距测量、电磁波测距和卫星测距等。本章主要介绍前 3 种方法。

4.1　钢尺量距

4.1.1　量距工具

4.1.1.1　钢尺

钢尺也称为钢卷尺，是用钢制成的带状尺，尺面宽 10～15mm，厚度约 0.4mm，长度通常有 20m、30m、50m 等几种。钢尺有卷放在塑料或金属尺架内的［图 4-1(a)］，也有卷放在圆形尺盒内的［图 4-1(b)］。钢尺的基本分划通常为厘米(cm)，在每厘米、每分米和每米处均印有数字注记；也有钢尺在尺端第一分米内刻有毫米(mm)分划，或者全部以毫米作为基本分划，此两种钢尺用于较精密的距离丈量。

根据尺面零点位置的不同，钢尺分为端点尺和刻线尺 2 种。端点尺以尺的最外端作为尺的零点，尺身没有标出零刻线，如图 4-2(a)所示；刻线尺以尺前段的零刻线作为尺的零点，如图 4-2(b)所示。

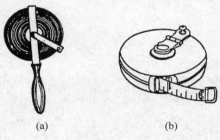

(a)　　　　　　　(b)

图 4-1　钢　尺

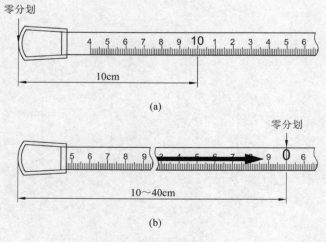

图 4-2　刻划尺和端点尺

(a)端点尺　(b)刻线尺

4.1.1.2 辅助工具

采用钢尺进行量距时，除了必备的钢尺以外，还需其他一些辅助工具，包括测钎、标杆、垂球等；进行精密量距还需要弹簧秤、温度计和尺夹。测钎、标杆用于标定尺段和直线定线；垂球用于在不平坦地面量距时将钢尺的端点垂直投影到地面；弹簧秤用于对钢尺施加规定的拉力；温度计用于在钢尺量距时测定现场环境的温度，以便对钢尺丈量的距离施加温度改正；尺夹安装在钢尺末端，以便持尺员稳定钢尺，提高读数准确性。

4.1.2 直线定线

当地面两点的距离超过钢尺的长度时，用钢尺不能一次量完，这就需要在两点间的直线方向上标定若干个分段点，便于钢尺分段丈量，这项工作称为直线定线。直线定线可采用目测定线和经纬仪定线两种方法。

4.1.2.1 目测定线

目测定线适用于钢尺量距的一般方法。如图4-3所示，设A、B为地面上待测距离的两点且相互通视，要在AB的连线上标出1、2等分段点。先在A、B点上竖标杆，甲操作员站在A点标杆后约1m处，指挥乙操作员左、右移动标杆，直到甲从A点后方看到A、2、B这3根标杆位于同一直线上为止。同法可以定出直线上的其他点。两点间定线，通常应按照由远到近的顺序定点，即先定1点，再定2点。

图4-3 目测定线

4.1.2.2 经纬仪定线

经纬仪定线适用于钢尺量距的精密方法。设A、B为地面上待测距离的两点且相互通视，甲操作员在A点安置经纬仪并对中、整平，乙操作员将一根标杆立于B点，然后甲操作员操作经纬仪瞄准标杆，拧紧水平制动螺旋，松开望远镜制动螺旋，使通过望远镜十字丝的视线能在AB连线上移动，而后指挥乙操作员持标杆至点1附近并左、右移动标杆，直至标杆与望远镜十字丝竖丝重合时定下1点的位置。同法可以定出直线上的其他点。

4.1.3　钢尺量距的一般方法

根据地面坡度的不同，钢尺量距可分为平坦地面和倾斜地面量距 2 种方法。

4.1.3.1　平坦地面的量距

量距工作一般由 2 人进行。首先对待测直线进行定线，标出各测段端点的位置，然后由 2 名执尺员进行逐段丈量，各测段丈量结果之和即为所求距离。丈量过程中，前后 2 名执尺员必须同时拉紧钢尺，并把钢尺零刻线与地面测段端点精确对准从而读取读数。

在平坦地面，钢尺沿地面丈量的结果就是水平距离。为了防止量距时发生错误并提高量距精度，需要往、返量距。当量距精度达到要求后，取往、返量距的平均值作为最后量距结果。通常量距精度用相对较差 K 来衡量，即：

$$K = \frac{|D_{往} - D_{返}|}{\overline{D}} \tag{4-1}$$

式中　$D_{往}$——往测的距离值；

　　　$D_{返}$——返测的距离值；

　　　$\overline{D}$——往、返测的平均值。

实际丈量工作中，常对每尺段丈量 2 次，变换起点读数，由前后司尺员读数即可。在计算相对较差时，通常化为分子为 1 的分式。相对较差的分母越大，说明量距的精度越高。

例如，A、B 的往测距离为 162.73m，返测距离为 162.78m，则相对较差 K 为：

$$K = \frac{|D_{往} - D_{返}|}{\overline{D}} = \frac{|162.73 - 162.78|}{162.755} \approx \frac{1}{3700} < \frac{1}{3000}$$

一般规定：在平坦地区，钢尺量距的相对较差应不大于 1/3000；在量距困难地区，其相对较差也不应大于 1/1000。

4.1.3.2　倾斜地面的量距

（1）平量法

沿倾斜地面量距，当地势起伏不大时，可将钢尺水平拉直丈量。如图 4-4 所示，丈量由 A 点向 B 点进行，甲操作员立于 A 点，指挥乙操作员将尺拉在 AB 连线上。甲操作员将尺的零端对准 A 点，乙操作员将尺抬高，并由第三人在尺旁目估，使钢尺保持水平，然后用垂球将尺段的末端投影到地面上，插上测钎。若地面倾斜较大，将钢尺抬平较为困难，可将一个尺段分成几个小段来平量，如图 4-4 中的 ij 段。

（2）斜量法

如果倾斜地面的坡度较大且坡度较均匀，可采用斜量法量距。如图 4-5 所示，沿斜坡直接丈量出 AB 的斜距 L，再测出 A、B 两点间高差 h 或 A 到 B 的仰角 α，则可按下式求得 A、B 两点间的水平距离 D：

$$D = L\cos\alpha = \sqrt{L^2 - h^2} \tag{4-2}$$

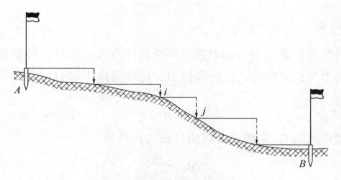

图 4-4　平量法量距示意图

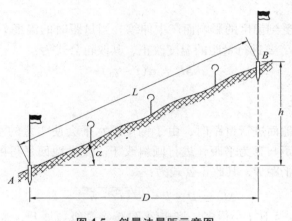

图 4-5　斜量法量距示意图

4.1.4　钢尺量距的精密方法

用一般方法量距，其相对较差只能达到 1/4000~1/1000，当要求量距的相对较差更小时，如 1/10 000~1/5000，就应使用精密方法丈量。

钢尺精密方法量距的主要工具有钢尺、弹簧秤、温度计、尺夹等。对于有些较精密的钢尺，在制造时就规定了标准拉力和温度，如在尺前端刻有"30m，20℃，10kg"字样，表明钢尺检定时的温度为 20℃，标准拉力为 10kg，长度为 30m。所有精密量距所使用的钢尺必须经过检定，并得到其检定的尺长方程式。钢尺的尺长方程式是指在一定的拉力下(通常为 10kg)，以温度 t 为变量的函数式来表示尺长，其一般形式为：

$$l_t = l_0 + \Delta l + \alpha(t - t_0)l_0 \tag{4-3}$$

式中　l_t——钢尺在温度 t(℃)时的实际长度(m)；

　　　l_0——钢尺的名义长度(m)；

　　　Δl——钢尺整尺段在检定温度 t 时的尺长改正数(m)；

　　　α——钢尺的线膨胀系数，其值为 1.15×10^{-5}~1.25×10^{-5}(m/℃)；

　　　t_0——钢尺检定时的温度；

　　　t——距离丈量时的温度(℃)。

4.1.4.1　尺长改正

由于钢尺的名义长度 l_0 与实际长度 l' 不符而产生尺长误差。每根钢尺在作业前都要经过检定并求得尺长方程式。在标准拉力、标准温度下经过检定的钢尺，整尺段的改正数为：

$$\Delta l = l' - l_0 \tag{4-4}$$

如果丈量的距离为 l，则该段距离的尺长改正数为：

$$\Delta l_d = \frac{\Delta l}{l_0} l \tag{4-5}$$

4.1.4.2　温度改正

钢尺长度由于受到温度的影响而产生伸缩。当量距时的温度 t 与钢尺检定时的标准温度 t_0 不一致时，要进行量距的温度改正，其改正公式为：

$$\Delta l_t = \alpha(t - t_0)l \tag{4-6}$$

4.1.4.3　倾斜改正

在高低不平的地面进行量距时，由于钢尺不水平会使丈量的距离比实际距离大，此时要把测得的斜距归算为平距，进行倾斜改正。设沿地面量得的斜距为 l，根据测得的高差 h 换算为平距 D，其改正公式为：

$$\Delta l_h = D - l = \sqrt{(l^2 - h^2)} - l \tag{4-7}$$

当高差不大时，h 比 l 小得多。将式(4-7)按泰勒级数展开，舍去高次项后，可得到如下倾斜改正计算模型：

$$\Delta l_h = -\frac{h^2}{2l} \tag{4-8}$$

综上所述，若实际测得的距离为 l，经过以上 3 项改正，即可得到地面两点间的水平距离：

$$D = l + \Delta l_d + \Delta l_t + \Delta l_h \tag{4-9}$$

4.1.5　钢尺量距的误差分析

影响钢尺量距精度的因素很多，主要有定线误差、尺长误差、温度测定误差、钢尺倾斜误差、拉力误差、钢尺对准误差和读数误差等。

此外，钢尺在使用过程中还应注意以下几个方面：

①由于钢尺边缘比较锋利，所以使用过程中要注意人身安全；司尺员一般要佩戴手套，小心使用，以免割手。

②钢尺容易生锈，在工作结束后，应用软布擦去尺身上的泥和水，并涂上黄油，加以养护，以防生锈。

③钢尺容易折断。由于钢尺系薄钢片所制，因此，如果钢尺出现卷曲，切不可用力硬拉。

④在行人和车辆多的地区量距时，要有专人保护，严防钢尺被车辆碾压而折断。

⑤不准将钢尺沿地面拖拉，以免磨损尺面刻划线。

⑥收卷钢尺时，应按顺时针方向转动钢尺摇柄，切不可逆转，以免折断钢尺。

4.2 视距测量

视距测量是一种间接测距方法，是利用测量仪器望远镜内十字丝分划板上的视距丝(十字丝上的上、下对称的2条短横线)和视距尺(塔尺或普通水准尺)，根据几何光学原理同时测定两点间水平距离和高差的一种方法。同钢尺量距相比，视距测量测距精度较低，相对较差通常为 $1/300 \sim 1/200$，但具有速度快、劳动强度低、受地形条件限制小等优点，在地形测图中有着广泛的应用。

4.2.1 视准轴水平时的视距测量原理

如图 4-6 所示，AB 为待测距离，在 A 点安置经纬仪或水准仪，B 点竖立视距尺，望远镜视线设置为水平(使经纬仪竖直角为零，即竖直度盘读数为90°或270°，经纬仪要严格精平)，瞄准 B 点的视距尺，此时视准轴与视距尺垂直。

图 4-6 中，$p = \overline{mn}$，为望远镜上、下视距丝的间距；$l = \overline{MN}$，为视距丝在标尺上的间隔；f 为望远镜物镜焦距；δ 为物镜中心到仪器中心的距离。

由于望远镜上、下视距丝的间距 p 固定，因此，从这两根视距丝引出去的视线在竖直面内的夹角 φ 也是固定的角度。设由上、下视距丝 n、m 引出去的视线在标尺上的交点分别为 N、M，则在望远镜视场内可以通过读取交点的读数 N、M 求出视距间隔 l。

图 4-6 中右图所示的视距间隔 $l = $ 下丝读数 $-$ 上丝读数 $= 1.386 - 1.188 = 0.198$（m）。

由于 $\triangle n'm'F$ 相似于 $\triangle NMF$，有 $\dfrac{d}{f} = \dfrac{l}{p}$，则：

$$D = d + f + \delta = \frac{f}{p}l + f + \delta \tag{4-10}$$

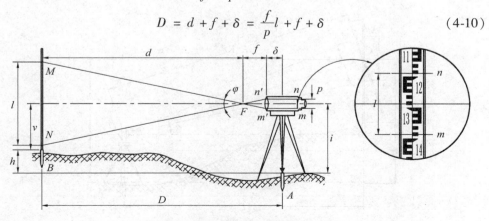

图 4-6 视线水平时的视距测量原理

令 $K = \dfrac{f}{p}$，$C = f + \delta$，则有：

$$D = Kl + C \qquad (4\text{-}11)$$

式中　K——望远镜的视距乘常数；

　　　　C——望远镜的视距加常数。

通常在制造仪器时，使 $K = 100$，C 接近于零。因此，视线水平时视距测量计算公式为：

$$D = Kl = 100l \qquad (4\text{-}12)$$

图 4-6 所示的视距为 $D = 100 \times 0.198 = 19.8\text{m}$。如果再在望远镜中读取中丝读数 v（或者取上、下丝读数的平均值），用小钢尺量取仪器高 i，则 AB 两点的高差为：

$$h = i - v \qquad (4\text{-}13)$$

4.2.2　视准轴倾斜时的视距测量原理

如图 4-7 所示，当望远镜视准轴倾斜时，由于视准轴不垂直于视距尺，所以不能直接应用式(4-12)计算视距。由于 φ 角很小（约为 $34'$），所以有 $\angle MOM' = \alpha$，即只要将视距尺围绕与望远镜视线的交点 O 旋转如图所示的 α 角后就能与视线垂直，并有：

$$l' = l \cos\alpha \qquad (4\text{-}14)$$

则望远镜旋转中心 Q 与视距尺旋转中心 O 的视距为：

$$L = Kl' = Kl \cos\alpha \qquad (4\text{-}15)$$

由此求得 A、B 两点间的水平距离为：

$$D = L \cos\alpha = Kl \cos^2\alpha \qquad (4\text{-}16)$$

设 A、B 的高差为 h，由图 4-7 可列出方程：

$$h + v = h' + i$$

其中，h' 称为初算高差，且：

$$h' = L \sin\alpha = Kl \cos\alpha \sin\alpha = \frac{1}{2}Kl \sin2\alpha = D \tan\alpha$$

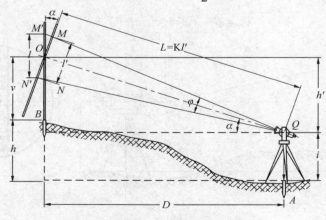

图 4-7　视准轴倾斜时的视距测量原理

因此，视线倾斜时的高差计算公式为：

$$h = h' + i - v = \frac{1}{2}Kl\,\sin2\alpha + i - v = D\tan\alpha + i - v \qquad (4\text{-}17)$$

4.2.3 视距测量的观测和计算

4.2.3.1 视距测量的观测

视距测量主要用于地形测量，测定测站至地形点的水平距离及地形点的高程。视距测量的观测按下列步骤进行：

①在控制点 A 上安置经纬仪作为测站点。量取仪器高 i（取至厘米数）并抄录测站点的高程 H_A（也取至厘米数）。

②立标尺于欲测定其位置的地形点上，尽量使尺子竖直，尺面对准仪器。

③视距测量一般用经纬仪盘左位置进行观测。望远镜瞄准标尺后，消除视差读取上、下丝读数 n、m，计算视距间隔 $l = m - n$；读取中丝读数 v；使竖盘水准管气泡居中，读取竖盘读数，计算竖直角。

④按公式计算出水平距离和高差，然后根据 A 点高程计算出 B 点高程。

以上完成对一个点的观测，然后重复步骤②~④，测定其他地形点的高程。

在地势平坦地区也可以用水准仪代替经纬仪采用视线水平时的视距测量方法。

4.2.3.2 视距测量的计算

视距测量时，可以采用电子计算器特别是可编程的电子手簿进行计算。可根据竖直角的计算公式，将视距测量公式进行变换。如果 $\alpha = 90° - L$，则视距公式变换为：

$$\left.\begin{array}{l} D = Kl\sin^2 L \\[2mm] H = H_A + i + \dfrac{1}{2}Kl\sin2L - v \end{array}\right\} \qquad (4\text{-}18)$$

用经纬仪进行视距测量的记录和计算见表4-1。

表 4-1　视距测量记录表

测站：A　　　　　　　　　　测站高程：41.40m　　　　　　　　仪器高：1.42m

照准点号	下丝读数 上丝读数 视距间隔	中丝读数 v	竖盘读数 L	竖直角 α	水平距离 $D(\mathrm{m})$	高差 $h(\mathrm{m})$	高程 $H(\mathrm{m})$
B	1.768 0.934 0.834	1.35	92°45′	−2°45′	83.21	−3.99	37.14
C	2.182 0.660 1.522	1.42	95°27′	−5°27′	150.83	−14.39	27.01
D	2.440 1.862 0.578	2.15	88°25′	+1°35′	57.76	+1.60	41.93

4.3　电磁波测距

电磁波测距(electro-magnetic distance measuring，EDM)也称光电测距，是利用电磁波(光波或微波)作为载波传输测距信号，测量两点间距离的一种方法，具有测程远、精度高、作业速度快、受地形影响小等优点，已成为当前地形测量、工程测量和大地测量中距离测量的主要方法之一。目前，全站仪的测距功能广泛采用电磁波测距的形式。

4.3.1　电磁波测距概述

电磁波测距仪的种类较多，也有不同的分类方法：按所采用的载波划分为微波测距仪、激光测距仪和红外测距仪，后两者又统称为光电测距仪；按测程划分为短程测距仪(测程 <5km)、中程测距仪(测程 5~15km)和远程测距仪(测程 >15km)；按测量精度划分为 Ⅰ 级($m_D \leqslant 5mm$)、Ⅱ 级($5mm \leqslant m_D \leqslant 15mm$)和 Ⅲ 级($m_D \geqslant 15mm$)；按基本功能可划分为专用型、半站型和全站型。

测距仪的精度一般标示为 $a + b \times 10^{-6} \times D$，$a$ 为固定误差(单位为 mm)，b 为与测程 D(单位为 km)成正比的误差，称为比例误差。

20 世纪 80 年代以来，电磁波测距仪得到迅速发展。本节主要介绍光电测距仪的基本原理和测距方法。

4.3.2　光电测距仪的基本原理

如图 4-8 所示，光电测距仪通过测量光波在待测距离 D 上往、返传播一次所需要的时间 t_{2D}，可得到待测距离 D：

$$D = \frac{1}{2} C t_{2D} \qquad (4-19)$$

$$C = \frac{C_0}{n} \qquad (4-20)$$

式中　C——光波在大气中的传播速度；

C_0——光波在真空中的传播速度，迄今为止，人类所测得的精确值为 299 792 458m/s ± 1.2m/s；

n——大气折射率，它是光的波长 λ、大气温度 t 和气压 p 的函数，即：

$$n = f(\lambda, t, p) \qquad (4-21)$$

由于 $n \geqslant 1$，所以 $C \leqslant C_0$，即光波在大气中的传播速度小于其在真空中的传播速度。

对于一台光电测距仪来说，其波长 λ 为常数，由式(4-21)可知，影响光速的大气折射率 n 随大气的温度 t、气压 p 的变化而变化。因此，在光电测距过程中，需要实时测定现场的大气温度和气压，对所测距离施加气象改正。

根据光波在待测距离 D 上往、返一次传播时间 t_{2D} 的不同，光电测距仪可分为脉冲式和相位式 2 种。

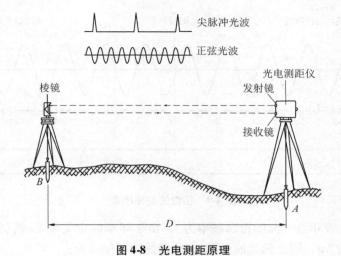

图4-8　光电测距原理

4.3.2.1　脉冲式光电测距仪

　　脉冲式光电测距仪是通过直接测定光脉冲在直线上往、返传播的时间从而求得距离。测定 A、B 间的距离 D 时，在待测距离一端安置测距仪，另一端安放反光镜，如图4-8所示。测距仪发出光脉冲，经反光镜反射后回到测距仪。若能测定光在距离 D 上往、返传播的时间，即测定发射光脉冲与接收光脉冲的时间间隔 t_{2D}，则两点间的距离为：

$$D = \frac{1}{2} \frac{C_0}{n} t_{2D} \tag{4-22}$$

　　此公式为脉冲法测距公式。由式(4-22)可知，用这种方法测定距离的精度取决于时间间隔 t_{2D} 的量测精度。

　　若要达到 ±1cm 的测距精度，时间量测精度应达到 6.7×10^{-11} s。这对电子元件的性能要求很高，难以达到。所以一般脉冲法测距常用于激光雷达、微波雷达等远距离测距上，其测距精度为 0.5～1m。20世纪90年代，实现了将测线上往、返的时间延迟 t_{2D} 变成电信号，对一个精密电容进行充电，同时记录充电次数，然后用电容放电来测定 t_{2D}，其测量精度也可达到毫米级。

4.3.2.2　相位式光电测距仪

　　相位式光电测距仪是将发射光波的光强调制成正弦波的形式，通过测量正弦光波在待测距离上往、返传播的相位移来求算距离。图4-9是将返程的正弦波以棱镜站 B 点为中心对称展开后的图形。正弦光波振荡一个周期的相位移为 2π，设发射的正弦光波经过 $2D$ 距离后的相位移为 φ，则 φ 可以分解为 N 个 2π 整数周期和不足一个整数周期相位移 $\Delta\varphi$，即：

$$\varphi = 2\pi N + \Delta\varphi \tag{4-23}$$

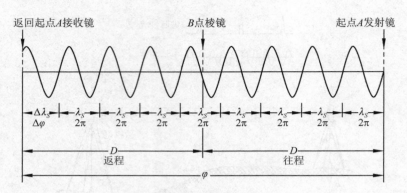

图 4-9 相位法测距原理

另一方面，设正弦光波的振荡频率为 f，由于频率的定义是 1s 振荡的次数，振荡一次的相位移为 2π，则正弦光波经过 t_{2D} 后振荡的相位移为：

$$\varphi = 2\pi f t_{2D} \tag{4-24}$$

由式（4-23）和式（4-24）可以求出 t_{2D} 为：

$$t_{2D} = \frac{2\pi N + \Delta\varphi}{2\pi f} = \frac{1}{f}\left(N + \frac{\Delta\varphi}{2\pi}\right) = \frac{1}{f}(N + \Delta N) \tag{4-25}$$

式中 N——相位变化的整数或者调制光波的整波长数；

$\Delta\varphi$——不是一个整周期的相位变化尾数；

ΔN——$\Delta N = \dfrac{\Delta\varphi}{2\pi}$，$0 < \Delta N < 1$。

将式（4-25）带入式（4-19）得：

$$D = \frac{C}{2f}(N + \Delta N) = \frac{\lambda}{2}(N + \Delta N) \tag{4-26}$$

式中 $\dfrac{\lambda}{2}$——正弦波的半波长。

若令 $u = \dfrac{\lambda}{2}$，则：

$$D = u(N + \Delta N) \tag{4-27}$$

u 称测距仪的测尺。式（4-27）即为相位法测距的基本公式，其实质相当于用一把长度为 u 的尺子来丈量待测距离。

相位法测距的关键是测出相位 φ。测定相位 φ 时把测线上返回的载波相位与机内固定的参考相位在比相计中比相，从而测出不足一个整波长的相位。因相位计只能分辨 $0 \sim 2\pi$ 之间的相位变化，所以只能测出不足一个周期的相位，即只能测出 $\Delta\varphi$，无法测出其整周数 N。例如，测距仪的测尺为 10m，只能测出小于 10m 的距离，测尺为 1000m，能测出小于 1000m 的距离。由于仪器测相精度一般为 1/1000，1km 的测尺精度只有米级。所以，为了兼顾测程和精度，测距仪常采用多个调制频率（即多个测尺）进行测距，测尺长度与相应的测尺频率关系如表 4-2 所示。为了解决增大测程和提高测距精度之间的矛盾，可采用一组测尺同时测距，长测尺（粗测尺）用于增大测程，短

表 4-2 测尺频率、长度与误差的关系

测尺频率(kHz)	3×10^4	1.5×10^4	1.5×10^3	1.5×10^2	1.5×10
测尺长度(m)	5	10	100	1000	10 000
测距精度(mm)	0.5	1	10	100	1000

测尺(精测尺)用于提高精度,两者衔接起来就解决了长距离测距数字直接显示的问题。

4.3.3 光电测距成果整理

4.3.3.1 仪器加常数、乘常数改正

仪器加常数是由于仪器内光路等效反射面、接收面和仪器中心不一致,以及棱镜等效反射面和棱镜安置中心不一致造成的;仪器乘常数是由于仪器的振荡频率发生变化造成的。仪器加常数改正与距离无关,仪器乘常数改正与距离成正比。目前,实用的测距仪都具有设置仪器常数并自动改正的功能。使用仪器前,应预先设置常数,但使用过程中不能改变,只有当仪器经专业检定部门检定,得出新的常数,才能重新设置常数。另外,要注意仪器与棱镜的配套和固定使用。

4.3.3.2 气象改正

由于光的传播速度受到大气状态(温度 t、气压 p、湿度 e)的影响,而仪器是按标准温度和标准气压设计制造的,实际测量时的温度、气压与标准环境是有差别的,这样会使测距结果产生系统误差。所以,测距时应测定现场环境温度和气压,利用仪器厂家提供的气象改正公式进行改正计算。目前,测距仪都具有设置气象参数并自动改正的功能;因此,测距时只需将所测气象参数输入到测距仪中即可。有的测距仪还具有自动测定气象参数并加以改正的功能。

4.3.3.3 改正后的平距、高差计算

测距仪观测的斜距经过加、乘常数改正和气象改正后,得到改正后的斜距 S。

A、B 两点间的平距 D 和两点上测距仪与棱镜的高差 h' 是斜距在水平和垂直方向的分量。由经纬仪测定斜距方向的垂直角为 α,则:

$$\left.\begin{array}{l} D = S\cos\alpha \\ h' = S\sin\alpha \\ h = h' + i - v \end{array}\right\} \tag{4-28}$$

式中 h——A、B 两点的高差;

  i——仪器高;

  v——棱镜高。

4.3.4 光电测距的误差分析

将 $C = C_0/n$ 带入式(4-26),并考虑测距仪加常数误差(用 K 表示),得:

$$D = \frac{C_0}{2fn}(N + \Delta N) + K \qquad (4\text{-}29)$$

其中，K 是测距仪的加常数，它是通过将测距仪安置在标准基线长度上进行比测，经回归统计计算求得的。由式（4-29）可知，待测距离 D 的误差来源于 C_0、f、n、ΔN 和 K。由误传传播定律可知：

$$m_D^2 = \left(\frac{m_{C_0}^2}{C_0^2} + \frac{m_n^2}{n^2} + \frac{m_f^2}{f^2}\right)D^2 + \frac{\lambda_{\text{精}}^2}{4}m_{\Delta N}^2 + m_K^2 \qquad (4\text{-}30)$$

由式（4-30）可知，C_0、f、n 的误差与待测距离成正比，称为比例误差；ΔN 和 K 与距离无关，成为固定误差。式（4-30）可缩写为：

$$m_D^2 = A^2 + B^2 D^2 \qquad (4\text{-}31)$$

其中，A 为固定误差，B 为比例误差。又可写为常用的经验公式：

$$m_D = (a + b \cdot D) \qquad (4\text{-}32)$$

下面对式（4-30）中各项误差的来源进行简要分析。

4.3.4.1　真空光速测定误差 m_{C_0}

真空光速测定误差 $m_{C_0} = 1.2\text{m/s}$，其相对误差为：

$$\frac{m_{C_0}}{C_0} = \frac{1.2}{299\ 792\ 458} = 4.03 \times 10^{-9} = 0.004 \times 10^{-6}$$

可以看出，真空光速测定误差对于测距的影响是每千米产生 0.004mm 的比例误差，可以忽略不计。

4.3.4.2　精测尺调制频率误差 m_t

目前，国内外厂商生产的红外测距仪的精测尺调制频率的相对误差 m_f/f 一般为 $(1 \sim 5) \times 10^{-6}$，对测距的影响是每千米产生 $1 \sim 5\text{mm}$ 的比例误差。但是，仪器在使用中，电子元件的老化和外部环境温度的变化，都会使设计频率发生漂移，这就需要对测距仪进行检定，求出其比例改正数，对所测距离进行改正。也可以应用高精度野外便携式频率计，在测距的同时测定仪器的精测尺调制频率，对所测距离进行实时改正。

4.3.4.3　气象参数误差 m_n

大气折射率主要是大气温度 t 和大气压力 p 的函数。严格地说，计算大气折射率 n 所用的气象参数 t、p 应该是测距光波沿线的积分平均值，但由于在实践中难以实现，一般是在测距的同时测定测站和镜站的 t、p，并取平均来代替其积分值。由此引起的折射率误差称为气象代表性误差。实验表明，选择阴天、有微风的天气测距时，气象代表性误差较小。

4.3.4.4　测相误差 $m_{\Delta N}$

测相误差包括自动数字测相系统的误差、测距信号在大气传输中的信噪比误差等。前者决定于测距仪的性能和精度，后者与测距时的自然环境有关，如空气的透明程度、干扰因素的多少、视线离地面及障碍物的远近等。

4.3.4.5 仪器对中误差

光电测距是测定测距仪中心至棱镜中心的距离，因此，仪器对中误差包括测距仪的对中误差和棱镜的对中误差。用经过校准的光学对中器对中，此项误差一般不大于3mm。

4.4 直线定向

要确定地面上两点之间的相对位置，除了量测两点之间的水平距离外，还必须确定该直线与标准方向之间的水平夹角，这项工作称为直线定向。

4.4.1 直线定向的概念

4.4.1.1 标准方向的分类

测量工作中常用的标准方向有3种，即真子午线方向、磁子午线方向和坐标纵轴方向。

（1）真子午线方向

如图 4-10 所示，地表任意一点 P 与地球自转轴所组成的平面与地球表面的交线称为过 P 点的真子午线，真子午线在 P 点的切线方向，称为 P 点的真子午线方向。地表任一点的真子午线方向可以用天文测量方法或者陀螺经纬仪来测定。

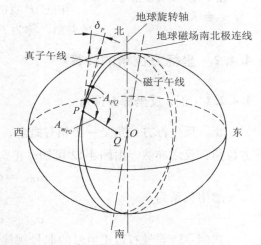

图 4-10　真子午线与磁子午线关系

（2）磁子午线方向

地表任意一点 P 与地球磁场南北极所组成的平面与地球表面的交线称为过 P 点的磁子午线。磁子午线在 P 点的切线称为 P 点的磁子午线方向。地表任一点的磁子午线方向可以用罗盘仪测定。在 P 点安置罗盘，磁针水平自由静止时其轴线所指的方向即为 P 点的磁子午线方向。

（3）坐标纵轴方向

过地表任一点 P 与其所在的高斯平面直角坐标系或者假定坐标系的坐标纵轴平行的直线称为 P 点的坐标纵轴方向。在同一投影带中，各点的坐标纵轴方向是相互平行的。

4.4.1.2 直线定向的方法

测量工作中常用方位角来表示直线的方向。从直线起点的标准方向北端起，顺时

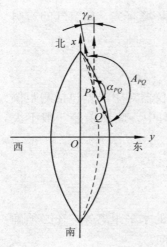

图 4-11 真方位角与坐标方位角关系

针至直线的水平夹角，称为该直线的方位角，其取值范围是 $0° \sim 360°$。不同的标准方向所对应的方位角分别称为真方位角（用 A 表示）、磁方位角（用 A_m 表示）和坐标方位角（用 α 表示）。利用 3 个标准方向，可以对地表任一直线 PQ 定义 3 个方位角（图 4-11）。

（1）真方位角

由过 P 点的真子午线方向的北端起，顺时针到 PQ 的水平夹角，称为 PQ 的真子午线方位角，用 A_{PQ} 表示。

（2）磁方位角

由过 P 点的磁子午线方向的北端起，顺时针到 PQ 的水平夹角，称为 PQ 的磁子午线方位角，用 $A_{m_{PQ}}$ 表示。

（3）坐标方位角

由过 P 点的坐标纵轴方向的北端起，顺时针到 PQ 的水平夹角，称为 PQ 的坐标方位角，用 α_{PQ} 表示。

4.4.2 坐标方位角的计算

4.4.2.1 正、反坐标方位角

正、反坐标方位角是一个相对概念，如果称 α_{AB} 为正方位角，则 α_{BA} 就是 α_{AB} 的反方位角，反之亦然。由图 4-12 可知，正、反坐标方位角的关系为：

$$\alpha_{BA} = \alpha_{AB} + 180°$$

通用关系为：

$$\alpha_{BA} = \alpha_{AB} \pm 180° \tag{4-33}$$

式（4-33）等号右边正负号的取号规律为：当 $\alpha_{AB} < 180°$ 时取正号，$\alpha_{AB} > 180°$ 取负号。这样可以确保求得的反坐标方位角满足坐标方位角的取值范围（$0° \sim 360°$）。

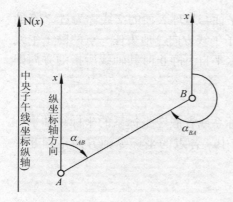

图 4-12 正、反坐标方位角

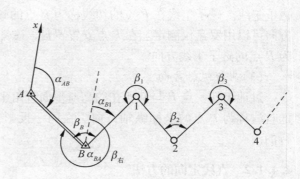

图 4-13 坐标方位角的计算

4.4.2.2 坐标方位角的推算

在实际工作中并不需要测定每条直线的坐标方位角，而是通过与已知坐标方位角的直线联测后推算出各条直线的坐标方位角。

如图 4-13 所示，已知直线 AB 边的坐标方位角 α_{AB}，用经纬仪观测了水平角 β，求 $B1$ 边的坐标方位角 α_{B1}。如图中虚线所示，分别过 A、B 点作 x 轴的平行线，根据坐标方位角的定义及图中的几何关系可知：

$$\alpha_{B1} = \alpha_{BA} - (360° - \beta_B) = \alpha_{AB} + 180° - 360° + \beta_B = \alpha_{AB} + \beta_B - 180°$$

$$(4\text{-}34)$$

由于观测的水平角 β 位于坐标方位角推算路线 $A\rightarrow B\rightarrow 1$ 的左边，所以称 β 角相对于上述推算路线为左角；反之，如果观测的角度位于线路右边，则称为推算线路的右角，用 $\beta_右$ 表示。显然：

$$\beta = 360° - \beta_右 \qquad (4\text{-}35)$$

将式(4-35)带入式(4-34)中，可得：

$$\alpha_{B1} = \alpha_{AB} - \beta_右 + 180° \qquad (4\text{-}36)$$

式(4-34)和式(4-36)即为方位角推算公式。由此可以写出方位角推算公式的通用公式：

$$\alpha_前 = \alpha_后 \pm \beta \pm 180° \qquad (4\text{-}37)$$

其中，当 β 为左角时，其前面的符号为正；β 为右角时，前面的符号为负。可记为"左加右减"。计算结果确保满足方位角的取值范围(0°~360°)。

【例 4-1】 已知起始边 AB 的坐标方位角为 $40°48'00''$，观测角度如图 4-14 所示，试求多边形各边 BC、CD、DA 的坐标方位角。

解：由题意知，计算方位角的线路为 $A\rightarrow B\rightarrow C\rightarrow D\rightarrow A$，因此，观测角度变成前进方向的右角，由式(4-36)可得：

$\alpha_{BC} = 40°48'00'' - 89°34'06'' + 180° = 131°13'54''$

$\alpha_{CD} = 131°13'54'' - 73°00'24'' + 180° = 238°13'30''$

$\alpha_{DA} = 238°13'30'' - 107°48'42'' + 180° = 310°24'48''$

检核：

$\alpha_{AB} = 310°24'48'' - 89°36'48'' - 180° = 40°48'00''$

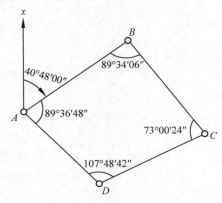

图 4-14 观测角度数据

思考与练习题

1. 简述用钢尺在平坦地面量距的步骤。

2. 用钢尺量距时，会产生哪些误差?

3. MN 两点间的水平距离往测为 136.468m，返测为 136.476m，试计算其较差和相对较差。

4. 说明视距测量的原理和方法。

5. 直线定向的目的是什么？它与直线定线有什么区别？

6. 标准方向有哪几种？

7. 何谓坐标方位角？若 $\alpha_{AB} = 40°48'00''$，则 α_{BA} 等于多少？

8. 如下图所示，已知 $\alpha_{12} = 61°48'$，求其余各边的坐标方位角。

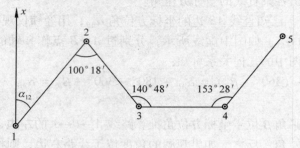

第 5 章
全站仪及其使用

全站仪是全站型电子速测仪（total station electronic tachometer）的简称，是将电磁波测距装置、光电测角装置和电子计算机的微处理器结合在一起，能完成测距、测角，通常还具有利用内存软件计算平距、高差和坐标等功能，并能记录、存储和输出测量数据和计算成果的测绘仪器。目前的全站仪都能同时观测角度和距离，能存储测量结果，并能进行大气改正、仪器误差改正和数据处理，有丰富的应用程序，如数据采集、施工放样、偏心观测、悬高测量、面积测量、后方交会等。全站仪正朝着智能测量机器人的方向发展，有些自动化程度高的全站仪还具有自动瞄准、免棱镜测距及自动跟踪等功能。

5.1　全站仪的基本结构

全站仪的外形与电子经纬仪类似，图 5-1 为南方测绘公司生产的 NTS-355 中文界面全站仪的各部件名称。全站仪包括光电测角系统、光电测距系统、双轴液体补偿装置和微处理器。

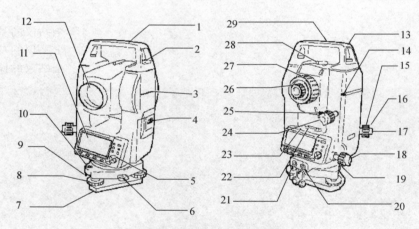

图 5-1　全站仪的部件名称

1. 提柄；2. 固紧螺丝；3. 仪器高标志；4. 电池护盖；5. 操作面板；6. 三角基座制动控制杆；7. 底板；8. 脚螺旋；9. 圆水准器校正螺丝；10. 圆水准器；11. 显示窗；12. 物镜；13. 管式罗盘插口；14. 无线遥控键盘感应位置；15. 光学对中器调焦环；16. 光学对中器分划板护盖；17. 光学对中器目镜；18. 水平制动钮；19. 水平微动手轮；20. 数据输入输出插口；21. 外接电源插口；22. 照准部水准器；23. 照准部水准器校正螺丝；24. 垂直制动钮；25. 垂直微动手轮；26. 望远镜目镜；27. 望远镜调焦环；28. 粗照准器；29. 仪器中心标志

5.1.1　光电测角系统和光电测距系统

目前，全站仪基本上采用望远镜光轴（视准轴）和测距光轴完全同轴的光学系统，如图 5-2 所示。全站仪光学及机械部分操作与电子经纬仪相同，照准目标后能同时测定方向与距离。

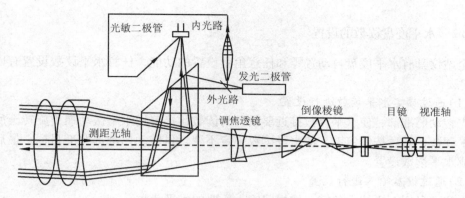

图 5-2   全站仪望远镜光路图

5.1.2   双轴液体补偿装置

全站仪照准部的整平可使竖轴铅直，但受气泡灵敏度和作业的限制，仪器的精确整平有一定困难，从而会引起竖轴误差，而且竖轴误差对角度的影响无法通过盘左、盘右取平均来消除。因此，一些较高精度的全站仪都装有双轴液体补偿器（竖轴倾斜自动补偿器），以自动补偿竖轴倾斜对观测角度的影响。双轴液体补偿器补偿范围一般在 3′以内。

5.1.3   微处理器

微处理器是全站仪的核心部件如同计算机 CPU，由它来控制和处理电子测角、测距的信号，控制各项固定参数，如温度、气压等信息的输入、输出，还由它设置观测误差的改正、有关数据的实时处理及自动记录数据或控制电子手簿等。微处理器通过键盘和显示器指挥全站仪有条不紊地进行光电测量工作。

5.2   全站仪的基本功能

全站仪的功能很多，它是通过显示屏和操作键盘来调取实现的。不同型号的全站仪其外观、结构、键盘设计、操作步骤都会有所不同。下面仅就全站仪的一般操作使用和测量原理进行介绍。

5.2.1   角度测量

开机设置读数指标后，利用菜单调取或快捷键方式进入角度测量模式。

5.2.1.1   水平角右角、左角的设置

全站仪可以根据测量需要，进行水平角左角、右角的设置。所谓水平角右角，即仪器右旋角，从上往下看水平度盘，水平读数顺时针增大；水平角左角，即仪器左旋角，水平读数逆时针增大。在测角模式下，利用切换按键可进行右角、左角交替切换。通常使用右角模式观测。

5.2.1.2　水平度盘读数的设置

全站仪具有水平度盘自动置零和任意角度设置的功能，任意水平读数设置有以下2 种方法：

（1）通过锁定水平读数进行设置

先转动照准部，使水平读数接近要设置的读数，接着用水平微动螺旋旋转至所需的水平读数，然后按锁定键，使水平读数锁定不变，再转动照准部照准目标，最后解锁完成水平读数设置。

（2）通过键盘输入进行设置

先照准目标，再按设角键，按提示输入所要的水平读数。

在测角模式下，可进行角度复测，垂直角与百分度（坡度）切换、天顶距与高度角切换等。

5.2.1.3　角度测量模式

确认在角度测量模式下，水平角可以切换至天顶距、竖角、坡度等。角度测量的基本操作方法和步骤，与电子经纬仪类似。当瞄准某一目标，并进行水平度盘置零后，转动照准部瞄准另一目标时，屏幕所显示的水平角值即为它们之间的水平夹角。

5.2.2　距离测量

距离测量可分为 3 种测量模式，即精测模式、粗测模式和跟踪模式。一般情况下用精测模式观测，最小显示单位为 1mm，测量时间约 2.5s。粗测模式最小显示单位为10mm，测量时间约 0.7s。跟踪模式用于观测移动目标，最小显示单位为 10mm，测量时间约 0.3s。

在距离测量前，必须先进行测距模式、温度、大气压、棱镜常数等设置，然后照准反射棱镜中心，按相应的测量距离键，显示内容包括斜距（SD）、平距（HD）和高差（VD）。

5.2.3　坐标测量

在坐标测量之前必须将全站仪进行定向，具体操作如下：

①在坐标测量模式下，输入测站点坐标。若测量三维坐标，还必须输入仪器高和棱镜高。

②输入后视点坐标或方位角。

③照准后视点（定向点），设定测站点到定向点的水平度盘读数，完成全站仪的定向。

定向工作完成后，就可进行点位坐标测量。照准立于待测点位的棱镜，按坐标测量键开始测量，显示待测点坐标（N，E，Z），即（X，Y，H）。

5.2.4　放样

放样测量用于在实地上测设出所要求的点位。在放样过程中，通过对瞄准点的角度、距离或坐标的测量，仪器将显示出测量值与设计值之差以指导放样。根据所显示的差值移动棱镜，直到与设计距离的差值为0m。放样测量包括坐标放样、角度放样和距离放样。

5.2.5 数据采集

全站仪进行野外数据采集是目前采用较为广泛的一种方法。操作步骤如下：

①选择数据采集文件名，使其所采集数据存储在该文件中。

②选择坐标数据文件，以调用测站坐标数据及后视坐标数据。

③将全站仪安置于测站点，量取仪器高，输入测站点号及坐标。

④设置后视定向点坐标或定向角，通过测量后视点进行定向。

⑤设置待测点的棱镜高，开始采集、存储数据。

5.2.6 存储管理

在存储管理模式下，可以对仪器内存中的数据进行以下操作：

①显示内存状态　显示已存储的测量数据文件、坐标数据文件和数据的量。

②查找数据　查阅记录数据，即可查阅测量数据、坐标数据和编码库。

③文件管理　可删除文件，编辑文件名，查阅文件中数据。

④输入坐标　将控制点或放样点坐标数据输入并存入坐标数据文件。

⑤删除坐标　删除坐标数据文件中的坐标数据。

⑥输入编码　将编码数据输入并存入编码库文件。

⑦数据传送　计算机与全站仪内存之间的测量数据、坐标数据或编码库数据相互传送。

⑧初始化　用于内存初始化。

5.2.7 数据通信

数据通信是把数据的处理和传输合为一体，实现数字信息的接收、存储、处理和传输，并对信息流加以控制、校验和管理的一种通信形式。全站仪的数据通信是指全站仪与计算机（包括PDA）之间的数据传输与处理。

目前，全站仪的数据通信主要采用的技术有串行通信技术和蓝牙技术。由于全站仪的通信端口、数据存储方式及数据接收端软件等不同，所以全站仪的数据通信有多种方式。目前最为常用的通信接口方式采用串行接口，将全站仪与计算机连接，完成相应参数设置，打开专用传输程序，即可进行数据通信。这里的所谓专用传输程序，包括仪器自带程序、成图软件中的数据通信模块等。也有些仪器厂商生产的全站仪中应用蓝牙无线通信技术，支持与数据采集器、遥控测量指挥系统等之间的蓝牙无线通信。

5.3 全站仪的操作步骤

5.3.1 测量准备

　　将全站仪对中、整平后，按下电源键，即打开电源。纵转望远镜一周，使竖盘初始化，仪器通过自检后，屏幕会显示开机默认界面。然后，显示角度测量、距离测量、坐标测量等。仪器进入参数设置状态，可进行单位设置、模式设置和其他设置。

　　注意：若仪器没有整平（超出自动补偿范围），又设置于自动倾斜模式，此时不显示度盘读数，必须重新对仪器整平。

5.3.2 拓普康 GTS330N 系列全站仪

5.3.2.1 按键名称与功能

　　拓普康 GTS330N 全站仪操作键盘简单，如图 5-3 所示，其名称与功能见表 5-1。

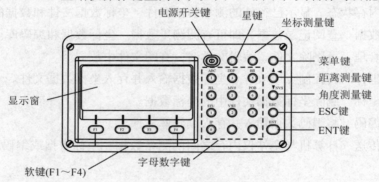

图 5-3 GTS330N 系列全站仪键盘

表 5-1 操作键功能介绍

键	名称	功　能
★	星键	星键模式用于如下项目的设置或显示： (1)显示屏对比度；(2)十字丝照明；(3)背景光；(4)倾斜改正；(5)定线点指示器（仅适用于有定线点指示器类型）；(6)设置音响模式
↳	坐标测量键	坐标测量模式
◢	距离测量键	距离测量模式
ANG	角度测量键	角度测量模式
POWER	电源键	电源开关
MENU	菜单键	在菜单模式和正常测量模式之间切换，在菜单模式下可设置应用测量与照明调节、仪器系统误差改正

（续）

键	名称	功 能
ESC	退出键	·返回测量模式或上一层模式 ·从正常测量模式直接进入数据采集模式或放样模式 ·可用作正常测量模式下的记录键
ENT	确认输入键	在输入值末尾按此键
F1~F4	软键（功能键）	对应于显示的软键功能信息

5.3.2.2 作业模式

显示屏通常前 3 行显示测量数据，最后一行显示随测量模式变化的软键按键功能。各软键在角度测量模式、距离测量模式和坐标测量模式中的功能如图 5-4 和表 5-2。

图 5-4 测量模式显示
（a）角度测量模式显示 （b）距离测量模式显示 （c）坐标测量模式显示

表 5-2 各测量模式功能说明

a. 角度测量模式功能说明

页码	软键	显示符号	功 能
1	F1	置零	水平角置为 0°00′00″
	F2	锁定	水平角读数锁定
	F3	置盘	通过键盘输入数字设置水平角
	F4	P1↓	显示第 2 页软键功能
2	F1	倾斜	设置倾斜改正开或关，若选择开，则显示倾斜改正值
	F2	复测	角度重复测量模式
	F3	V%	垂直角百分比坡度（%）显示
	F4	P2↓	显示第 3 页软键功能
3	F1	H－蜂鸣	仪器每转动水平角 90°是否要发出蜂鸣声的设置
	F2	R/L	水平角右/左计数方向的转换
	F3	竖盘	垂直角显示格式（高度角/天顶距）的切换
	F4	P3↓	显示下一页（第 1 页）软键功能

（续）

b. 距离测量模式功能说明

页码	软键	显示符号	功　能
1	F1	测量	启动测量
	F2	模式	设置测距模式精测/粗测/跟踪
	F3	S/A	设置音响模式
	F4	P1↓	显示第 2 页软键功能
2	F1	偏心	偏心测量模式
	F2	放样	放样测量模式
	F3	m/f/i	米、英尺或者英尺、英寸单位的变换
	F4	P2↓	显示第 1 页软键功能

c. 坐标测量模式功能说明

页码	软键	显示符号	功　能
1	F1	测量	开始测量
	F2	模式	设置测量模式，精测/粗测/跟踪
	F3	S/A	设置音响模式
	F4	P1↓	显示第 2 页软件功能
2	F1	镜高	输入棱镜高
	F2	仪高	输入仪器高
	F3	测站	输入测站点(仪器站)坐标
	F4	P2↓	显示第 3 页软件功能
3	F1	偏心	偏心测量模式
	F3	m/f/i	米、英尺或者英尺、英寸单位的变换
	F4	P3	显示第 1 页软件功能

按下仪器的"★"键就进入了星键模式，可对仪器进行相关的设置，如图 5-5 和表 5-3 所示。

①调节显示屏的黑白对比度(0~9 级)，按上、下方向键来完成操作；

②调节十字丝照明亮度(1~9 级)，按左、右方向键来完成操作；

③显示屏照明开关，按 F1 键来完成操作；

④设置倾斜改正，按 F2 键来完成操作；

⑤定线点指示灯开关，按 F3 键来完成操作；

⑥设置音响模式(S/A)，按 F4 键来完成操作。

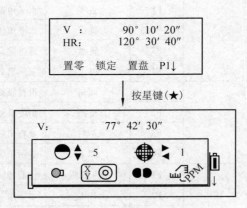

图 5-5　星键模式

表5-3 星键模式功能说明

键	显示符号	功 能
F1	◐	显示屏背景光开关
F2	 X Y ◐	设置倾斜改正，若设置为开，则显示倾斜改正值
F3	●●	定线点指示器开关（仅适用于有定线点指示器的类型）
F4	 ⌂PPM	显示 EDM 回光信号强度（信号）、大气改正值（PPM）和棱镜常数值（棱镜）
▲或▼	 ◑↕	调节显示屏对比度（0~9 级）
◀或▶	 ⊕▶◀	调节十字丝照明亮度（1~9 级） 十字丝照明开关和显示屏背景光开关是联通的

5.3.2.3 作业步骤

（1）角度测量

①水平角和竖直角测量步骤见表5-4。

②水平角左角和右角切换设置步骤见表5-5。

表5-4 水平角和竖直角测量步骤

操作过程	操作	显 示
①照准第一个目标 A	照准 A	V：　　　90° 10′ 20″ HR：　　120° 30′ 40″ 置零 锁定 置盘 P1 ↓
②设置目标 A 的水平角为 0°00′00″，按 [F1]（置零）键和（是）键	[F1]	水平角置零 　>OK? --- --- ［是］［否］
	[F3]	V：　　　90° 10′ 20″ HR：　　　0° 00′ 00″ 置零 锁定 置盘 P1 ↓
③照准第二个目标 B，显示目标 B 的 V/H	照准目标 B	V：　　　98° 36′ 20″ HR：　　160° 40′ 20″ 置零 锁定 置盘 P1 ↓

表5-5 水平角左角和右角切换设置步骤

操作过程	操作	显 示
①按[F4](↓)键两次转到第三页功能	[F4] 两次	V: 90° 10′ 20″ HR: 120° 30′ 40″ 置零 锁定 置盘 P1 ↓ - - - - - - - - - - - - - - - - - 倾斜 复测 V% P2 ↓ - - - - - - - - - - - - - - - - - H-蜂鸣 R/L 竖角 P3 ↓
②按[F2](R/L)键。右角模式(HR)切换到左角模式(HL)	[F2]	V: 90° 10′ 20″ HL: 239° 29′ 20″ H-蜂鸣 R/L 竖角 P3 ↓
③以左角 HL 模式进行测量		

[F2]为左右角转换键,每次按[F2](R/L)键,HR/HL两种模式交替切换

③水平角的设置有两种方式,分别为通过锁定角度值进行设置和通过键盘输入进行设置,设置步骤见表5-6和表5-7。

表5-6 通过锁定角度值进行水平角设置

操作过程	操作	显 示
①用水平微动螺旋旋转到所需的水平角	显示角度	V: 90° 10′ 20″ HR: 130° 40′ 20″ 置零 锁定 置盘 P1 ↓
②按[F2](锁定)键 ③照准目标	[F2] 照准	水平角锁定 HR: 130° 40′ 20″ >设置? --- --- [是] [否]
④按[F3](是)键完成水平角设置*,显示窗变为正常的角度测量模式	[F3]	V: 90° 10′ 20″ HR: 130° 40′ 20″ 置零 锁定 置盘 P1 ↓

*若要返回上一个模式,可按[F4](否)键

表5-7 通过键盘输入进行水平角设置

操作过程	操作	显 示
①照准目标	照准	V: 90° 10′ 20″ HR: 170° 30′ 20″ 置零 锁定 置盘 P1 ↓

（续）

操作过程	操作	显　示
②按[F3]（置盘）键	[F3]	水平角设置 HR： 输入 --- --- 回车 ----------------------------- --- --- [CLR] [ENT]
③通过键盘输入所要求的水平角，如70°40′20″	[F1] 70.4020 [F4]	V：　　90° 10′ 20″ HR：　　70° 40′ 20″ 置零 锁定 置盘 P1 ↓

（2）距离测量

①大气改正的设置步骤见表 5-8，预先测得测站周围的温度和气压，如温度为+26℃，气压为 1017hPa。

表 5-8　大气改正的设置步骤

操作过程	操作	显　示
①由距离测量或坐标测量模式按[F3]（S/A）键	[F3]	设置音响模式 PSM：0.0 PPM 0.0 信号：[| | | | |] 棱镜 PPM T-P ---
②按[F3]（T-P）键	[F3]	温度和气压设置 温度→0.0℃ 气压：1013.2 hPa 输入 --- --- 回车
③按[F1]（输入）键输入温度与气压值。按[F4]确认，返回到设置音响模式	输入温度 输入气压	温度和气压设置 温度：26.0℃ 气压：1017.0 hPa 输入 --- --- 回车

②棱镜常数的设置步骤见表 5-9。

表 5-9　棱镜常数的设置步骤

操作过程	操作	显　示
①由距离测量或坐标测量模式按[F3]（S/A）键	[F3]	设置音响模式 PSM：0.0 PPM 0.0 信号：[| | | | |] 棱镜 PPM T-P ---
②按[F1]（棱镜）键	[F1]	棱镜常数设置 棱镜：0.0mm 输入 --- --- 回车
③按[F1]（输入）键，输入棱镜常数改正值，按[F4]确认，显示屏返回到设置音响模式	[F1] 输入数据 [F4]	设置音响模式 PSM：14.0 PPM 0.0 信号：[| | | | |] 棱镜 PPM T-P ---

③距离测量步骤见表 5-10。

表 5-10　距离测量步骤

操作过程	操作	显　示
①照准棱镜中心	照准	V:　　　90° 10′ 20″ HR:　　120° 30′ 40″ 置零 锁定 置盘 P1 ↓
②按[◢]键，距离测量开始*1),*2)	[◢]	HR:　　120° 30′ 40″ HD * [r]　　 < < m VD:　　　　　　 m 测量 模式 S/A P1 ↓
③显示测量的距离*3)~*5)		HR:　　120° 30′ 40″ HD *　123.456　m VD:　　5.678　　m 测量 模式 S/A P1 ↓
④再次按[◢]键，显示变为水平角（HR）、垂直角（V）和斜距（SD）	[◢]	V:　　　90° 10′ 20″ HR:　　120° 30′ 40″ SD:　131.678　m 测量 模式 S/A P1 ↓

*1)当光电测距(EDM)正在工作时，"＊"标志就会出现在显示窗。
*2)将模式从精测转换到跟踪。
*3)距离的单位表示为"m"(米)或"f"(英尺)，并随着蜂鸣声在每次距离数据更新时出现。
*4)如果测量结果受到大气抖动的影响，仪器可以自动重复测量工作。
*5)要从距离测量模式返回正常的角度测量模式，可按 ANG 键

（3）坐标测量

①测站点坐标设置步骤见表 5-11。

表 5-11　测站点坐标设置步骤

操作过程	操作	显　示
①在坐标测量模式下，按[F4]（↓）键，进入第 2 页功能	[F4]	N:　　123.456　　m E:　　34.567　　m Z:　　78.912　　m 测量 模式 S/A P1 ↓ ---------------------- 镜高 仪高 测站 P2 ↓
②按[F3]（测站）键	[F3]	N→　0.000　　m E:　　0.000　　m Z:　　0.000　　m 输入 --- --- 回车 ---------------------- --- --- [CLR] [ENT]
③输入 N 坐标	[F1] 输入数据 [F4]	N→　51.456　　m E:　　0.000　　m Z:　　0.000　　m 输入 --- --- 回车
④按同样方法输入 E 和 Z 坐标输入数据后，显示屏返回坐标测量显示		N→　51.456　　m E:　　34.567　　m Z:　　78.912　　m 测量 模式 S/A P1 ↓

②根据需要，可进行仪器高和目标高的设置，方法同上。

③未知点坐标测量的步骤见表 5-12。

表 5-12 未知点坐标测量的步骤

操作过程	操作	显 示
①设置已知点 A 的方向角	设置方向角	V: 90° 10′ 20″ HR: 120° 30′ 40″ 置零 锁定 置盘 P1↓
②照准目标 B ③按［↗↙］键，开始测量	照准棱镜 ［↗↙］	N∗［r］ ＜＜m E: m Z: m 测量 模式 S/A P1↓
④显示测量结果		N: 123.456 m E: 34.567 m Z: 78.912 m 测量 模式 S/A P1↓

（4）放样测量

放样测量步骤见表 5-13。

表 5-13 放样测量步骤

操作过程	操作	显 示
①在距离测量模式下按［F4］（↓）键，进入第二页功能	［F4］	HR: 120° 30′ 40″ HD ∗ 123.456 m VD: 5.678 m 测量 模式 S/A P1↓ ---------------------- 偏心 放样 m/f/i P2↓
②按［F2］（放样）键，显示出上次设置的数据	［F2］	放样 HD: 0.000 m 平距 高差 斜距 ---
③通过按［F1］~［F3］键选择测量模式 例：水平距离	［F1］	放样 HD: 0.000 m 输入 --- --- 回车 ---------------------------- --- --- ［CLR］［ENT］
④输入放样距离	［F1］ 输入数据 ［F4］	放样 HD: 100.000 m 输入 --- --- 回车
⑤照准目标（棱镜）测量开始。显示出测量距离与放样距离之差	照准 P	HR: 120° 30′ 40″ dHD ∗［r］ ＜＜m VD: m 测量 模式 S/A P1↓
⑥移动目标棱镜，直至距离差等于 0m 为止		HR: 120° 30′ 40″ dHD ∗［r］ 23.456 m VD: 5.678 m 测量 模式 S/A P1↓

5.3.3 全站仪操作注意事项

全站仪集光电于一身，是非常先进的精密仪器。为保证全站仪的正常工作，延长其使用寿命，在操作使用全站仪时应注意以下几点：

①仪器应由专人使用、保管。存放时注意防潮。

②避免仪器暴晒和雨淋，在阳光下应撑伞遮阳，避免将物镜直接瞄准太阳。

③仪器不使用时，应将其装入箱内，置于干燥处，注意防震、防尘和防潮。仪器长期不使用时，应将仪器上的电池卸下分开存放，电池应每月充电一次。

④仪器使用完毕后，用绒布或毛刷清除仪器表面灰尘。仪器被雨水淋湿后，切勿通电开机，应用干净软布擦干并在通风处放一段时间。

⑤作业前应全面仔细检查仪器，确信仪器各项指标、功能、电源、设置和改正参数均符合要求时再进行作业。

⑥即使发现仪器功能异常，非专业维修人员不可擅自拆开仪器，以免发生不必要的损坏。

思考与练习题

1. 全站仪的基本功能有哪些？全站仪主要由哪几部分组成？

2. 简述使用 GPT 2000 全站仪实施数据采集的步骤。

3. 欲测定一房屋角点，由于其附近有障碍物，不能用极坐标法直接测定，可用什么方法测定？

4. 全站仪的数据通信参数设置一般包括哪些内容？

第 6 章
测量误差的基本知识

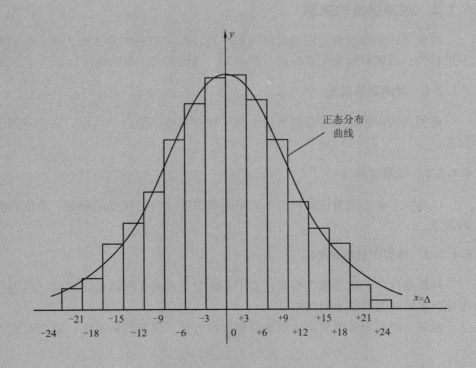

测量是人们认识自然、认识客观世界的必要手段和途径。通过一定的仪器、工具和方法对某量进行量测，称为观测，获得的数据称为观测值。观测值不可避免地含有误差，本章将简要介绍测量误差的分类、性质以及评定观测值精度的指标。

6.1　测量误差概述

6.1.1　观测误差

测量中的被观测值，客观上都存在着一个真实值，简称真值。当对某未知量进行多次观测时，不论测量仪器多么精密，观测多么仔细，观测值之间往往存在一定的差异。这种差异实质上表现为观测值与其真值之间的差异，这种差异称为测量误差或观测误差。若观测值用 L_i 表示，真值用 $\tilde{L}_i$ 表示，则有：

$$\Delta_i = L_i - \tilde{L}_i \tag{6-1}$$

式中　Δ_i——观测误差，通常称为真误差，简称误差。

测量工作的实践表明，只要是观测值必然含有误差。例如，同一个人用同一台经纬仪对同一角度观测若干个测回，各测回的观测值往往互不相等；同一组人员，用同样的测距仪器和工具，对某段距离测量若干次，各次观测值也往往互不相等。又如，测量某一平面三角形的 3 个内角，其观测值之和往往不等于真值（理论值）180°；在闭合水准路线测量中，各测段高差的观测值之和一般不等于 0。这些现象都说明观测值中不可避免地存在着观测误差。

6.1.2　观测误差的来源

测量工作是观测者使用测量仪器和工具，按一定的测量方法，在一定的外界条件下进行的。根据前面相关章节的分析可知，观测误差主要来源于以下 3 个方面：

6.1.2.1　观测者的误差

观测者的误差是由于观测者技术水平和视觉鉴别能力的局限，致使观测值产生的误差。

6.1.2.2　仪器误差

仪器误差是指测量仪器构造上的缺陷和仪器本身精密度的限制，致使观测值含有的误差。

6.1.2.3　外界条件的影响

外界条件的影响是指在观测过程中不断变化着的大气温度、湿度、风力、大气折光等因素给观测值带来的误差。

通常，把观测者的视觉鉴别能力和技术水平、仪器的精密度、观测时的外界条件

3 个方面综合起来，称为观测条件。观测条件将影响观测成果的精度。

在测量工作中，人们总是希望测量误差越小越好，甚至趋近于零。但要真正做到这一点，就要使用极其精密的仪器，采用十分严密的观测方法，这样会付出很高的代价。因此，在实际生产中，应根据不同的测量目的和要求，设法将观测误差限制在与测量目的相适应的范围内。也就是说，在测量结果中允许存在一定程度的测量误差。

6.1.3　观测误差的分类

根据性质和表现形式的不同，观测误差可分为系统误差、偶然误差和粗差 3 类。

6.1.3.1　系统误差

在一定的观测条件下对某未知量进行一系列的观测，若观测误差的符号和大小保持不变或按一定的规律变化，这种误差称为系统误差。例如，水准仪的视准轴与水准管轴不平行对读数的影响，经纬仪的竖直度盘指标差对竖直角的影响，地球曲率和工具构造不完善或校正后的剩余误差所引起的误差，在观测成果中具有累积性。

在测量工作中，应尽量消除和减小系统误差对测量结果的影响。消除和减小系统误差的方法有 2 种：一种是在观测方法和程序上采用必要的措施，限制或削弱系统误差的影响，如角度测量中采取盘左、盘右观测，水准测量中限制前、后视距差等；另一种是找出产生系统误差的原因和规律，对观测值进行系统误差的改正，如对距离观测值进行尺长改正、温度改正和倾斜改正，对竖直角进行指标差改正等。

6.1.3.2　偶然误差

在一定的观测条件下对某未知量进行一系列观测，如果观测误差的大小和符号均呈现偶然性，即从表面现象看，误差的大小和符号没有规律性，这样的误差称为偶然误差。

产生偶然误差的原因往往是不固定的和难以控制的，如观测者的估读误差、照准误差等。不断变化着的温度、风力等外界环境也会产生偶然误差。

6.1.3.3　粗差

粗差即为测量中的错误。粗差是由于观测者操作错误或粗心大意造成的，如读错、记错数据、瞄错目标等，观测成果中是不允许存在的。为了杜绝粗差，在测量过程中除了认真仔细地进行操作外，还必须采取必要的检核方法来发现并剔除粗差，如水准测量中的测站检核和成果检核。

由此，误差可以表示为：

$$\Delta = \Delta_r + \Delta_s + \Delta_g \tag{6-2}$$

式中　Δ_r——偶然误差；

　　　Δ_s——系统误差和；

　　　Δ_g——粗差。

国家颁布的各类测量规范规定：测量仪器在使用前应进行检验和校正；操作时应

严格按照规范的要求进行；布设平面和高程控制网测量控制点的三维坐标时，要有一定的多余观测量。一般认为，当严格按照规范要求进行测量工作时，系统误差和粗差是可以消除的，即使不能完全消除，也可以将其影响削弱到很小，此时可以认为 $\Delta_s \approx 0$、$\Delta_g \approx 0$，故有 $\Delta \approx \Delta_r$。

下文凡提到误差，除作特殊说明，通常认为它只包含有偶然误差，或者称真误差。在测量误差理论中主要讨论的是偶然误差。

6.1.4 偶然误差的特性

从单个偶然误差来看，其出现的符号和大小没有一定的规律性，但对大量的偶然误差进行统计分析，就能发现其规律性，并且误差个数越多，规律性越明显。

例如，在相同观测条件下，观测了 358 个三角形的全部内角。由于观测值中含有偶然误差，故三角形的 3 个内角观测值之和不一定等于真值 180°。

由式(6-1)计算 358 个三角形内角观测值之和的真误差，将 358 个真误差按每 3″ 为一误差区间 dΔ，以误差值的大小及其正负号，分别统计出在各区间的正负误差个数 k 以及相对个数 k/n（此处 $n = 358$），k/n 称为误差出现的频率，统计结果列于表 6-1。

表 6-1 偶然误差的区间分布

误差区间 dΔ	负误差		正误差		合计	
	个数 k	频率 k/n	个数 k	频率 k/n	个数 k	频率 k/n
0″~3″	45	0.126	46	0.128	91	0.254
3″~6″	40	0.112	41	0.115	81	0.227
6″~9″	33	0.092	33	0.092	66	0.184
9″~12″	23	0.064	21	0.059	44	0.123
12″~15″	17	0.047	16	0.045	33	0.092
15″~18″	13	0.036	13	0.036	26	0.072
18″~21″	6	0.017	5	0.014	11	0.031
21″~24″	4	0.011	2	0.006	6	0.017
>24″	0	0	0	0	0	0
合计	181	0.505	177	0.495	358	1.000

从表 6-1 中可以看出，该组误差的分布表现出如下规律：小误差比大误差出现的频率高，绝对值相等的正、负误差出现的个数和频率相近，最大误差不超过 24″。

通过统计大量的实验结果，总结出偶然误差具有以下统计特性：

①在一定观测条件下的有限次观测中，偶然误差的绝对值不超过一定的限值；

②绝对值较小的误差出现的频率高，绝对值较大的误差出现的频率低；

③绝对值相等的正、负误差出现的频率大致相等；

④当观测次数无限增多时，偶然误差平均值的极限为 0，即：

$$\lim_{n \to \infty} \frac{\Delta_1 + \Delta_2 + \cdots + \Delta_n}{n} = \lim_{n \to \infty} \frac{[\Delta]}{n} = 0 \qquad (6\text{-}3)$$

式中　[ ]——表示取括号中下标变量的代数和，即 $\sum \Delta_i = [\Delta]$。

用图示的方法可以直观地表示偶然误差的分布情况。用表 6-1 的数据，以误差大小为横坐标，以频率 k/n 与区间 $\mathrm{d}\Delta$ 的比值为纵坐标，如图 6-1 所示，这种图称为频率直方图。

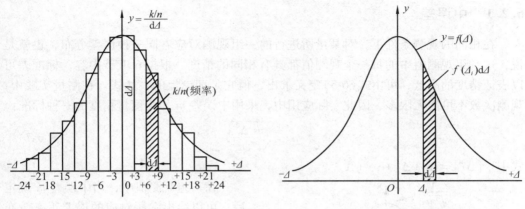

图 6-1　频率直方图　　　　　　　　　　图 6-2　正态分布曲线

可以设想，当误差个数 $n \to \infty$，同时又无限缩小误差区间 $\mathrm{d}\Delta$，图 6-1 中各矩形的顶边折线成为一条光滑的曲线，如图 6-2 所示。该曲线称为误差分布曲线，是正态分布曲线。其函数式为：

$$y = f(\Delta) = \frac{1}{\sqrt{2\pi}\sigma} \mathrm{e}^{-\frac{\Delta^2}{2\sigma^2}} \tag{6-4}$$

式中　π——圆周率；

　　　e——自然对数的底；

　　　σ——误差分布的标准差。

正态分布曲线上任一点的纵坐标 y 均为横坐标 Δ 的函数。标准差的大小可以反映观测精度的高低，其定义为：

$$\sigma = \lim_{n \to \infty} \sqrt{\frac{[\Delta^2]}{n}} \tag{6-5}$$

在图 6-1 中各矩形的面积是频率 k/n。由概率统计可知，频率 k/n 就是真误差出现在各区间 $\mathrm{d}\Delta$ 上的概率 $P(\Delta)$，记为：

$$P(\Delta) = \frac{k/n}{\mathrm{d}\Delta} \mathrm{d}\Delta = f(\Delta) \mathrm{d}\Delta \tag{6-6}$$

式(6-4)和式(6-6)均是误差分布的概率密度函数，简称密度函数。

6.2　衡量观测值精度的标准

在测量工作中，常用精确度来评价观测成果的优劣。精确度是准确度与精密度的总称。准确度主要取决于系统误差的大小；精密度主要取决于偶然误差的分布。对基本不包含系统误差，而主要含义为偶然误差的观测值，通常用精密度来评价其观测质量的高低，精密度简称精度。

为了评定测量成果的精度，以便确定其是否符合要求，必须建立衡量精度的统一标准。衡量精度的标准有很多种，以下介绍主要的几种。

6.2.1　中误差

在相同的观测条件下，对某量所进行的一组观测对应着同一种误差分布，也就是说，这一组观测值中的每一个观测值都具有相同的精度。根据6.1节内容，标准差可以表征精度的高低，可由式(6-5)定义求出，但它是理论上的表达式。在测量实践中，观测次数不可能无限多，因此实际应用中，采用中误差 m 作为衡量精度的一种标准：

$$m = \sqrt{\frac{[\Delta^2]}{n}} \tag{6-7}$$

式中　$[\Delta^2] = \Delta_1^2 + \Delta_2^2 + \cdots + \Delta_n^2$。

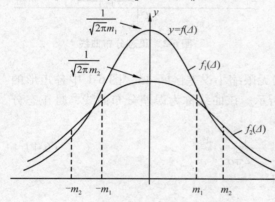

图6-3　不同精度的误差分布曲线

在一组观测值中，当中误差 m 确定后，可以绘出它所对应的误差正态分布曲线。在式(6-4)中，以中误差 m 代替标准差 σ，当 $\Delta = 0$ 时，$f(\Delta) = \dfrac{1}{\sqrt{2\pi}m}$ 是最大值。因此在一组观测值中，当小误差比较集中时，m 较小，则曲线的纵轴顶峰较高，曲线形状较陡峭，如图6-3中 $f_1(\Delta)$，表示该组观测精度较高；$f_2(\Delta)$ 的曲线形状较平缓，其误差分布比较离散，m_2 较大，表明该组观测精度较低。

如果令 $f(\Delta)$ 的二阶导数等于0，可求得曲线拐点的横坐标，即：

$$\Delta_{拐} = \sigma \approx m \tag{6-8}$$

也就是说，中误差的几何意义为偶然误差分布曲线两个拐点的横坐标。

6.2.2　极限误差和容许误差

6.2.2.1　极限误差

由偶然误差的特性①可知，在一定的观测条件下，偶然误差的绝对值不会超过一定的限值。这个限值就是极限误差。标准差或中误差是衡量观测精度的一种指标，它不能代表个别观测值真误差的大小，但从统计意义上讲，它们却存在着一定的联系。根据式(6-4)和式(6-6)有：

$$P(-\sigma < \Delta < +\sigma) = \frac{1}{\sqrt{2\pi}\sigma}\int_{-\sigma}^{+\sigma} e^{-\frac{\Delta^2}{2\sigma^2}} d\Delta \approx 0.683 \tag{6-9}$$

式(6-9)表示真误差落在区间（$-\sigma$，$+\sigma$）内的概率等于 0.683。同理可得：

$$P(-2\sigma < \Delta < +2\sigma) = \frac{1}{\sqrt{2\pi}\sigma}\int_{-2\sigma}^{+2\sigma} e^{-\frac{\Delta^2}{2\sigma^2}}d\Delta \approx 0.955 \qquad (6-10)$$

$$P(-3\sigma < \Delta < +3\sigma) = \frac{1}{\sqrt{2\pi}\sigma}\int_{-3\sigma}^{+3\sigma} e^{\frac{-\Delta^2}{2\sigma^2}}d\Delta \approx 0.997 \qquad (6-11)$$

上列三式结果的概率含义是：在一组等精度观测值中，在 $\pm\sigma$ 范围以外的真误差个数约占总数的 32%；在 $\pm2\sigma$ 范围以外的个数约占 4.5%；在 $\pm3\sigma$ 范围以外的个数只占 0.3%。

绝对值大于 3σ 的真误差出现的概率很小，因此可以认为 3σ 是真误差实际出现的极限，即 3σ 是极限误差，即：

$$\Delta_{极限} = 3\sigma \qquad (6-12)$$

6.2.2.2 容许误差

在实际应用中的测量规范中，要求观测值中不容许存在较大的误差，故常以 2 倍或 3 倍的中误差作为偶然误差的容许值，称为容许误差，即：

$$\Delta_容 = 2m \qquad (6-13)$$

$$或 \qquad \Delta_容 = 3m \qquad (6-14)$$

前者要求较严，后者要求较宽。如果观测值中出现大于容许误差的偶然误差，则认为该观测值不可靠，应舍去不用，并重测。

6.2.3 相对误差

中误差和极限误差都是绝对误差。用绝对误差有时还不能反映观测结果的精度。例如，测量长度分别为 100m 和 200m 的两段距离，中误差均为 $0.02m$。若用中误差的大小来评定其精度，就会得出两段距离测量精度相同的错误结论。实际上，距离测量的误差与长度成正比，距离越长，误差的积累越大。为了客观地反映实际精度，必须引入相对误差的概念。相对误差 K 就是中误差 m 的绝对值与相应观测值 D 的比值。它通常是一个无量纲量，常用分子为 1、分母为 10 的整倍数的分式表示，即：

$$K = \frac{|m|}{D} = \frac{1}{D/|m|} \qquad (6-15)$$

针对上述测量长度分别为 100m 和 200m 的两段距离，用相对误差来衡量精度，前者的相对中误差为 1/5000，后者的相对中误差为 1/10 000，显然，后者比前者精度高。

在距离测量中，还常用往返测量观测值的相对较差来进行检核。相对较差定义为：

$$\frac{|D_往 - D_返|}{\frac{1}{2}(D_往 + D_返)} = \frac{|\Delta D|}{D_{平均}} = \frac{1}{D_{平均}/|\Delta D|} \qquad (6-16)$$

相对较差是相对真误差，它反映往返测量的符合精度。显然，相对较差越小，观测结果越可靠。还应该指出，用经纬仪测角时，不能用相对误差来衡量测角精度，因为测角误差与角度的大小无关。

6.3 误差传播定律

在测量工作中，有许多未知量不是直接进行观测而获得其观测值，需要通过其他直接（独立）观测值，按一定的函数关系计算求得，这种观测值称为间接观测值。如果水准测量方法测定两点间的高差，是根据后视读数 a 和前视读数 b，按 $h = a - b$ 计算出来的，所求高差 h 是独立观测值 a、b 的函数。若已知读数精度，如何求高差观测值精度？误差传播定律是表述观测值精度与观测值函数精度之间关系的定律。

设有独立变量 X_1、X_2、$\cdots$、X_n 的函数 Z，即：

$$Z = f(X_1, X_2, \cdots, X_n) \tag{6-17}$$

其中，各独立变量 X_1、X_2、$\cdots$、X_n 对应的观测值中误差分别为 m_1，m_2，$\cdots$，m_n，函数 Z 的中误差为 m_z。如果知道了独立变量 X_i 与函数 Z 之间的关系，就可以根据各变量的观测值中误差推算出函数的中误差。各变量的观测值中误差与其函数的中误差之间的关系式，称为误差传播定律。

设：

$$X_i = L_i - \Delta_i \qquad (i = 1, 2, \cdots, n) \tag{6-18}$$

式中 L_i——各独立变量 X_i 相应的观测值；

Δ_i——L_i 的偶然误差。

则有：

$$Z = f(L_1 - \Delta_1, L_2 - \Delta_2, \cdots, L_n - \Delta_n) \tag{6-19}$$

按泰勒级数展开，有：

$$Z = f(L_1, L_2, \cdots, L_n) + \left(\frac{\partial f}{\partial X_1} \Delta_1 + \frac{\partial f}{\partial X_2} \Delta_2 + \cdots + \frac{\partial f}{\partial X_n} \Delta_n \right)_{X_i = L_i} \tag{6-20}$$

等式右边第一项是函数 Z 的间接观测值，第二项就是函数 Z 的误差 Δ_Z，即：

$$\Delta_Z = \frac{\partial f}{\partial X_1} \Delta_1 + \frac{\partial f}{\partial X_2} \Delta_2 + \cdots + \frac{\partial f}{\partial X_n} \Delta_n \tag{6-21}$$

又设各独立变量 X_i 都观测了 k 次，则误差 Δ_Z 的平方和为

$$\sum_{j=1}^{k} \Delta_{Zj}^2 = \left(\frac{\partial f}{\partial X_1} \right)^2 \sum_{j=1}^{k} \Delta_{1j}^2 + \left(\frac{\partial f}{\partial X_2} \right)^2 \sum_{j=1}^{k} \Delta_{2j}^2 + \cdots + \left(\frac{\partial f}{\partial X_n} \right)^2 \sum_{j=1}^{k} \Delta_{nj}^2 +$$

$$2 \left(\frac{\partial f}{\partial X_1} \right) \left(\frac{\partial f}{\partial X_2} \right) \sum_{j=1}^{k} \Delta_{1j} \Delta_{2j} + 2 \left(\frac{\partial f}{\partial X_1} \right) \left(\frac{\partial f}{\partial X_3} \right) \sum_{j=1}^{k} \Delta_{1j} \Delta_{3j} + \cdots +$$

$$2 \left(\frac{\partial f}{\partial X_1} \right) \left(\frac{\partial f}{\partial X_n} \right) \sum_{j=1}^{k} \Delta_{1j} \Delta_{nj} + 2 \left(\frac{\partial f}{\partial X_2} \right) \left(\frac{\partial f}{\partial X_3} \right) \sum_{j=1}^{k} \Delta_{2j} \Delta_{3j} +$$

$$2 \left(\frac{\partial f}{\partial X_2} \right) \left(\frac{\partial f}{\partial X_4} \right) \sum_{j=1}^{k} \Delta_{2j} \Delta_{4j} + \cdots \tag{6-22}$$

由偶然误差的特性④可知，当观测次数 $k \to \infty$ 时，上式中 $\Delta_i \Delta_j (i \neq j)$ 的总和趋近于 0，又根据式(6-7)有：

$$\frac{\sum\limits_{j=1}^{k} \Delta_{Zj}^2}{k} = m_Z^2 \tag{6-23}$$

$$\frac{\sum\limits_{j=1}^{k} \Delta_{ij}^2}{k} = m_i^2 \tag{6-24}$$

则：

$$m_Z^2 = \left(\frac{\partial f}{\partial X_1}\right)^2 m_1^2 + \left(\frac{\partial f}{\partial X_2}\right)^2 m_2^2 + \cdots + \left(\frac{\partial f}{\partial X_n}\right)^2 m_n^2 \tag{6-25}$$

或

$$m_Z = \sqrt{\left(\frac{\partial f}{\partial X_1}\right)^2 m_1^2 + \left(\frac{\partial f}{\partial X_2}\right)^2 m_2^2 + \cdots + \left(\frac{\partial f}{\partial X_n}\right)^2 m_n^2} \tag{6-26}$$

这就是一般函数的误差传播定律，利用它可以导出表 6-2 所列简单函数的误差传播定律。

误差传播定律在测绘领域应用十分广泛，利用它不仅可以求得观测值函数的中误差，而且还可以研究确定容许误差值以及事先分析观测可能达到的精度等。下面举例说明其应用方法。

表 6-2　简单函数的中误差传播公式

函数名	函数式	中误差传播公式
倍数函数	$Z = kX$	$m_z = km$
和差函数	$Z = X_1 \pm X_2$	$m_z = \sqrt{m_1^2 + m_2^2}$
线性函数	$Z = X_1 \pm X_2 \pm \cdots \pm X_n$	$m_z = \sqrt{m_1^2 + m_2^2 + \cdots + m_n^2}$
	$Z = k_1 X_1 \pm k_2 X_2 \pm \cdots \pm k_n X_n$	$m_z = \sqrt{k_1^2 m_1^2 + k_2^2 m_2^2 + \cdots + k_n^2 m_n^2}$

【例 6-1】　在 1:1000 地形图上量得 a、b 两点间的距离 $d = 23.4\text{mm}$，$m_d = 0.2\text{mm}$。求 a、b 两点间的实地水平距离 S 及其中误差 m_S。

解：由比例尺的定义得：

$$S = kd = 1000 \times 23.4/1000 = 23.4(\text{m})$$

根据表 6-2 中倍数函数的误差传播公式得：

$$m_S = km_d = 1000 \times 0.2/1000 = 0.2(\text{m})$$

距离结果可以写成 $S = 23.4\text{m} \pm 0.2\text{m}$。

【例 6-2】　观测了一个平面三角形中的 2 个内角 α、β，其测角中误差分别为 $m_\alpha = 3.5''$，$m_\beta = 6.2''$。试求另一个内角 γ 的中误差 m_γ。

解：依题意知：

$$\gamma = 180° - \alpha - \beta$$

则根据误差传播定律得：

$$m_\gamma = \sqrt{m_\alpha{}^2 + m_\beta{}^2} = \pm \sqrt{3.5''^2 + 6.2''^2} = 7.1''$$

【例 6-3】 已知 $\Delta y = D\sin\alpha$，观测值 $D = 226.85\text{m} \pm 0.06\text{m}$，$\alpha = 157°00'30'' \pm 20''$。求 Δy 的中误差 $m_{\Delta y}$。

解：根据式(6-26)，有：

$$m_{\Delta y} = \sqrt{\left(\frac{\partial f}{\partial D}\right)^2 m_D^2 + \left(\frac{\partial f}{\partial \alpha}\right)^2 m_\alpha^2}$$

$$= \sqrt{\sin^2\alpha\, m_D^2 + (D\cos\alpha)^2 \left(\frac{m_\alpha}{\rho''}\right)^2}$$

$$= \sqrt{0.391^2 \times 0.06^2 + (22\,685 \times 0.920)^2 \left(\frac{20}{206\,265}\right)^2}$$

$$= 0.031\,(\text{m})$$

【例 6-4】 在普通水准测量中视距为 75m 时，在标尺上读数的中误差 $m_读 \approx 2\text{mm}$（包括照准误差、气泡居中误差及水准标尺刻画误差）。若以 3 倍中误差为容许误差，试求观测 n 站所得高差闭合差的容许误差。

解：普通水准测量每站测得高差 $h_i = a_i - b_i\,(i = 1, 2, \cdots, n)$，则每站观测高差的中误差为：

$$m = \sqrt{m_读^2 + m_读^2} = m_读\sqrt{2} = 2.8\text{mm}$$

观测 n 站所得高差 $h = h_1 + h_2 + \cdots + h_n$，高差闭合差 $f_h = h - h_0$，h_0 为已知值(无误差)。则闭合差 f_h(单位为 mm)的中误差为：

$$m_{f_h} = m\sqrt{n} = 2.8\sqrt{n}\,(\text{mm})$$

以 3 倍中误差为容许误差，则高差闭合差的容许误差 $f_{h容}$(单位为 mm)为：

$$f_{h容} = 3 \times 2.8\sqrt{n} \approx 8\sqrt{n}\,(\text{mm})$$

【例 6-5】 试用误差传播定律分析测回法(仪器为 DJ_6 型光学经纬仪)测量水平角的精度。

解：(1)测角中误差

DJ_6 型光学经纬仪一测回方向中误差为 $\pm 6''$，而一测回角值为两个方向值之差，则一测回角值的中误差为：

$$m_\beta = 6''\sqrt{2} = 8.5''$$

(2)测回之间角值互差的容许值

各测回之间角值互差的中误差为：

$$m_{\Delta\beta} = \sqrt{2}m_\beta$$

若以 3 倍中误差为容许误差，则各测回之间角值互差的容许值为：

$$|\Delta\beta_容| = 3m_{\Delta\beta} = 3\sqrt{2}m_\beta = 3\sqrt{2} \times 8.5'' \approx 36''$$

【例 6-6】 光电测距三角高程公式为 $h = D\tan\alpha + i - v$。已知：$D = 192.263\text{m} \pm 0.006\text{m}$，$\alpha = 8°09'16'' \pm 6''$，$i = 1.515\text{m} \pm 0.002\text{m}$，$v = 1.627\text{m} \pm 0.002\text{m}$。求高差 h 值及其中误差 m_h。

解：高差函数式 $h = D\tan\alpha + i - v = 27.437\text{m}$ 为一般函数，根据式(6-26)，有：

$$k_1 = \tan\alpha = 0.1433, k_2 = (D\sec^2\alpha)/\rho'' = 0.9513, k_3 = 1, k_4 = -1。$$

应用误差传播公式，有：

$$m_h^2 = k_1^2 m_D^2 + k_2^2 m_\alpha^2 + k_3^2 m_i^2 + k_4^2 m_v^2 = 41.3182$$

故：

$$m_h = 6.5 \text{mm} \approx 7 \text{mm}$$

最后结果写为：

$$h = 27.437 \text{m} \pm 0.007 \text{m}$$

6.4 等精度直接观测平差

在自然界中，任何单个未知量（如某一角度、某一长度等）的真值都是无法确知的，只有通过重复观测，才能对其真值做出可靠的估计。在测量实践中，重复测量还可以提高观测成果的精度，同时也能发现和消除粗差。

重复测量形成了多余观测，加之测量值必然含有误差，这就产生了观测值之间的矛盾。为了消除这种矛盾，就必须依据一定的数据处理准则，采用适当的计算方法，对有矛盾的观测值加以必要而又合理的调整，给以适当的改正，从而求得观测量的最佳估值，同时对观测值进行质量评估。这一数据处理的过程称作"测量平差"。

在相同观测条件下进行的观测称为等精度观测，所得到的观测值称为等精度观测值。如果观测所使用的仪器精度不同，或观测方法不同，或外界条件差别较大，不同观测条件下所获得的观测值称为不等精度观测值。

对一个未知量的直接观测值进行平差，称为直接观测平差。根据观测条件，有等精度直接观测平差和不等精度直接观测平差。平差的目的是得到未知量最可靠估计值（最接近其真值），称其为"最或是值"或"最或然值"。

6.4.1 最或是值的计算

在等精度直接观测平差中，观测值的算术平均值就是未知量的最或是值。

设对某未知量进行了 n 次等精度观测，其观测值为 L_1，L_2，$\cdots$，L_n，该量的真值为 X，各观测值的真误差为 Δ_1，Δ_2，$\cdots$，Δ_n。由于真值 X 无法确知，测量上取 n 次观测值的算术平均值为最或是值 $\hat{X}$，以代替真值。即：

$$\hat{X} = \frac{L_1 + L_2 + \cdots + L_n}{n} = \frac{[L]}{n} \tag{6-27}$$

观测值与最或然值之差，称为"观测值的改正数"，用符号 ν 来表示。

$$\nu_i = L_i - \hat{X} \quad (i = 1, 2, \cdots, n) \tag{6-28}$$

将 n 个观测值的改正数相加得：

$$[\nu] = [L] - n\hat{X} = 0 \tag{6-29}$$

即改正数的总和为 0。式(6-29)可以作为计算检核，若 ν_i 值计算无误，其总和必然为 0。

6.4.2　评定精度

6.4.2.1　观测值中误差

由于独立观测值中单个未知量的真值 X 是无法确知的，因此真误差 Δ 也是未知的。所以不能直接应用式(6-7)求得中误差。但可以根据有限个等精度观测值 L_i 求出最或是值 $\hat{X}$ 后，再按式(6-28)计算观测值的改正数，用改正数 v_i 计算观测值的中误差。其公式推导如下：

对未知量进行 n 次等精度观测，得观测值 L_1，L_2，$\cdots$，L_n，则真误差为：

$$\Delta_i = L_i - X \quad (i = 1,2,\cdots,n) \tag{6-30}$$

将式(6-28)与式(6-30)相减得：

$$\Delta_i - v_i = \hat{X} - X \quad (i = 1,2,\cdots,n) \tag{6-31}$$

令 $\delta = \hat{X} - X$，则：

$$\Delta_i = v_i + \delta \quad (i = 1,2,\cdots,n) \tag{6-32}$$

对式(6-32)两端取平方和，即：

$$[\Delta^2] = [v^2] + 2\delta[v] + n\delta^2 \tag{6-33}$$

因 $[v] = 0$，则 $[\Delta^2] = [v^2] + n\delta^2$，而：

$$
\begin{aligned}
\delta^2 &= (\hat{X} - X)^2 \\
&= \left(\frac{[L]}{n} - X\right)^2 \\
&= \frac{1}{n^2}\left[(L_1 - X) + (L_2 - X) + \cdots + (L_n - X)\right]^2 \\
&= \frac{1}{n^2}(\Delta_1 + \Delta_2 + \cdots + \Delta_n)^2 \\
&= \frac{1}{n^2}(\Delta_1{}^2 + \Delta_2{}^2 + \cdots + \Delta_n{}^2 + 2\Delta_1\Delta_2 + 2\Delta_1\Delta_3 + \cdots + 2\Delta_{n-1}\Delta_n) \\
&= \frac{[\Delta^2]}{n^2} + \frac{2(\Delta_1\Delta_2 + \Delta_1\Delta_3 + \cdots + \Delta_{n-1}\Delta_n)}{n^2}
\end{aligned}
$$

根据偶然误差特性④，当 $n \to \infty$ 时，上式等号右边的第二项趋近于 0，故：

$$\delta^2 = \frac{[\Delta^2]}{n^2}$$

将其代入式(6-33)，顾及 $[v] = 0$，且等式两边除以 n，于是有：

$$\frac{[\Delta^2]}{n} = \frac{[v^2]}{n} + \frac{[\Delta^2]}{n^2}$$

根据中误差的定义，可以得到以改正数表示的中误差为：

$$m = \sqrt{\frac{[vv]}{n - 1}} \tag{6-34}$$

式(6-34)是等精度观测中用改正数计算中误差的公式。

【例 6-7】　对某角进行了 5 次等精度观测，观测结果列于表 6-3。试求其观测值的中误差。

解：根据式(6-27)和式(6-28)计算最或是值 $\hat{X}$、观测值的改正数 v_i，利用式(6-29)进行检核，计算结果列于表6-3中。观测值的中误差为：

$$m = \sqrt{\frac{[v^2]}{n-1}} = \sqrt{\frac{20}{5-1}} = 2.2''$$

表6-3　等精度直接观测平差计算

观测值	观测值的改正数 v	v^2
$L_1 = 35°18'28''$	+3	9
$L_2 = 35°18'25''$	+0	0
$L_3 = 35°18'26''$	+1	1
$L_4 = 35°18'22''$	−3	9
$L_5 = 35°18'24''$	−1	1
$\hat{X} = \dfrac{[L]}{n} = 35°18'25''$	$[v] = 0$	$[v^2] = 20$

6.4.2.2　最或是值的中误差

设对某未知量进行 n 次等精度观测，观测值为 L_1，L_2，$\cdots$，L_n，误差为 m。最或是值 $\hat{X}$ 的中误差 M 的计算公式推导如下：

$$x = \frac{[L]}{n} = \frac{1}{n}L_1 + \frac{1}{n}L_2 + \cdots + \frac{1}{n}L_n \tag{6-35}$$

根据误差传播定律，有：

$$M = \sqrt{\left(\frac{1}{n}\right)^2 m^2 + \left(\frac{1}{n}\right)^2 m^2 + \cdots + \left(\frac{1}{n}\right)^2 m^2} \tag{6-36}$$

所以，最或是值的中误差为：

$$M = \frac{m}{\sqrt{n}} \tag{6-37}$$

$$或 \quad M = \sqrt{\frac{[v^2]}{n(n-1)}} \tag{6-38}$$

【例6-8】　计算例6-7的最或是值的中误差。

解：根据式(6-37)得：

$$M = \frac{m}{\sqrt{n}} = \frac{2.2''}{\sqrt{5}} = 1.0''$$

从式(6-37)可以看出，最或是值的中误差与观测次数的平方根成反比，因此增加观测次数可以提高最或是值的精度。当观测值的中误差 $m = 1$ 时，最或是值的中误差 M 与观测次数 n 的关系如图6-4所示。由图可以看出，当

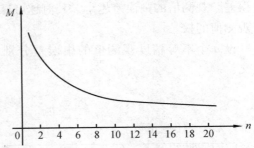

图6-4　最或是值的中误差与观测次数的关系曲线

n 增加时，M 减小。但当观测次数 n 达到一定数值后（如 $n = 10$），再增加观测次数，工作量增加，但提高精度的效果并不明显。故不能单纯以增加观测次数来提高测量成果的精度，应设法提高观测值本身的精度。例如，使用精度较高的仪器、提高技术水平、在良好的外界条件下进行观测等。

6.5　不等精度直接观测平差

在对某一未知量进行不等精度观测时，各观测值则具有不同的可靠性。因此，在求未知量的最可靠估值时，就不能像等精度观测那样简单地取算术平均值，因为较可靠的观测值，对测量结果的影响较大。

不等精度观测值的可靠性，可用一个比值来表示，这个比值称为观测值的"权"。观测值的精度越高，其权越大。例如，对某一未知量进行了两组多次观测，各次观测值精度相同。设第一组观测了 4 次，其观测值为 L_{11}、L_{12}、L_{13}、L_{14}；第二组观测 3 次，观测值为 L_{21}、L_{22}、L_{23}。则各组算术平均值为：

$$\hat{X}_1 = \frac{L_{11} + L_{12} + L_{13} + L_{14}}{4}, \quad \hat{X}_2 = \frac{L_{21} + L_{22} + L_{23}}{3}$$

显然，算术平均值 $\hat{X}_1$、$\hat{X}_2$ 是不等精度的。根据全部观测为等精度观测，则未知量的最或是值为：

$$\hat{X} = \frac{[L]}{n} = \frac{(L_{11} + L_{12} + L_{13} + L_{14}) + (L_{21} + L_{22} + L_{23})}{7}$$

上式可写成：

$$\hat{X} = \frac{4\hat{X}_1 + 3\hat{X}_2}{4 + 3} \tag{6-39}$$

从不等精度观测平差的观点来看，观测值 $\hat{X}_1$ 是 4 次观测值得平均值，$\hat{X}_2$ 是 3 次观测值得平均值，$\hat{X}_1$ 和 $\hat{X}_2$ 的可靠性不一样，可取 4、3 为其相应的"权"，以表示 $\hat{X}_1$ 和 $\hat{X}_2$ 可靠程度的差别。

6.5.1　权与中误差的关系

一定的观测条件下，必然对应着一个确定的误差分布，同时也对应着一个确定的中误差。观测值的中误差越小，其值越可靠，权就越大。因此，可以根据中误差来定义观测值的权。

设 n 个不等精度观测值的中误差分别为 m_1，m_2，$\cdots$，m_n，则权可以用下式来定义：

$$p_i = \frac{\lambda}{m_i^2} \quad (i = 1, 2, \cdots, n) \tag{6-40}$$

式中　λ——任意正数。

前面所举的例子，L_{11}、L_{12}、L_{13}、L_{14} 和 L_{21}、L_{22}、L_{23} 是等精度观测值。设观测值的中误差为 m，则根据式(6-37)可得：

$$m_{\hat{X}_1} = \frac{m}{\sqrt{4}}, \quad m_{\hat{X}_2} = \frac{m}{\sqrt{3}}$$

将 $m_{\hat{X}_1}$ 和 $m_{\hat{X}_2}$ 分别代入式(6-40)中得：

$$p_1 = \frac{\lambda}{m_{X_1}^2}, \quad p_2 = \frac{\lambda}{m_{X_2}^2}$$

若取 $\lambda = m^2$，则 $\hat{X}_1$、$\hat{X}_2$ 的权分别为 $p_1 = 4$，$p_2 = 3$。

【例 6-9】 设分别以不等精度观测某角度，各观测值的中误差分别为 $m_1 = 2.0''$，$m_2 = 3.0''$，$m_3 = 6.0''$。求各观测值的权。

解： 由式(6-40)可得：

$$p_1 = \frac{\lambda}{m_1^2} = \frac{\lambda}{4}, \quad p_2 = \frac{\lambda}{m_2^2} = \frac{\lambda}{9}, \quad p_3 = \frac{\lambda}{m_3^2} = \frac{\lambda}{36}$$

若取 $\lambda = 4$，则 $p_1 = 1$，$p_2 = 4/9$，$p_3 = 1/9$。若取 $\lambda = 36$，则 $p_1 = 9$，$p_2 = 4$，$p_3 = 1$。显然，选择适当的 λ 值，可以使权成为便于计算的数值。

【例 6-10】 对某一角度进行了 n 个测回的观测，求其最或是值的权。

解： 设一测回角度观测值得中误差为 m，由式(6-37)知：最或是值的中误差为 $M = m/\sqrt{n}$，根据权的定义并设 $\lambda = m^2$，则一测回观测值的权为：

$$p = \frac{\lambda}{m^2} = 1$$

最或是值的权为：

$$p_{\hat{X}} = \frac{\lambda}{m^2/n} = n$$

由上例可知，若取一测回角度观测值的权为1，则 n 个测回观测值的最或是值的权为 n。即角度测量的权与其测回数成正比。在不等精度观测中引入"权"的概念，可以建立各观测值之间的精度比值，以便更合理地处理观测数据。

设每一个测回观测值的中误差为 m，其权为 p_0，当取 $\lambda = m^2$ 时，则有：

$$p_0 = \frac{\lambda}{m^2} = 1$$

等于1的权称为单位权，权等于1的观测值的中误差称为单位权中误差，一般用 m_0 表示。对于中误差为 m_i 的观测值，其权 p_i 为：

$$p_i = \frac{m_0^2}{m_i^2} \tag{6-41}$$

由上式可得出观测值或观测值函数的中误差的另一种表达式，即：

$$m_i = m_0 \sqrt{\frac{1}{p_i}} \tag{6-42}$$

6.5.2 加权平均值及其中误差

对同一未知量进行了 n 次不等精度观测，观测值为 L_1，L_2，$\cdots$，L_n，其相应的权为 p_1，p_2，$\cdots$，p_n，则加权平均值 $\hat{X}$ 为不等精度观测值得最或是值，计算公式为：

$$\hat{X} = \frac{p_1 L_1 + p_2 L_2 + \cdots + p_n L_n}{p_1 + p_2 + \cdots + p_n} \tag{6-43}$$

$$或 \qquad \hat{X} = \frac{[pL]}{[p]} \tag{6-44}$$

校核计算式为：

$$[pv] = 0 \tag{6-45}$$

其中，$v_i = L_i - \hat{X}$ 为观测值的改正数。

下面计算加权平均值的中误差 $M_{\hat{X}}$。

由式(6-44)，根据误差传播定律，可得 $\hat{X}$ 的中误差 $M_{\hat{X}}$ 为：

$$M_{\hat{X}}^2 = \frac{1}{[p]^2}(p_1^2 m_1^2 + p_2^2 m_2^2 + \cdots + p_n^2 m_n^2) \tag{6-46}$$

式中 m_1，m_2，$\cdots$，m_n——分别为 L_1，L_2，$\cdots$，L_n 的中误差。

由式(6-42)知，$p_1 m_1^2 = p_2 m_2^2 = \cdots = p_n m_n^2 = m_0^2$，所以：

$$M_{\hat{X}}^2 = \frac{m_0^2}{[p]} \tag{6-47}$$

应用等精度观测值中误差的推导方法，可推出单位权中误差的计算公式，即：

$$m_0 = \sqrt{\frac{[pv^2]}{n-1}} \tag{6-48}$$

则加权平均值的中误差 $M_{\hat{X}}$ 为：

$$M_{\hat{X}} = \sqrt{\frac{[pv^2]}{[p](n-1)}} \tag{6-49}$$

【例 6-11】 在水准测量中，从 3 个已知高程点 A、B、C 出发，测定 P 点的高程。已知由 3 个已知点求得的待定点 P 的高程值 H_i 和每段水准路线的长度 S_i。求 P 点高程的最或是值 H_P 及其中误差 m_{H_P}。

解：取水准路线长度 S_i 的倒数乘以常数 C 为观测值得权，并令 $C = 1$。计算结果见表 6-4。

表 6-4 不等精度直接观测平差计算

测段	高 程 观测值 H_i/m	路线长度 S_i(km)	权 $p_i = 1/S_i$	观测值的 改正数 v(mm)	pv	pv^2
$A \sim D$	42.347	4.0	0.25	17.0	4.2	71.4
$B \sim D$	42.320	2.0	0.50	-10.0	-6.0	50.0
$C \sim D$	42.332	2.5	0.40	2.0	0.8	1.6
			$[p] = 1.15$		$[pv] = 0$	$[pv^2] = 123.0$

根据式(6-44)，P 点高程的最或是值为：

$$H_P = \frac{0.25 \times 42.347 + 0.50 \times 42.320 + 0.40 \times 42.332}{0.25 + 0.50 + 0.40} = 42.330(\text{m})$$

根据式(6-48)，单位权中误差为：

$$m_0 = \sqrt{\frac{[pv^2]}{n-1}} = \sqrt{\frac{123.0}{3-1}} = 7.8(\text{mm})$$

根据式(6-49)，最或是值的中误差为：

$$m_{H_P} = 7.8\sqrt{\frac{1}{1.15}} = 7.3(\text{mm})$$

思考与练习题

1. 系统误差有何特点？它对测量结果产生什么影响？

2. 偶然误差能否消除？它有何特性？

3. 容许误差是如何定义的？它有什么作用？

4. 何谓等精度观测？何谓不等精度观测？权的定义和作用是什么？

5. 用检定过的钢尺多次丈量长度为 29.9940 m 的标准距离，结果为 29.990、29.995、29.991、29.998、29.996、29.994、29.993、29.995、29.999、29.991。试求一次丈量的中误差。

6. 测得一正方形的边长 $a = 150.50\text{m} \pm 0.010\text{m}$。试求正方形的面积及其相对误差。

7. 在1:25 000 地形图上量得一圆形地物的直径为 $d = 31.3\text{ mm} \pm 0.3\text{ mm}$。试求该地物占地面积及其中误差。

8. 一个三角形，测得 $\angle A = 64°24'36'' \pm 40''$，$\angle B = 35°10'12'' \pm 40''$，角 A 的对边边长 $a = 150.500\text{m} \pm 0.012\text{m}$。计算边长 b 和 c 及其中误差、相对中误差。

9. 设有 n 个内角的闭合导线，等精度观测各内角，测角中误差 $m = \pm 9''$。试求闭合导线角度闭合差 f_β 的允许误差 $f_{\beta允}$。

10. 在 A、B 两点之间安置水准仪测量高差，要求高差中误差不大于 3mm。试问在水准尺上读数的中误差为多少？

11. 用经纬仪观测水平角，测角中误差为 9″。欲使角度结果的精度达到 5″，需要观测几个测回？

12. 在水准测量中，设一个测站的高差中误差为 3mm，1km 线路有 9 站。求 1km 线路高差的中误差和 Kkm 线路高差的中误差。

13. 对一段距离测量了 6 次，观测结果为 246.535m、246.548m、246.520m、246.529m、246.550m、246.537m。试计算距离的最或是值、最或是值的中误差和相对中误差、一次测量的中误差。

14. 用 DJ_6 型光学经纬仪观测某水平角 4 个测回，观测值为 248°32'18″、248°31'54″、248°31'42″、248°32'06″。试求一测回观测值的中误差、该角最或是值及其中误差。

15. 用同一台经纬仪以不同的测回数观测某角，观测值为 $\beta_1 = 23°13'36''$（4 测回），$\beta_2 = 23°13'60''$（6 测回），$\beta_3 = 23°13'26''$（8 测回）。试求单位权中误差、加权平均值及中误差、一测回观测值的中误差。

16. 从 A、B、C、D 4 个已知高程点分别向待定点 E 进行水准测量，得到观测高程分别为 1107.258m（4 站）、1107.247m（8 站）、1107.232m（8 站）、1107.240m（12 站）。试求单位权中误差、E 点高程的最或是值及其中误差、一测站高差观测值的中误差。

第 7 章
控制测量

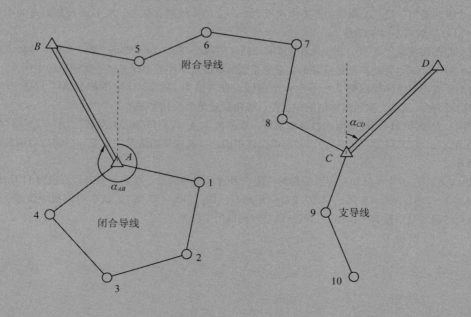

测量误差的产生是不可避免的，且误差还具有传递和积累的性质。因此，测量工作必须遵循"从整体到局部，先控制后碎部，由高级到低级"的原则，以防止误差积累，提高测量精度，保证测区内同一等级的测量精度相对均匀。在一定区域内，为地形测图和工程测量建立控制网所进行的测量工作称为控制测量。

7.1 控制测量概述

在测量工作实施时，按照相应的测量技术规范，首先要在整个测区范围内，选定一些具有控制意义的地面点，每个点代表测区内的某一组成部分，这些点构成具有一定图形强度的几何图形，形成整个测区的框架，然后用精确的测量手段进行观测，通过计算确定出这些点的平面位置和高程。利用这些点可以测定其他地面点的点位或进行施工放样。这些具有控制意义的点称为控制点，由控制点构成的几何图形称为控制网，对控制网进行布设、观测、推算控制点坐标等工作称为控制测量。

传统的控制测量工作中，按测量任务，控制测量分为平面控制测量和高程控制测量。测定控制点平面位置的工作，称为平面控制测量。测定控制点高程的工作，称为高程控制测量。平面控制网和高程控制网通常分别布设。平面控制网通常采用导线测量法、三角测量法、三边测量法和边角同测等常规方法建立。高程控制网主要通过水准测量、三角高程测量的方法建立。控制测量根据所控制的范围又可分为国家控制测量、城市控制测量和小区域控制测量等。国家平面控制网和国家高程控制网，总称国家基本控制网。国家基本控制网提供全国统一的空间定位基准。

现代测量工作中，全球定位系统（GPS）控制测量成为目前控制测量的主要方法之一。按照国家标准《全球定位系统（GPS）测量规范（GB/T 18314—2009）》，我国将 GPS测量按精度和用途划分为 A、B、C、D、E 5 个等级，其中：A 级 GPS 控制网由卫星定位连续运行基准站（CORS）构成，用于建立国家一等大地控制网，进行全球性的地球动力学研究、地壳形变测量和卫星精密定轨测量；B 级 GPS 控制测量主要用于建立国家二等大地控制网，建立地方或城市坐标基准框架、区域性的地球动力学研究、地壳形变测量、局部形变监测和各种精密工程测量；C 级 GPS 控制测量用于建立三等大地控制网，以及区域、城市及工程测量的基本控制网；D 级 GPS 控制测量用于建立四等大地控制网，以及中小城镇的控制测量，地籍、房产等测图、物探、勘测、建筑施工等控制测量；E 级 GPS 控制网测量用于测图、物探、勘测、建筑施工等控制测量。有关 GPS 测量原理与控制网的布设将在第 11 章详细介绍。

7.1.1 国家平面控制网

在全国范围内建立的平面控制网称为国家平面控制网。国家平面控制网提供全国范围的同一空间定位基准，为全国各种比例尺地形图测绘和各种工程测量提供高精度的平面控制，也为空间科学技术的研究和军事应用提供精确的点位坐标、距离和方位资料。

我国的国家平面控制网按逐级控制、分级布设的原则，分一、二、三、四共 4 个等级进行建立，其中一等三角网精度最高，二、三、四等三角网精度按顺序逐等降低，低一级控制网是在高一级控制网的基础上建立的。控制网主要由三角测量法布设，在西部地形复杂地区采用精密导线测量。

国家平面控制网的一等三角锁是沿经线和纬线布设成纵横交叉的三角锁系，锁长 200～300km，构成许多锁环，每一个锁是由近似等边三角形组成，边长为 20～30km。在一等锁环内布设全面二等三角网，平均边长 13km。由于一等锁的两端和二等网的中间，都要测定起算边长、天文经纬度和方位角，所以合称为天文大地网，通过天文大地网整体平差，消除分区平差和逐级控制产生的影响。三、四等三角网是在二等三角网的基础上进一步加密与补充。目前提供使用的国家平面控制网含三角点、导线点共 154 348 个，构成 1954 北京坐标系统、1980 西安坐标系两套系统。图 7-1 为国家平面控制网逐级布设的示意图。

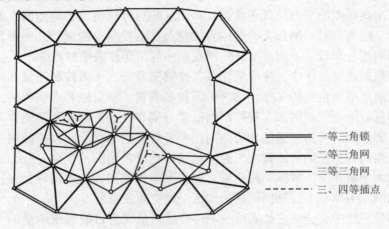

一等三角锁
二等三角网
三等三角网
三、四等插点

图 7-1　国家平面控制网布设示意图

7.1.2　城市平面控制网

为了满足城市地形测图和城市施工放样的需要，建立为城市测量提供基础控制的控制网，称为城市控制网。它是按照城市范围的大小，在国家控制网的基础上，依据中华人民共和国行业标准《城市测量规范》（CJJ/T 8—2011）和《全球定位系统城市测量技术规程》（CJJ/T 73—2010），布设成为不同等级的城市控制网。城市平面控制网应与国家三角网连测，连测有困难的应在测区中央采用 GPS 定位。

一般一个城市只应建立一个与国家坐标系统相联系、相对独立和统一的城市平面坐标系统。城市坐标系统的选择应以投影长度变形值不大于 2.5cm/km，并根据城市地理位置和平均高程具体情况而定。当投影长度变形值不大于 2.5cm/km，宜采用统一的高斯正形投影 3°带平面直角坐标系统。当投影长度变形值大于 2.5cm/km，采用高斯投影 3°带，投影面为测区抵偿高程面或测区平均高程面的平面直角坐标系统；或任意带，投影面为 1985 国家高程基准面的平面直角坐标系统。面积小于 25km² 城镇，可不经投影，采用独立坐标系统。

城市平面控制网布设的形式有 GPS 网、三角网和导线网等形式，按精度等级的不同，平面控制网精度等级的划分，三角形网依次为二、三、四等和一、二级；导线及导线网依次为三、四等和一、二、三级；卫星定位测量控制网依次为二、三、四等和一、二级。城市平面控制的主要技术要求见表 7-1 至表 7-3 [以下技术指标选自《工程测量规范》（GB 50026—2007）]。

表 7-1　城市三角测量的主要技术指标

等级	平均边长（km）	测角中误差（″）	起始边相对中误差	最弱边相对中误差	三角形最大闭合差（″）	测回数		
						DJ$_1$	DJ$_2$	DJ$_6$
二等	9	±1	1/300 000	1/120 000	±3.5	12	—	—
三等	5	±1.8	首级 1/200 000 加密 1/120 000	1/80 000	±7	6	9	—
四等	2	±2.5	首级 1/120 000 加密 1/80 000	1/45 000	±9	4	6	—
一级小三角	1	±5	1/40 000	1/20 000	±15	—	2	6
二级小三角	0.5	±10	1/20 000	1/10 000	±30	—	1	2

表 7-2　城市光电测距导线测量的主要技术指标

等级	闭合环或附合导线长度（km）	平均边长（km）	测角中误差（″）	测距中误差（mm）	方位角闭合差（″）	导线全长相对闭合差	测回数		
							DJ$_1$	DJ$_2$	DJ$_6$
三等	15	3	±1.5	±18	±3$\sqrt{n}$	1/60 000	8	12	—
四等	10	1.6	±2.5	±18	±5$\sqrt{n}$	1/40 000	4	6	—
一级	3.6	0.3	±5	±15	±10$\sqrt{n}$	1/14 000	—	2	4
二级	2.4	0.2	±8	±15	±16$\sqrt{n}$	1/10 000	—	1	3
三级	1.5	0.12	±12	±15	±24$\sqrt{n}$	1/6000	—	1	2

注：n 为测站数。

表 7-3　城市 GPS 网的技术指标

等级	平均距离（km）	a（mm）	b（$\times 10^{-6}$m）	最弱边相对中误差
二 等	9	≤10	≤2	1/120 000
三 等	5	≤10	≤5	1/80 000
四 等	2	≤10	≤10	1/45 000
一 级	1	≤10	≤10	1/20 000
二 级	<1	≤15	≤20	1/10 000

注：当边长小于 200m 时，边长中误差应小于 20mm。

7.1.3　图根控制网

在城镇和小区域内，直接为测图而建立的控制网称为图根控制网，其控制点称为图根控制点，简称图根点。一般应在国家或城市各级控制网下布设图根控制网。对于独立测区，也可建立测区独立平面控制网。

图根平面控制和高程控制测量，可同时进行，也可分别施测。图根平面控制可采用三角网或图根导线等方法。图根高程控制可以在国家四等水准网下直接布设，方法可采用图根水准、三角高程测量和 GPS 测量。

图根导线测量，宜采用 6″ 级仪器 1 测回测定水平角；图根导线的边长，宜采用电磁波测距仪器单向施测，也可采用钢尺单向双次丈量与改正。其主要技术指标见表 7-4 和表 7-5。

表 7-4 图根钢尺量距导线测量的技术要求

比例尺	附合导线长度（m）	平均边长（m）	导线相对闭合差	测回数 DJ$_6$	方位角闭合差（″）
1:500	500	75			
1:1000	1000	120	≤1/2000	1	≤ ±60$\sqrt{n}$
1:2000	2000	200			

注：n 为测站数。

表 7-5 图根光电测距导线测量的技术要求

比例尺	附合导线长度（m）	平均边长（m）	导线相对闭合差	测回数 DJ$_6$	方位角闭合差（″）	测距	
						仪器类型	方法与测回数
1:500	900	80					
1:1000	1800	150	≤1/4000	1	≤ ±40$\sqrt{n}$	II 级	单程观测 2
1:2000	3000	250					

注：n 为测站数。

为保证测图精度，测区内解析图根点的个数不应少于表 7-6 的要求。对于难以布设附合导线的困难地区，可布设成图根支导线。支导线的水平角观测可用 6″ 级经纬仪施测左、右角各 1 测回，其圆周角闭合差不应超过 40″。边长应往返测定，其往返较差的相对误差不应大于 1/3000。图根支导线平均边长及边数，不应超过表 7-7 的规定。

表 7-6 一般地区解析图根点个数

测图比例尺	图幅尺寸（cm × cm）	解析图根点个数		
		全站仪	GPS-RTK	白纸测图
1:500	50 × 50	2	1	8
1:1000	50 × 50	3	1~2	12
1:2000	50 × 50	4	2	15
1:5000	40 × 40	6	3	30

表 7-7 图根支导线平均边长及边数

测图比例尺	平均边长（m）	导线边数	测图比例尺	平均边长（m）	导线边数
1:500	100	3	1:2000	250	4
1:1000	150	3	1:5000	350	4

GPS 图根控制测量，宜采用 GPS-RTK 方法直接测定图根点的坐标和高程。GPS-RTK 方法的作业半径不宜超过 5km，对每个图根点均应进行同一参考站或不同参考站下的 2 次独立测量，其点位较差不应大于图上 0.1mm，高程较差不应大于基本等高距的 1/10。

7.2　导线测量

　　导线测量是建立平面控制网最常用的一种方法，常用于地物分布较复杂的建筑区、视线障碍较多的隐蔽区和带状区域等控制测量。将测区内相邻控制点用线段相连而构成的折线，称为导线。这些控制点，称为导线点。两相邻导线边构成的水平角称为导线转折角。导线测量就是依次测定各导线边的长度和各转折角值。根据起算数据，推算各边的坐标方位角，进而求出各导线点的坐标。起算数据包括定向数据和定位数据。定向数据确定控制网的方向，至少已知一条边的方位角；定位数据确定控制网的位置，至少已知一个控制点的坐标。导线测量可使用全站仪、电磁波测距仪、经纬仪、钢尺等仪器设备，进行导线的转折角和边长测量。

　　根据测区的不同情况和具体要求，导线可布设成下列 3 种形式：

　　①附合导线　如图 7-2(a) 所示，导线起始于一个已知控制点，中间经过一系列导线点，终止于另一个已知控制点。

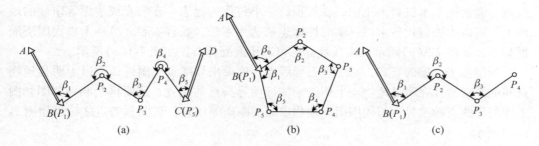

图 7-2　导线布设形式

　　②闭合导线　如图 7-2(b) 所示，由一个已知控制点出发，中间经过一系列导线点，最后仍回到这一点。

　　③支导线　如图 7-2(c) 所示，从一个已知控制点出发，既不附合到另一个已知控制点，也不回到原来的起始点。由于支导线缺乏检核条件，按照《城市测量规范》规定，其导线边不得超过 4 条，且仅适用于图根控制点的加密和增补，具体工作参照表 7-7。

　　由多个闭合导线或附合导线组成的网状图形，称为导线网。

　　导线布设的形式，应根据测区形状、面积大小、已知点分布情况来决定。通常方圆形状的地区宜布设闭合导线，狭长地带宜布设成附合导线，已知点较少或独立地区常布设成闭合导线。若测区面积较大，首级控制应采用一级或二级导线控制，三级导线和图根导线可布设成闭合或附合导线。图根导线应尽量布设成符合导线形式，若布设为闭合导线，应尽量有第三方向做检查。

7.2.1　导线测量的外业工作

　　导线测量的外业工作，包括踏勘选点、角度测量、边长测量。

7.2.1.1 踏勘选点

选点之前，应尽可能收集测区及其附近已有的高级控制点的有关数据和旧地形图。结合测图的具体要求，在旧图上大致规划布设好导线走向及点位，定出初步方案，再到实地踏勘，确定导线点位置。当需要分级布设时，应先确定首级导线。

在确定导线点的实际位置时，应综合考虑以下几个方面：

①导线点应选在土质坚实、便于保存标志和安置仪器的地方。

②相邻导线点间应通视良好，以便于角度测量和距离测量。为保证测角精度，相邻边的长度相差不宜过大，相邻边长之比一般不宜超过1∶3；如采用钢尺量距，导线点应选在地势平坦便于量距的地方。

③导线点应选在视野开阔的地方，以便在施测碎部时发挥最大的控制作用。

④导线点在测区内应有足够的密度，且均匀分布，便于控制整个测区。

此外，还应尽可能考虑到日后施工放样时利用的可能性。

导线点位置选定后，应在地面上建立标志，并沿导线走向顺序编号，绘制导线略图。闭合导线一般按逆时针方向编号，附合导线和支导线按前进方向编号。对图根导线点，通常用小木桩打入土中，在桩顶钉一小钉作为标志。在沥青或水泥等坚硬的地面上，可以大铁钉代替木桩。临时性标志如选用木桩，如有需要，可在木桩周围浇灌混凝土，如图 7-3(a)所示；永久性标志可选用混凝标石，如图 7-3(b)所示。

为了便于今后的查找，对于埋石导线点，应量出导线点至附近 3 个以上明显地物点间的距离，并在明显地物点上用红油漆标明导线点的位置；还要再绘制一草图，图上注明导线点的编号、与周围明显地物点间的距离等信息，该图称为点之记，如图 7-3(c)所示。

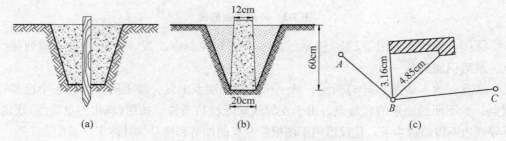

图7-3 常见导线点标志和点之记

(a)木桩(周围浇注混凝土) (b)混凝土桩 (c)点之记

7.2.1.2 角度测量

角度测量用经纬仪或全站仪采用测回法或方向观测法进行测量。测站在导线点上，由相邻两导线边构成的水平角称为转折角。导线转折角有左、右角之分，沿导线的前进方向，位于导线左侧的转折角称为左角，位于导线右侧的转折角称为右角。在导线测量中，附合导线和支导线通常观测其左角，闭合导线一般观测内角。当导线边长较短时，要特别注意仪器对中和目标照准，以减少这两项误差对测角精度的影响。

　　导线的连接角测量是测定已知边与相邻新布设的导线边之间的夹角，以取得坐标和方位角的起算数据。其目的是使导线点坐标能纳入国家坐标系统或该地区的城市坐标系统。因附合导线与两个已知高级控制点连接，所以应观测 2 个连接角；闭合导线和支导线则只需观测 1 个连接角。对于独立的控制导线，周围没有已知高级控制点时，可假定起始点的坐标，然后用罗盘仪测定导线起始边的磁方位角。以假定点的坐标和测量的磁方位角，作为导线测量的起算数据。

7.2.1.3　边长测量

　　导线边长常采用光电测距仪或全站仪进行观测。如果观测的是斜距，则需观测其竖直角，并进行倾斜改正。对于一、二、三级导线，可采用往返观测或单向观测，测回数不少于 2 测回，观测时应进行气象改正；图根导线可采用单向观测，测回数为 2 测回，无需进行气象改正。

　　如果采用钢尺量距的方法测量导线边长，对于一、二、三级导线，应按照精密方法进行往返测量；对于图根导线，则可以按照普通量距方法进行往返测量。取往返测量结果的平均值作为测量结果，其相对较差不得低于 1/3000。

7.2.2　导线测量的内业计算

　　导线测量的内业计算，是根据角度、边长测量的结果，按一定的计算规则，求得各导线点的平面坐标 (x, y)。

　　进行导线内业计算前，应全面检查导线测量的外业记录，有无遗漏、错记或错算，成果是否符合精度要求，并检查抄录的起算数据是否正确。

7.2.2.1　坐标正算

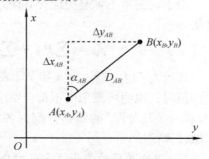

图 7-4　坐标方位角与坐标增量的关系

　　根据已知点坐标，已知点至未知点的边长及坐标方位角，计算未知点坐标，称为坐标正算。如图 7-4 所示，设 A 点坐标 (x_A, y_A) 已知，并已知 A、B 之间的距离 D_{AB} 和坐标方位角 α_{AB}，则 B 点坐标 (x_B, y_B) 就可以用式（7-1）、式（7-2）进行计算。Δx_{AB}、Δy_{AB} 为 A 到 B 的纵、横坐标增量，其正、负号根据 $\cos\alpha_{AB}$ 和 $\sin\alpha_{AB}$ 确定。

$$\left.\begin{array}{l} \Delta x_{AB} = D_{AB} \cdot \cos\alpha_{AB} \\ \Delta y_{AB} = D_{AB} \cdot \sin\alpha_{AB} \end{array}\right\} \tag{7-1}$$

$$\left.\begin{array}{l} x_B = x_A + \Delta x_{AB} \\ y_B = y_A + \Delta y_{AB} \end{array}\right\} \tag{7-2}$$

7.2.2.2　坐标反算

　　由两个已知点的坐标反算两点之间的边长和坐标方位角，称为坐标反算。在图 7-4 中，设 A、B 为两已知点，其坐标分别为 (x_A, y_A)、(x_B, y_B)，则 A、B 之间的距离

D_{AB} 和坐标方位角 α_{AB}，可以用下式计算：

$$D_{AB} = \sqrt{\Delta x_{AB}^2 + \Delta y_{AB}^2} \tag{7-3}$$

$$\alpha_{AB} = \arctan \frac{\Delta y_{AB}}{\Delta x_{AB}} = \arctan \frac{y_B - y_A}{x_B - x_A} \tag{7-4}$$

因式(7-4)为反正切函数，求得的 α 定义在 $\left(-\dfrac{\pi}{2}, \dfrac{\pi}{2}\right)$ 区间；在将其转换为坐标方位角时，要考虑下列几种情况：

当 $\Delta x_{AB} > 0$ 和 $\Delta y_{AB} > 0$ 时，$\alpha_{AB} = \alpha$；

当 $\Delta x_{AB} < 0$ 和 $\Delta y_{AB} > 0$ 时，$\alpha_{AB} = \alpha + 180°$；

当 $\Delta x_{AB} < 0$ 和 $\Delta y_{AB} < 0$ 时，$\alpha_{AB} = \alpha + 180°$；

当 $\Delta x_{AB} > 0$ 和 $\Delta y_{AB} < 0$ 时，$\alpha_{AB} = \alpha + 360°$；

当 $\Delta x_{AB} = 0$ 和 $\Delta y_{AB} > 0$ 时，$\alpha_{AB} = 90°$；

当 $\Delta x_{AB} = 0$ 和 $\Delta y_{AB} < 0$ 时，$\alpha_{AB} = 270°$。

7.2.2.3　闭合导线内业计算步骤

(1)准备工作

将校核过的外业观测数据及起算数据填入"坐标计算表"。

(2)角度闭合差的计算与调整

n 边形闭合导线内角和的理论值为：

$$\sum \beta_{理} = (n - 2) \times 180° \tag{7-5}$$

由于观测角不可避免地含有误差，致使实测的内角之和不等于理论值，而产生角度闭合差。

$$f_\beta = \sum \beta_{测} - \sum \beta_{理} = \sum \beta_{测} - (n - 2) \times 180° \tag{7-6}$$

比较 f_β 与 $f_{\beta允}$，$f_{\beta允} = \pm 40 \sqrt{n}$ (表7-5)。当角度闭合差超过各级导线角度闭合差的允许值时，说明所测角度不符合要求，应重新检测角度值。若不超过，可将闭合差按"反符号平均分配"的原则分配到各观测角中。改正后各内角和应为 $(n-2) \times 180°$，以做计算校核。

(3)用改正后的导线左角或右角推算各边的坐标方位角

根据起始边的已知坐标方位角及改正后角度，按下列公式推算其他各导线边的坐标方位角。

$$\left.\begin{array}{l} \alpha_{前} = \alpha_{后} + \beta_{左} \pm 180° \\ \alpha_{前} = \alpha_{后} - \beta_{右} \pm 180° \end{array}\right\} \tag{7-7}$$

在推算过程中必须注意：

①计算的 $\alpha_{后} + \beta_{左}$ 或 $\alpha_{后} - \beta_{右}$ 值大于180°时，减去180°；小于180°时，加上180°。

②如果计算出的 $\alpha_{前} > 360°$，则应减去 $360°$；如果 $\alpha_{前} < 0°$，则应加 $360°$。以上计算是为确保 $\alpha_{前}$ 的数值在方位角定义范围内，即 $0° \sim 360°$ 之间。

③导线各边坐标方位角的推算，按顺序递推，最后推算出起始边坐标方位角，它

应与原有的已知坐标方位角值相等，否则应重新检查计算。

（4）坐标增量的计算及其闭合差的调整

①坐标增量的计算

$$\left.\begin{array}{l} \Delta x_{i-1,i} = D_{i-1,i} \cdot \cos\alpha_{i-1,i} \\ \Delta y_{i-1,i} = D_{i-1,i} \cdot \sin\alpha_{i-1,i} \end{array}\right\} \tag{7-8}$$

②坐标增量闭合差的计算与调整　闭合导线纵、横坐标增量代数和的理论值应为零，即：$\sum \Delta x_{理} = 0, \sum \Delta y_{理} = 0$。实际上由于量边的误差和角度闭合差调整后的残余误差，往往不等于零，而产生纵坐标增量闭合差与横坐标增量闭合差，即：

$$\left.\begin{array}{l} f_x = \sum \Delta x_{测} - \sum \Delta x_{理} = \sum \Delta x_{测} \\ f_y = \sum \Delta y_{测} - \sum \Delta y_{理} = \sum \Delta y_{测} \end{array}\right\} \tag{7-9}$$

因坐标增量闭合差的存在，闭合导线不能闭合，产生导线全长闭合差，即从起始点出发不能回到起始点。导线全长闭合差为：

$$f_D = \sqrt{f_x^2 + f_y^2} \tag{7-10}$$

随着导线的增长，导线误差不断累积，所以用相对误差即导线全长相对闭合差来衡量测量精度。导线全长相对闭合差为：

$$K = \frac{f_D}{\sum D} = \frac{1}{\sum D / f_D} \tag{7-11}$$

K 值越小，导线测量精度越高；K 值越大，导线测量精度越低。比较 K 与 $K_{允}$，若 $K \geq K_{允}$，则表明数据计算有误或者测量数据有误，需要检查计算内容和外业数据。若 $K \leqslant K_{允}$，则表明数据符合精度要求，按照"反符号，边长成正比例分配"的原则，计算坐标增量改正数。坐标增量改正数计算如下：

$$\left.\begin{array}{l} V_{x_{i-1,i}} = -\dfrac{f_x}{\sum D} D_{i-1,i} \\[4mm] V_{y_{i-1,i}} = -\dfrac{f_y}{\sum D} D_{i-1,i} \end{array}\right\} \tag{7-12}$$

改正后的坐标增量等于零，作为计算检核。

③改正后坐标增量计算

$$\left.\begin{array}{l} \Delta x_{改} = \Delta x_{i-1,i} + V_{x_{i-1,i}} \\ \Delta y_{改} = \Delta y_{i-1,i} + V_{y_{i-1,i}} \end{array}\right\} \tag{7-13}$$

④各点坐标推算

$$\left.\begin{array}{l} x_{前} = x_{后} + \Delta x_{改} \\ y_{前} = y_{后} + \Delta y_{改} \end{array}\right\} \tag{7-14}$$

按测量顺序和方向，根据已知点的坐标和改正后的坐标增量，递推各点的坐标。推算出来的已知点的坐标与已知坐标相同，则表明计算正确。

（5）闭合导线算例

如图 7-5 中的已知数据，闭合导线的计算见表 7-8。

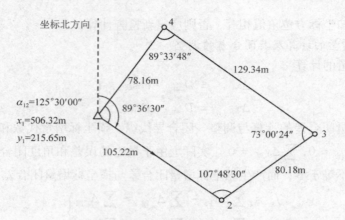

图 7-5 闭合导线测量示意图

表 7-8 闭合导线计算表

点号	观测角（左角）（° ′ ″）	角度改正数（″）	改正后角度值（° ′ ″）	坐标方位角（° ′ ″）	距离（m）	坐标增量 Δx(m)	坐标增量 Δy(m)	改正后坐标增量 Δx(m)	改正后坐标增量 Δy(m)	坐标值 x(m)	坐标值 y(m)
1				125 30 00	105. 22	−2 −61. 10	+2 +85. 66	− 61. 12	+ 85. 68	506. 32	215. 65
2	107 48 30	+ 12	107 48 42	53 18 42	80. 18	−2 +47. 90	+2 +64. 30	47. 88	+ 64. 32	445. 20	301. 33
3	73 00 24	+ 12	73 00 36	306 19 18	129. 34	−3 +76. 61	+2 −104. 21	+ 76. 58	− 104. 19	493. 08	365. 65
4	89 33 48	+ 12	89 34 00	215 53 18	78. 16	−2 −63. 32	+1 −45. 82	− 63. 34	− 45. 81	569. 66	261. 46
1	89 36 30	+ 12	89 36 42	125 30 00						506. 32	215. 65
总和	359 59 12	+ 48	360 00 00		392. 90	+0. 09	−0. 07	0. 00	0. 00		

辅助计算	$\sum \beta_{测} = 359°59′12″$ $f_x = \sum \Delta x_{测} = 0.09\text{m}, f_y = \sum \Delta y_{测} = -0.07\text{m}$ $\sum \beta_{理} = 360°$ 导线全长闭合差 $f = \sqrt{f_x^2 + f_y^2} = 0.11\text{m}$ $f_\beta = \sum \beta_{测} - \sum \beta_{理} = -48″$ 导线相对闭合差 $K = \dfrac{1}{\sum D/f} \approx \dfrac{1}{3500}$ $f_{\beta允} = \pm 60″ \sqrt{n} = \pm 120″$ 允许相对闭合差 $K_允 = 1/2000$

7.2.2.4 附合导线内业计算

附合导线的坐标计算步骤与闭合导线相同。仅由于两者导线形式不同，致使角度闭合差与坐标增量闭合差的计算稍有区别。

（1）角度闭合差计算

$$f_\beta = \sum \beta_左 - (\alpha_终 - \alpha_始) - n \times 180°$$
$$f_\beta = -\sum \beta_右 - (\alpha_终 - \alpha_始) + n \times 180°$$

(7-15)

（2）纵横坐标增量闭合差计算

$$\left.\begin{array}{l} f_x = \sum \Delta x_{测} - \sum \Delta x_{理} = \sum \Delta x_{测} - (x_终 - x_始) \\ f_y = \sum \Delta y_{测} - \sum \Delta y_{理} = \sum \Delta y_{测} - (y_终 - y_始) \end{array}\right\}$$

(7-16)

（3）附合导线算例

如图7-6中的已知数据，附合导线的计算见表7-9。目前导线内业计算都配有相应的软件，使得导线内业计算便捷、准确，提高了控制测量工作的效率。

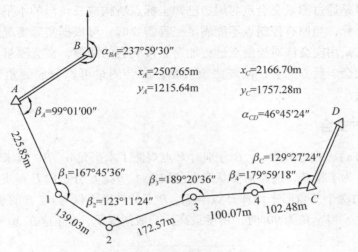

图7-6　附合导线测量示意图

表7-9　附合导线计算表

点号	观测角度（左角）（° ′ ″）	角度改正数（″）	改正后角度（° ′ ″）	坐标方位角（° ′ ″）	距离（m）	坐标增量		改正后坐标增量		坐标值	
						Δx(m)	Δy(m)	Δx(m)	Δy(m)	x(m)	y(m)
B				237 59 30							
A	99 01 00	+6	99 01 06			+5	−4			2507.65	1215.64
				157 00 36	225.85	−207.91	+88.21	−207.86	+88.17		
1	167 45 36	+6	167 45 42			+3	−3			2299.79	1303.81
				144 46 18	139.03	−113.57	+80.20	−113.54	+80.17		
2	123 11 24	+6	123 11 30			+3	−3			2186.25	1383.98
				87 57 48	172.57	+6.13	+172.46	+6.16	+172.43		
3	189 20 36	+6	189 20 42			+2	−2			2192.41	1556.41
				97 18 30	100.07	−12.73	+99.26	−12.71	+99.24		
4	179 59 18	+6	179 59 24			+2	−2			2179.70	1655.65
				97 17 54	102.48	−13.02	+101.65	−13.00	+101.63		
C	129 27 24	+6	129 27 30							2166.70	1757.28
D				46 45 24							
总和	888 45 18	+36	888 45 54		740.00	−341.10	+541.78	−340.95	+541.64		

辅助计算

$f_\beta = \sum \beta_{左} - (\alpha_{CD} - \alpha_{BA}) - n \times 180° = -36''$　　$f_{\beta允} = \pm 60'' \sqrt{n} = \pm 147''$　　$V_{\beta_i} = -\dfrac{f_\beta}{n} = -\dfrac{-36''}{6} = 6''$

$f_x = \sum \Delta x_{测} - (x_C - x_A) = -0.15\text{m}$，　$f_y = \sum \Delta y_{测} - (y_C - y_A) = +0.14\text{m}$

导线全长闭合差$f = \sqrt{f_x^2 + f_y^2} = 0.21\text{m}$，导线相对闭合差$K = \dfrac{1}{\sum D/f} \approx \dfrac{1}{3500}$，允许相对闭合差$K_允 = 1/2000$

7.3 交会定点

交会测量是通过测量交会点与周边已知坐标点所构成三角形的水平角，来计算交会点的平面坐标，当原有控制点不能满足工程需要时，可根据实际情况进行加密控制点的工作。常采用交会法对控制点进行加密。按交会的图形，交会测量可以分成前方交会、侧方交会、后方交会；按观测值类型，交会测量可以分成测角交会、测边交会、边角交会。

7.3.1 前方交会

如图7-7(a)，在已知点 A、B 分别对 P 点观测了水平角 α、β，以求 P 点坐标，称为前方交会。为了检核，通常需要从3个已知点 A、B、C 分别向 P 点观测水平角，如图7-7(b)，由两个三角形来计算 P 点坐标。P 点的精度不仅与 α、β 的观测角度有关，还与 γ 角有关，当 γ 角为90°时，精度最高，一般情况下，γ 角应在30°~150°之间。

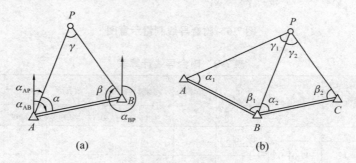

图7-7 前方交会

现以一个三角形为例说明前方交会的定点方法，步骤如下：

①根据已知坐标计算已知边 AB 的坐标方位角和边长。

$$\left.\begin{aligned}\alpha_{AB} &= \arctan\frac{y_B - y_A}{x_B - x_A}\\D_{AB} &= \sqrt{(x_B - x_A)^2 + (y_B - y_A)^2}\end{aligned}\right\} \tag{7-17}$$

②推算 AP 和 BP 边的坐标方位角和边长，由图7-7(a)得：

$$\left.\begin{aligned}\alpha_{AP} &= \alpha_{AB} - \alpha\\\alpha_{BP} &= \alpha_{BA} + \beta\end{aligned}\right\} \tag{7-18}$$

$$\left.\begin{aligned}D_{AP} &= \frac{D_{AB}\cdot\sin\beta}{\sin\gamma}\\D_{BP} &= \frac{D_{AB}\cdot\sin\alpha}{\sin\gamma}\end{aligned}\right\} \tag{7-19}$$

$$\gamma = 180° - (\alpha + \beta) \tag{7-20}$$

③计算 P 点坐标，分别由 A 点和 B 点按下列方法推算 P 点坐标，并校核：

$$\left.\begin{array}{l} x_P = x_A + D_{AP}\cos\alpha_{AP} \\ y_P = y_A + D_{AP}\sin\alpha_{AP} \\ x_P = x_B + D_{BP}\cos\alpha_{BP} \\ y_P = y_B + D_{BP}\sin\alpha_{BP} \end{array}\right\} \tag{7-21}$$

将式(7-18)、式(7-19)及式(7-20)代入式(7-21)可推导出计算 P 点坐标的式(7-22)。但需要注意的是 A、B、P 应按逆时针次序编号，公式具体推导过程从略。

$$\left.\begin{array}{l} x_P = \dfrac{x_A \cdot \cot\beta + x_B \cdot \cot\alpha + (y_B - y_A)}{\cot\alpha + \cot\beta} \\[3mm] y_P = \dfrac{y_A \cdot \cot\beta + y_B \cdot \cot\alpha - (x_B - x_A)}{\cot\alpha + \cot\beta} \end{array}\right\} \tag{7-22}$$

前方交会算例见表7-10。

表7-10 前方交会计算表

略图						观测数据	α_1	54°48′00″
							β_1	32°51′50″
							α_2	56°23′21″
							β_2	48°30′58″
已知数据	x_A	1807.04	y_A	45 719.85	(1) $\cot\alpha$		0.705 422	0.664 671
	x_B	1646.38	y_B	45 830.66	(2) $\cot\beta$		1.547 903	0.884 224
	x_C	1765.50	y_C	45 998.65	(3)=(1)+(2)		2.253 325	1.548 895
(4) $x_A\cot\alpha + x_B\cot\beta + y_B - y_A$		4069.325	2797.235		(6) $y_A\cot\beta + y_B\cot\alpha - x_B + x_A$		103 260.509	70 979.418
(5) x_p=(4)/(3)		1805.920	1805.955		(7) y_p=(6)/(3)		45 825.839	45 825.842
P 点最后坐标		x_p = 1805.94			y_p = 45 825.84			

7.3.2 后方交会

7.3.2.1 后方交会原理与计算步骤

如图7-8所示，A、B、C 为已知点，将经纬仪安置在 P 点上，观测 P 点至 A、B、C 各方向的夹角为 γ_1、γ_2。根据已知坐标，即可推算 P 点坐标，这种方法称为后方交会。其优点是只在未知点上设站观测，野外工作量少。后方交会的计算工作量较大，计算公式有很多，这里只介绍其中一种，公式推导从略。

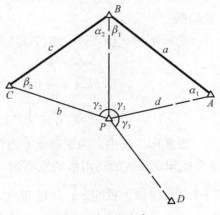

图7-8 后方交会

$$
\left.
\begin{aligned}
a &= (x_C - x_B) + (y_C - y_B)\cot\gamma_2 = \Delta x_{BC} + \Delta y_{BC}\cot\gamma_2 \\
b &= -(y_C - y_B) + (x_C - x_B)\cot\gamma_2 = -\Delta y_{BC} + \Delta x_{BC}\cot\gamma_2 \\
c &= (x_B - x_A) + (y_B - y_A)\cot\gamma_1 = \Delta x_{AB} + \Delta y_{AB}\cot(-\gamma_1) \\
d &= -(y_B - y_A) + (x_B - x_A)\cot\gamma_1 = -\Delta y_{AB} + \Delta x_{AB}\cot(-\gamma_1)
\end{aligned}
\right\}
\tag{7-23}
$$

$$
K = \frac{a + c}{b + d} \tag{7-24}
$$

$$
\left.
\begin{aligned}
\Delta x_{BP} &= \frac{a - Kb}{1 + K^2} \\
\Delta y_{BP} &= \Delta x_{BP} \cdot K
\end{aligned}
\right\}
\tag{7-25}
$$

则 P 点的坐标为：

$$
\left.
\begin{aligned}
x_p &= x_B + \Delta x_{BP} \\
y_p &= y_B + \Delta y_{BP}
\end{aligned}
\right\}
\tag{7-26}
$$

为检查 P 点的可靠性，必须在 P 点对第四个已知点 D 进行观测，测出 γ_3。利用求得的 P 点坐标和 A、D 两点坐标反算 α_{PA}、α_{PD}，求出 $\gamma_3{}'$ 为：

$$
\gamma_3{}' = \alpha_{PD} - \alpha_{PA} \tag{7-27}
$$

则：

$$
\Delta\gamma = \gamma_3 - \gamma_3{}' \tag{7-28}
$$

对于图根点，$\Delta\gamma$ 的允许值为 $\pm 40''$。

7.3.2.2 后方交会的危险圆

当待定的 P 点位于 3 个不在一条直线上的已知点 A、B、C 的外接圆上时（图 7-9），无论 P 点位于该圆周任何位置，其 γ_1 和 γ_2 均不变，造成 P 点无解。当 P 点落在此圆周附近时，求得的 P 点坐标精度很低。通常将通过已知点 A、B、C 的外接圆称作危险圆。

危险圆按式（7-23）、式（7-24）和下式判别：

$$
\left.
\begin{aligned}
a + c &= 0 \\
b + d &= 0 \\
k &= \frac{0}{0}
\end{aligned}
\right\}
\tag{7-29}
$$

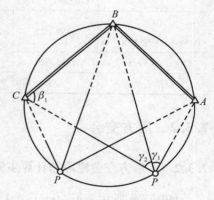

图 7-9 后方交会危险圆

在实际工作中，为了避免 P 点落在危险圆附近，选点时应注意：P 点位置最好在 3 个已知点连成的三角形的重心附近；γ 角在 30°~ 120° 之间；P 点离危险圆的距离不得小于危险圆半径的 $\frac{1}{5}$；从已知点 A、B、C 到 P 点的距离，其最长边与最短边之比不得超过 3:1。

7.3.3 测边交会

随着电磁测距仪的应用，测边交会也成为加密控制点的一种常用方法。如图7-10（a），在两个已知点 A、B 上分别测量至待定点 P_1 的边长 D_a、D_b，求解 P_1 点坐标，称为测边交会，也称距离交会。其步骤如下：

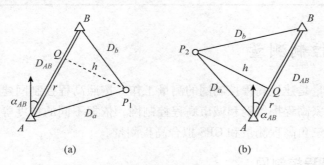

图 7-10　测边交会

①利用 A、B 已知坐标求方位角 α_{AB} 和边长 D_{AB}。

②过 P_1 点作 AB 垂线交于 Q 点，垂距 P_1Q 长为 h，AQ 长为 r，利用余弦定理求 A 角：

$$
\left.
\begin{aligned}
D_b^2 &= D_{AB}^2 + D_a^2 - 2D_{AB}D_a\cos A \\
\cos A &= \frac{D_{AB}^2 + D_a^2 - D_b^2}{2D_{AB}D_a} \\
r &= D_a\cos A = \frac{1}{2D_{AB}}(D_{AB}^2 + D_a^2 - D_b^2) \\
h &= \sqrt{D_a^2 - r^2}
\end{aligned}
\right\} \tag{7-30}
$$

③P_1 点坐标为：

$$
\left.
\begin{aligned}
x_{P_1} &= x_A + r\cos\alpha_{AB} - h\sin\alpha_{AB} \\
y_{P_1} &= y_A + r\sin\alpha_{AB} + h\cos\alpha_{AB}
\end{aligned}
\right\} \tag{7-31}
$$

式（7-31）中 P_1 点在线段右侧（A、B、P_1 顺时针构成三角形）。若待定点 P_2 在 AB 线段左侧（A、B、P_2 逆时针构成三角形），如图7-10（b），则计算公式为：

$$
\left.
\begin{aligned}
x_{P_2} &= x_A + r\cos\alpha_{AB} + h\sin\alpha_{AB} \\
y_{P_2} &= y_A + r\sin\alpha_{AB} - h\cos\alpha_{AB}
\end{aligned}
\right\} \tag{7-32}
$$

测边交会算例见表7-11。

表 7-11　测边交会计算表

略图与公式	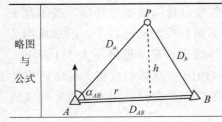	$r = \dfrac{1}{2D_{AB}}(D_{AB}^2 + D_a^2 - D_b^2) \qquad h = \sqrt{D_a^2 - r^2}$ $\left.\begin{aligned} x_P &= x_A + r\cos\alpha_{AB} + h\sin\alpha_{AB} \\ y_P &= y_A + r\sin\alpha_{AB} - h\cos\alpha_{AB} \end{aligned}\right\}$

（续）

已知坐标	x_A	1035.147	y_A	2601.295	观测数据	D_a	703.760
	x_B	1501.295	y_B	3270.053		D_b	670.486
α_{AB}	55°07′20″		D_{AB}	815.188		r	435.641
h	552.716		x_P	1737.691		y_P	2642.622

7.4 高程控制测量

高程控制测量是建立高程控制网的测量工作。按照高程控制网建立的范围和精度等级划分，有国家高程控制网和城市高程控制网，依据不同的精度等级，建立方法可采用水准测量、三角高程测量和 GPS 拟合高程测量。

7.4.1 国家高程控制网

国家高程控制网是在全国范围内建立的高程控制网，是各种比例尺测图和工程建设的基本高程控制，也为地球形状和大小、平均海水面变化、地壳垂直运动等科学研究工作提供精确的高程资料。我国水准点的高程采用正常高系统，按照 1985 国家高程基准起算。青岛国家水准原点高程值为 72.260m。国家高程控制网是在全国范围内，布设一系列高程点，采用精密水准测量的方法，通过水准测量路线形成高程控制网，称为国家水准网。图 7-11 是国家高程控制网布设示意图。

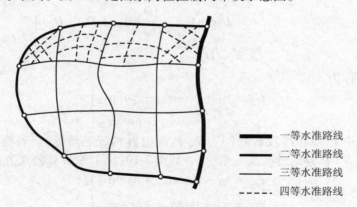

一等水准路线
二等水准路线
三等水准路线
四等水准路线

图 7-11　国家高程控制网布设示意图

国家水准网遵循从整体到局部、由高级到低级、逐级控制、逐级加密的原则分成 4 个等级，精度依次逐级降低，各等级水准网一般要求自身构成闭合环线，或闭合于高一级水准线路上构成环形。国家一等水准网是国家高程控制网的骨干，沿地质构造稳定、坡度平缓的交通线布满全国，一般情况下，环线周长东部地区不大于 1600km，西部地区不大于 2000km。一等水准网是研究地壳和地面垂直移动及相关科学研究的主要依据。二等水准网在一等水准环内布设，一般沿铁路、公路、河流布设，环线周长一般不大于 750km。二等水准网是国家高程控制网的全面基础。三、四等水准网是国家高程控制点的进一步加密，一般可布设成附合路线、环线和节点网等形式。三等附合路线长度不超过 150km，环线周长不超过 200km，同级网节点间距离不超过 70km。四等附合线路，长度不超过 80km，环线周长不超过 100km。三、四等水准网直接为测绘地形图和各种工程建设提供高程起算数据。

7.4.2 城市高程控制网

城市高程控制网的布设主要采用水准测量的方法建立。城市水准测量的等级分为二、三、四等。城市首级高程控制网可布设成二等或三等水准网，用三等或四等水准网进一步加密控制，在四等以下可布设直接为测绘大比例尺地形图使用的图根水准网。一个城市只应建立一个统一的高程系统。城市高程控制网的高程系统，应采用 1985 国家高程基准或沿用 1956 年黄海高程系。各等级水准测量设计规格见表 7-12，城市各等水准测量的主要技术要求见表 7-13。

表 7-12 城市各等级水准测量设计规格

水准点间距离(测段长度)(km)	建筑区	1~2
	其他区	2~4
环线或附合与高级点间的 水准路线的最大长度(km)	二等	400
	三等	45
	四等	15

表 7-13 城市水准测量主要技术要求

等级	每千米高差中误差(mm)	附合路线长度(km)	测段往返测高差不符值(mm)	附合路线或环线闭合差(mm)	
				丘陵	山区
二 等	±2	400	$±4\sqrt{R}$	$±4\sqrt{L}$	$±4\sqrt{L}$
三 等	±6	45	$±12\sqrt{R}$	$±12\sqrt{L}$	$±15\sqrt{L}$
四 等	±10	15	$±20\sqrt{R}$	$±20\sqrt{L}$	$±25\sqrt{L}$

注：R 为测段长度，L 为附合路线或环线长度，单位均为 km。

7.4.3 图根高程控制

图根高程控制是直接为测绘大比例尺地形图服务的，可采用图根水准测量、电磁波测距三角高程的方法。平原或丘陵地区的四等以下等级高程测量，可采用 GPS 拟合高程测量方法。图根水准测量起算点的精度，不应低于四等水准高程点。图根水准测量的主要技术要求见表 7-14。电磁波测距三角高程测量，宜在平面控制点的基础上布设成三角高程网或高程导线。《工程测量规范》(GB 50026—2007)要求，垂直角对向观测时，当直觇完成后应即刻迁站进行返觇测量。图根电磁波测距三角高程测量的主要技术要求见表 7-15。

表 7-14　图根水准测量的主要技术要求

每千米高差全中误差（mm）	附合路线长度（km）	水准仪型号	视线长度（m）	观测次数		往返较差、环线闭合差（mm）	
				附合或闭合路线	支水准路线	平地	山地
20	≤5	DS₃	≤100	往1次	往返各1次	$\pm 40\sqrt{L}$	$\pm 12\sqrt{n}$

注：L 为附合路线或环线长度，单位为 km；n 为测站数。

表 7-15　图根电磁波测距三角高程测量的主要技术要求

每千米高差全中误差（mm）	附合路线长度（km）	仪器精度等级（″）	测回数	指标差较差（″）	竖直角较差（″）	对向观测高差较差（mm）	附合或闭合路线闭合差（mm）
20	≤5	6	2	25	25	$\pm 80\sqrt{D}$	$\pm 40\sqrt{\sum D}$

注：D 为三角高程测量的斜距，单位为 km。

7.5　三、四等水准测量

三、四等水准网是在国家一、二等水准网的基础上进一步加密，根据需要在高等级网内布设附合路线、环线和节点网，直接提供地形测图和各种工程建设所必需的高程控制点网。三、四等水准测量是小区域高程控制测量常采用的高程控制方法。

7.5.1　三、四等水准测量的技术要求

三、四等水准路线一般应沿利于施测的公路、大路及坡度较小的乡村道路布设，水准路线尽量避免跨越 500m 以上的河流、湖泊、沼泽等障碍物。水准点应选在土质坚硬，便于长期保存和使用的地方，一般每隔 4~8km 应埋设普通水准标石一座，人口稠密、经济发达地区可缩短为 2~4km。

三、四等水准测量中常使用 DS₃ 型水准仪或数字水准仪，水准标尺采用双面格式木质标尺或条码式铟瓦标尺，测量中两根尺成对使用。双面水准尺的黑面起始刻划值均为 0，红面起始刻划值一根为 4.687m，另一根为 4.787m。

三等水准测量采用中丝读数法进行往返观测。当使用因瓦水准标尺观测时，可进行单程双转点观测。四等水准测量采用中丝读数法进行单程观测，支线应往返测量或单程双转点观测。

三、四等水准测量设置测站的技术要求参见表 7-16；三、四等水准测量测站观测限差的技术要求见表 7-17；三、四等水准测量往返高差与路线闭合差限差的要求见表 7-18。

表 7-16 三、四等水准测量设置测站的技术要求

等级	仪器类别	视线长度（m）	前后视距差（m）	任一测站前后视距差累积（m）	视线高度	数字水准仪重复测量次数（次）
三等	DS₃	≤75	≤3.0	≤5.0	三丝能读数	≥3
	DS₁，DS₀₅	≤100				
四等	DS₃	≤100	≤5.0	≤10.0	三丝能读数	≥2
	DS₁，DS₀₅	≤150				

注：使用 DS_3 级以上的数字水准仪进行三、四等水准测量，其指标不低于表中 DS_1、DS_{05} 型光学水准仪的要求。

表 7-17 三、四等水准测量测站观测限差的技术要求

等级	观测方法	红黑面读数差（mm）	红黑面所测高差之差（mm）	单程双转点观测，左右路线转点差（mm）	检测间歇点高差的差（mm）
三等	中丝读数法	2.0	3.0		3.0
四等	中丝读数法	3.0	5.0	4.0	5.0

表 7-18 三、四等水准测量往返高差与路线闭合差限差的要求

等级	测段、路线往返测高差不符值（mm）	测段、路线的左右路线高差不符值（mm）	附合路线或环线闭合差（mm）		检测已测段高差的差（mm）
			平原	山区	
三等	$\pm 12\sqrt{K}$	$\pm 8\sqrt{K}$	$\pm 12\sqrt{L}$	$\pm 15\sqrt{L}$	$\pm 20\sqrt{R}$
四等	$\pm 20\sqrt{K}$	$\pm 14\sqrt{K}$	$\pm 20\sqrt{L}$	$\pm 25\sqrt{L}$	$\pm 30\sqrt{R}$

注：K 为路线或测段的长度，单位为 km；L 为附合路线（环线）长度，单位为 km；R 为检测测段的长度，单位为 km；山区指高程超过 1000m 或路线中高差超过 400m 的地区。

7.5.2 三、四等水准测量观测方法

三、四等水准测量的观测应在通视良好，望远镜成像清晰、稳定的情况下进行。使用双面尺法在一个测站的观测程序为：三等水准测量为"后→前→前→后"，其优点是可以有效地减弱仪器下沉误差的影响。四等水准测量每站观测顺序也可为"后→后→前→前→"，以提高工作效率。

（1）在已知高程点上立水准尺（即后视尺），同时在距后视尺适当距离处架设水准仪，并使圆水准器气泡居中，整平水准仪。再立另一水准尺（即前视尺），使前后视距满足技术要求。

（2）照准后视水准尺黑面，读取下、上丝读数①和②（表 7-19），转动微倾螺旋，使符合水准气泡居中（自动安平水准仪没有此步骤），读取中丝读数③。

（3）照准前视水准尺黑面，读取下、上丝读数④和⑤，转动微倾螺旋，使符合水准气泡居中，读取中丝读数⑥。

（4）照准前视水准尺红面，转动微倾螺旋，使符合水准气泡居中，读取中丝读数⑦。

(5)照准后视水准尺红面，转动微倾螺旋，使符合水准气泡居中，读取中丝读数⑧。

以上①~⑧表示观测与记录的顺序，各步骤观测结果要填入记录表格的相应位置（表7-19），并立即进行相应的计算。如不满足技术要求，需要立即重新观测，如满足技术要求则可以进行下一个测站的观测工作。进行下一个测站的观测工作时，首先移动水准仪，然后移动后视水准尺，而前视水准尺不移动，即将后视水准尺变为前视水准尺，前视水准尺变为后视水准尺，依次重复进行整个水准测量工作。为保证水准测量精度，要求两水准点间设置测站数为偶数。

表7-19　三、四等水准观测手簿

测自 ___BM.1___ 至 ___水准点 A___　　　　___2015___ 年 ___6___ 月 ___10___ 日　　　天气 ___晴___
开始时间 ___8___ 时 结束时间 ___10___ 时　　　仪器型号 ___DS$_3$___　　　　　成像 ___清晰稳定___
观测者 ___王武___　　　　　　　　　　　　记录者 ___赵鹏___

测站编号	后尺 下丝 上丝	前尺 下丝 上丝	方向及尺号	水准尺读数		K+黑−红	平均高差（m）
	后视距(m)	前视距(m)		黑面	红面		
	视距差	积累差					
	①	④	后	③	⑧	⑭	⑱
	②	⑤	前	⑥	⑦	⑬	
	⑨	⑩	后−前	⑮	⑯	⑰	
	⑪	⑫					
1	1.526	0.901	后	1.310	6.097	0	+0.6240
	1.095	0.471	前	0.686	5.373	0	
	43.1	43.0	后−前	+0.624	+0.724	0	
	+0.1	+0.1					
2	0.989	1.813	后	0.798	5.486	−1	−0.8245
	0.607	1.433	前	1.623	6.410	0	
	38.2	38.0	后−前	−0.825	−0.924	−1	
	+0.2	+0.3					
			后				
			前				
			后−前				

验　算

$\sum(③+⑧)-\sum(⑥+⑦)=13.691-14.092=-0.401$

$\sum⑨-\sum⑩=81.3-81.0=0.3$

总视距：$\sum⑨+\sum⑩=162.3$

$\sum(⑮+⑯)=-0.401$　　$\sum⑱=-0.2005$

7.5.3　测站计算与检核

7.5.3.1　视距计算

后视距离：⑨ = ① － ②；

前视距离：⑩ = ④ － ⑤；

前、后视距差：⑪ = ⑨ － ⑩；

前、后视距累积差：⑫ = 上站之⑫ + 本站之⑪。

三等水准测量，前后视距累积差不超过 ±5m；四等水准测量，前后视距累积差不超过 ±10m。

7.5.3.2　读数检核

前视尺黑红面读数差：⑬ = ⑥ + $K_前$ － ⑦；

后视尺黑红面读数差：⑭ = ③ + $K_后$ － ⑧。

K（4.687m 或 4.787m）为同一水准尺红、黑面中丝读数之差，即红、黑面的常数差。

三等水准测量，黑红面读数差的限差为 ±2mm；四等水准测量，黑红面读数差的限差为 ±3mm。

7.5.3.3　高差计算与检核

黑面高差：⑮ = ③ － ⑥；

红面高差：⑯ = ⑧ － ⑦；

黑、红面高差之差的检核：⑰ = ⑮ － （⑯ ±0.100） = ⑭ － ⑬。

三等水准测量，高差之差的限差为 ±3mm；四等水准测量，高差之差的限差为 ±5mm。若红、黑面高差之差在容许范围内，取其平均值作为该站的观测高差。

平均高差：$⑱ = \frac{1}{2}[⑮ + (⑯ ±0.100)]$　或　$⑱ = ⑮ - \frac{1}{2}⑰$

7.5.3.4　每页水准测量记录计算检核

高差检核：

当测站数为偶数时，$\sum(③ + ⑧) - \sum(⑥ + ⑦) = \sum(⑮ + ⑯) = 2\sum⑱$；

当测站数为奇数时，$\sum(③ + ⑧) - \sum(⑥ + ⑦) = \sum(⑮ + ⑯ ±0.100) = 2\sum⑱$。

视距检核：后视距离总和减前视距离总和应等于末站视距累积差，即：$\sum⑨ - \sum⑩ = $ 末站⑫。

校核无误后，算出总视距：总视距 = $\sum⑨ + \sum⑩$。

用双面尺法进行四等水准测量的记录、计算与校核可参见表 7-19。

7.5.4　三、四等水准测量的成果整理

三、四等水准测量的闭合或附合线路的成果整理首先检查测段（两水准点之间的

线路)往、返测高差或者符合、闭合线路的闭合差是否符合表 7-18 中的规定。如果在容许范围之内，则测段高差取往、返观测的平均值，线路的高差闭合差则反其符号按与测段的长度(或测段的测站数)成比例进行分配，求出每测段的改正数，将每测段的改正数加上每测段的高差得到每测段的改正后高差，进而计算出各水准点的高程。

7.6 三角高程测量

根据已知点高程及两点间的垂直角和距离确定待定点高程的方法称为三角高程测量。当地形高低起伏、两点之间高差较大而且不便进行水准测量时，可以用三角测量的方法测定两点的高差，进而计算未知点的高程。三角高程测量的精度略低于水准测量。

7.6.1 三角高程测量原理

三角高程测量的基本原理是：根据两点间的水平距离和竖直角，应用几何学的公式，计算出两点间的高差。如图 7-12 所示，设已知 A 点的高程为 H_A，欲求 B 点的高程 H_B。在 A 点安置经纬仪，在 B 点竖立标杆，用望远镜中丝照准标杆顶端，测出视线的竖直角 α，再量出望远镜横轴距地面 A 点的高度 i(仪器高)和标杆的高度 v(觇标高)。

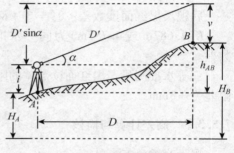

图 7-12　三角高程测量原理

若已知 A、B 两点间的水平距离 D，则 A、B 两点间的高差 h_{AB} 为：

$$h_{AB} = D \cdot \mathrm{tg}\alpha + i - v \tag{7-33}$$

若测得 A、B 两点间倾斜距离为 D'，则 A、B 两点间的高差 h_{AB} 为：

$$h_{AB} = D'\sin\alpha + i - v \tag{7-34}$$

B 点的高程为：

$$H_B = H_A + h_{AB} \tag{7-35}$$

7.6.2 地球曲率和大气折光对三角高程测量的影响

式(7-33)至式(7-35)是将高程起算面当作水平面，视线当作直线时的三角高程测量高差计算公式。当距离不大时(如小于 300m)，这样考虑是可以的，上述公式可直接使用。但当距离较大时，就要考虑地球曲率对高程的影响，加以曲率改正，称为球差改正，改正数为 c；同时，观测视线受大气折光的影响不能看作是一条直线，须加以大气折光的改正，称为气差改正，改正数为 γ。以上两项改正统称为球气差改正，简称双差改正，改正数 $f = c - \gamma$。如图 7-13 所示。

7.6.2.1 地球曲率改正

当地面两点间的距离较长时，大地水准面是一个曲面，而不能视为水平面，因此要考虑地球曲率改正：

$$c = \frac{D^2}{2R} \qquad (7\text{-}36)$$

式中　D——两点水平距离；

　　　R——地球曲率半径，通常取 6371km。

7.6.2.2　大气折光改正

在进行竖直角测量时，由于大气层密度分布不均匀，视线受大气折光的影响通常是一条向上凸起的曲线，使竖直角观测值比实际值偏大，必须进行气差改正：

$$\gamma = k\frac{D^2}{2R} \qquad (7\text{-}37)$$

式中　k——折光系数。

由以上两式可知，双差改正数为：

$$f = c - \gamma = (1 - k)\frac{D^2}{2R} \qquad (7\text{-}38)$$

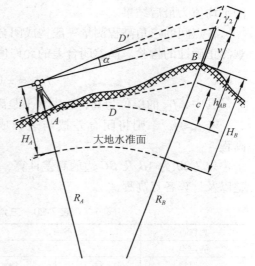

图 7-13　地球曲率和大气折光对三角高程测量的影响

大气折光系数 k 随时间、日照、气温、气压、视线高度以及地表覆盖物等因素而改变，通常取其平均值 $k = 0.14$。

顾及双差改正，三角高程测量的高差公式为：

$$h_{AB} = D'\sin\alpha + i - v + f = D\tan\alpha + i - v + f \qquad (7\text{-}39)$$

7.6.3　三角高程测量的观测与计算

7.6.3.1　三角高程测量的观测

三角高程测量的外业观测工作，主要是竖直角的观测和距离观测。以光电测距三角高程测量的一个测站为例，其操作程序如下：

①在测站点上安置经纬仪或全站仪（对中、整平），量取测站点到仪器中心的垂直高度（仪器高 i）；

②在目标点上架设棱镜，并设定或量取棱镜中心到目标点的垂直高度（目标高 v）；

③盘左照准棱镜中心，观测测站点与目标点的竖直角 a 和水平距离 D；

④盘右照准棱镜中心，观测测站点与目标点的竖直角 a 和水平距离 D；

⑤取盘左、盘右的平均值作为一个测站的观测成果。

为了提高精度，消除地球曲率和大气折光的影响。三角高程测量一般要进行往、返观测，即从 A 向 B 观测（称为直觇），然后从 B 向 A 观测（称为反觇），称为对向观测或双向观测。若对向观测的高差较差符合要求，则取两次高差的平均值作为最终结果。

7.6.3.2　三角高程测量的计算

由三角高程对向观测所求得的往测、返测高差（经过双差改正后）之差的允许值为 $0.1D$（单位为 m），D 为两点间平距（单位为 km）。若精度满足要求，则取往、返观测的平均值为最后结果。

各点间的三角高程测量一般构成闭合线路或附合线路，计算其高差闭合差 f_h 作为观测正确性的检验。高差闭合差的允许值为：

$$f_{h允} = \pm 0.05 \sqrt{\sum D^2} \qquad (7\text{-}40)$$

其中，$f_{h允}$ 的单位为 m；D 为水平距离，单位为 km。

若 $f_h \leqslant f_{h允}$，则将闭合差按与边长成正比例分配，再按改正后的高差推算各点高程。

表 7-20 为 AB 及 BC 边的高差计算，表 7-21 中计算高差闭合差、高差闭合差的调整以及计算各点高程。

表 7-20　三角高程测量高差计算

起算点	A		B		⋯
待定点	B		C		⋯
往返测	往	返	往	返	⋯
斜距 $D'(\text{m})$	593. 391	593. 400	491. 300	491. 301	⋯
竖直角 α	$+11°32'49''$	$-11°33'06''$	$+6°41'48''$	$-6°42'04''$	⋯
$D'\sin\alpha$	118. 780	-118.830	57. 299	-57.330	⋯
仪器高 $i(\text{m})$	1. 440	1. 491	1. 491	1. 502	⋯
目标高 $v(\text{m})$	1. 503	1. 440	1. 522	1. 440	⋯
双差改正 $f(\text{m})$	0. 023	0. 023	0. 016	0. 016	⋯
单向高差 $h(\text{m})$	$+118.740$	-118.716	$+57.284$	-57.252	⋯
往返平均高差(m)	$+118.728$		$+57.268$		⋯

表 7-21　三角高程测量点的高程计算　　　　　　　　　　　m

点号	水平距离	观测高差	改正数	改正后高差	高程
A					234. 880
	581	$+118.728$	-0.013	$+118.715$	
B					353. 595
	488	$+57.268$	-0.010	$+57.258$	
C					410. 853
	530	-95.198	-0.012	-95.210	
D					315. 643
	611	80. 749	-0.014	-80.763	
A					234. 880
$\sum$	2210	$+0.049$	-0.049	0	
高差闭合差及允许误差	$f_h = 0.049\text{m}$，$f_{h允} = \pm 0.05 \sqrt{\sum D^2} = \pm 0.055\text{m}$，$f_h < f_{h允}$				

思考与练习题

1. 控制测量的目的是什么？建立平面控制网的方法有哪些？各在什么情况下采用？

2. 导线的布设主要有哪几种形式？各有何特点？

3. 导线测量的外业主要有哪些工作? 选择导线点时应注意什么问题?

4. 坐标正算是已知哪些数据? 计算哪些数据? 坐标反算是已知哪些数据? 计算哪些数据?

5. 在 6°带高斯平面直角系中，A、B 两点的坐标为：$x_A = 3\ 762\ 453.24$ m，$y_A = 18\ 495\ 321.67$ m；$x_B = 3\ 768\ 274.53$ m，$y_B = 18\ 520\ 478.39$ m。试计算 AB 边的坐标方位角 α_{AB} 和边长 S_{AB}。

6. 试比较附合导线和闭合导线角度闭合差的异同及其分配原则。

7. 如图 1 所示的一条闭合导线，1、2 为已知点，3、4 为未知点。已知 $\alpha_{12} = 200°30'00''$，$x_2 = 1000.000$m，$y_2 = 2000.000$m。测得连接角 $\angle123 = 90°00'00''$，其他各水平角和距离标于图中。

   (1) 计算角度闭合差，是否合格?

   (2) 计算坐标增量闭合差，是否合格?

   (3) 列表计算 3、4 号点的坐标。

8. 试根据图 2 中的已知数据及观测数据列表计算 1、2 两点的坐标（图中的观测角为右角）。

9. 前方交会和后方交会需要哪些已知数据? 各适用于什么情况?

10. 简述三、四等水准测量的一个测站的观测程序及计算检核。

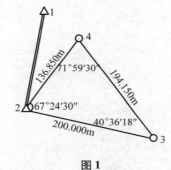

图 1

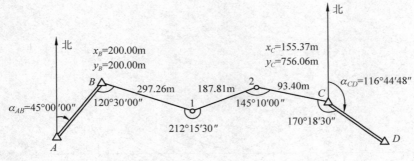

图 2

第8章
大比例尺地形图的测绘

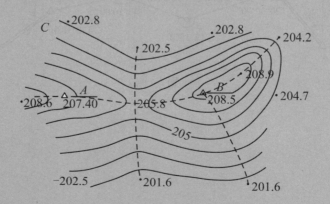

地图是依据一定的数学法则，使用制图语言，通过制图综合，在一定的载体上，表达地球（或其他天体）上各种事物的空间分布、联系及发展变化状态的图形。随着科技的进步，地图的概念不断地发展变化，地图的形式也从传统的纸质地图发展为现在的电子地图。

地形图（topographic map）指的是地表起伏形态和地物位置、形状在水平面上的投影图。具体来讲，将地面上的地物和地貌按正射投影的方法（沿铅垂线方向）投影到水平面上，并按一定的比例缩绘到图纸上，这种图称为地形图。

大比例尺地形图是城市和工程建设中的基本地形图，它为经济建设和社会发展提供基础的地理信息数据。随着科学技术的发展，大比例尺地形图测绘工作由传统的野外白纸测图逐渐迈向数字化、自动化测图。本章对传统的大比例尺地形图的测绘方法和现代数字测图技术等内容进行介绍。

8.1　地形图的基本知识

地球表面人工构筑和自然形成的物体称为地物，如河流、湖泊、道路、建筑物等。地球表面高低起伏的自然形态（如山丘、盆地、陡崖等）称为地貌，其内容复杂，变化万千。地物和地貌统称为地形。地形图测绘就是用规定的符号，按一定的比例，将各种地物、地貌的平面位置和高程表示在图上的过程。仅表示地物平面位置的图称为平面图。

8.1.1　地形图的比例尺

图上一段直线长度 d 与地面上相应线段的水平距离 D 之比，称为地形图比例尺。

8.1.1.1　比例尺的表示方法

（1）数字比例尺

以分子为 1 的分数形式表示的比例尺称为数字比例尺。数字比例尺的定义式如下：

$$\frac{d}{D} = \frac{1}{D/d} = \frac{1}{M} = 1:M \tag{8-1}$$

式中　M——比例尺分母，代表实地水平距离缩绘在图上的倍数。

一般将数字比例尺分子化为 1，分母为一个比较大的整数 M。M 越大，比例尺的值就越小；M 越小，比例尺的值就越大。我国规定：1:500、1:1000、1:2000、1:5000、1:10 000、1:25 000、1:50 000、1:100 000、1:250 000、1:500 000、1:1 000 000 这 11 种比例尺地形图为国家基本比例尺地形图。大比例尺地形图通常指比例尺为 1:5000、1:2000、1:1000、1:500 的地形图。

（2）图示比例尺

如图 8-1 所示，用一定长度的线段表示图上长度，并按图上比例尺相应的实地水平距离注记在线段上，称为图示比例尺。图示比例尺绘制在数字比例尺的下方，其作用是便于用分规直接在纸质图上量取直线段的水平距离，同时还可以抵消在图上量取

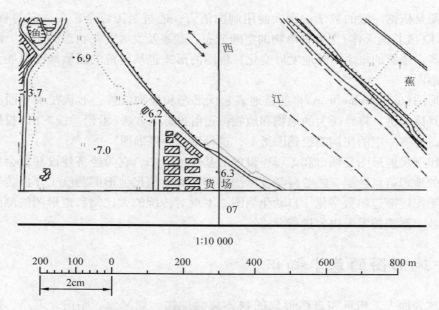

图 8-1 地形图上数字比例尺和图示比例尺

长度时因图纸伸缩产生的影响。

8.1.1.2 比例尺精度

人的肉眼能分辨的图上最小距离是 0.1mm,如果地形图的比例尺为1:M,则将图上 0.1mm 所表示的实地水平距离 0.1 × M(单位为 mm)称为比例尺精度。表 8-1 为不同比例尺地形图的比例尺精度,其规律是,比例尺越大,表示地物和地貌的情况越详细,比例尺越小,表示地物和地貌的情况越概略。

根据比例尺精度,可以确定测绘地形图的距离测量精度。例如,测绘1:1000 比例尺的地形图时,其比例尺的精度为 0.1m,故量距的精度只需到 0.1m,因为小于 0.1m 的距离在图上表示不出来。另外,还可以在规定了图上要表示的地物最短长度时,确定采用多大的测图比例尺。如欲使图上能量出的实地最短线段长度为 0.05m,则所采用的比例尺不得小于 $\dfrac{0.1mm}{0.05m} = \dfrac{1}{500}$。

表 8-1 大比例尺地形图的比例尺精度

比例尺	1:500	1:1000	1:2000	1:5000
比例尺精度(m)	0.05	0.1	0.2	0.5

8.1.1.3 地形图测图比例尺的选择

依据中华人民共和国行业标准《城市测量规范》(CJJ/T 8—2011),在城市建设的规划、设计和施工中,测图比例尺可依据城市范围的大小和不同阶段的用途按具体情况选择(表8-2)。

表 8-2 地形图比例尺的选用

比例尺	用 途
1:10 000 1:5000	城市总体规划、厂址选择、区域布置、方案比较等
1:2000	城市详细规划及工程项目的初步设计等
1:1000 1:500	城市详细规划、管理、地下管线和地下普通建(构)筑工程的现状图、工程项目的施工图设计等

对同一测区,鉴于测图的工作量和经费支出的考虑,测绘地形图比例尺的选择,应根据工程性质、规划和设计用途的需要合理选择。

8.1.2 大比例尺地形图图式

图 8-2 为 1:1000 地形图样图,在地形图上,各种地物和地貌采用统一规定的符号表示,表示地物和地貌的符号集称为地形图图式。由国家测绘主管部门 2007 年 8 月颁布的《国家基本比例尺地图图式 第一部分:1:500 1:1000 1:2000 地形图图式》(GB/T 20257.1—2007)作为全国大比例尺地形图测绘的统一符号。地形图图式中的符号有 3 类:地物符号、地貌符号和注记符号。符号样式见表 8-3。

8.1.2.1 地物符号

按符号的比例性质,地物符号可分为依比例符号、不依比例符号和半依比例符号。

(1)依比例符号

有些地物轮廓较大,如房屋、运动场、稻田、湖泊等。其形状和大小可以按测图比例尺缩绘到图纸上,再配以特定的符号,说明地物的性质特征,这些符号称为依比例符号。

(2)不依比例符号

有些地物,如三角点、导线点、水准点、塔、碑、独立树、路灯、检修井等,其轮廓较小,无法将其形状和大小按照地形图的比例尺绘到图上,而该地物又很重要,不可概括,则不考虑其实际大小,而采用规定的符号表示,这种符号称为不依比例符号。

不依比例符号不仅其形状和大小不依比例绘出,而且符号的中心位置与该地物实地的中心位置关系,也随不同地物而异,所以,在测图或用图时应注意以下几点:

①规则的几何图形符号(圆形、正方形、三角形等),以图形几何中心点为实地地物中心位置。

②宽底符号(烟囱、水塔等),以符号底部中心为实地地物的中心位置。

③底端为直角的符号(路标等),以符号直角顶点为实地地物中心位置。

④几何图形组合符号(路灯、消防栓等),以符号下方的图形几何中心为地物中心位置。

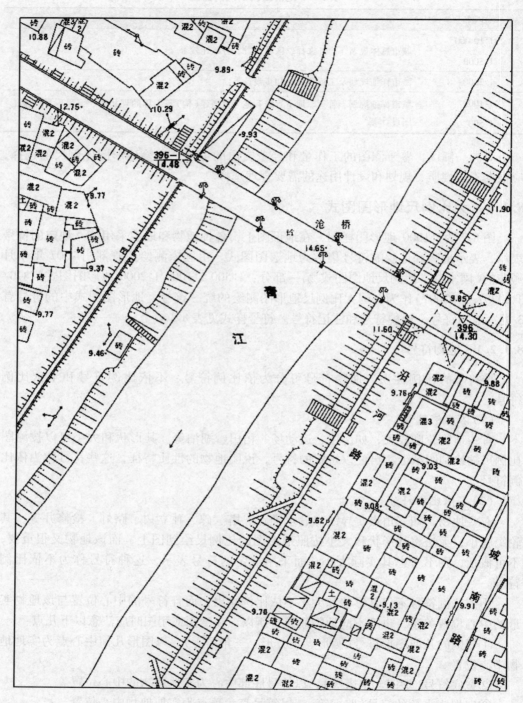

图 8-2　1:1000 地形图样图

表8-3 常用地物、地貌和注记符号

编号	符号名称	1:500	1:1000	1:2000	编号	符号名称	1:500	1:1000	1:2000
1	一般房屋 混—房屋结构 3—房屋层数	混 3		1.6	16	内部道路		1.0 1.0	
2	简单房屋				17	阶梯路		1.0	
3	建筑中的房屋	建			18	打谷场、球场	球		
4	破坏房屋	破			19	旱地	1.0 2.0 10.0 10.0		
5	棚房	45° 1.6			20	花圃	1.6 1.6 10.0 10.0		
6	架空房屋	砼4 砼 砼4	1.0		21	有林地	1.6 松6		
7	廊房	混 3 1.0	1.0						
8	台阶	0.6 1.0 1.0			22	人工草地	2.0 3.0 10.0 10.0		
9	无看台的露天体育场	体育场			23	稻田	0.2 3.0 10.0 10.0		
10	游泳池	泳			24	常年湖	青 湖		
11	过街天桥				25	池塘	塘 塘		
12	高速公路 a. 收费站 0—技术等级代码	a 0 0.4			26	常年河 a. 水涯线 b. 高水界 c. 流向 d. 潮流向 ←涨潮 →落潮	a c d b 0.15 3.0 1.0 0.5 7.0		
13	等级公路 2—技术等级代码 (G325)—国道路线编码	0.2 0.4 2 (G325)							
14	乡村路 a. 依比例尺的 b. 不依比例尺的	a 4.0 1.0 0.2 b 8.0 2.0 0.3							
15	小路	1.0 4.0 0.3							

（续）

编号	符号名称	1:500	1:1000	1:2000	编号	符号名称	1:500	1:1000	1:2000
27	喷水池		1.0 ⊕ 3.6		38	下水（污水）、雨水检修井		⊕ :2.0	
28	GPS 控制点		△ B 14 / 495.267　3.0		39	下水暗井		⊚ :2.0	
29	三角点 凤凰山—点名 394.468—高程		△ 凤凰山 / 394.468　3.0		40	煤气、天然气检修井		⊘ :2.0	
30	导线点 I16—等级、点号 84.46—高程		2.0 ▱ 116 / 84.46		41	热力检修井		⊕ :2.0	
31	埋石图根点 16—点号 84.46—高程		1.6 ⊡ 16 / 84.46　2.6		42	电信检修井 a. 电信人孔 b. 电信手孔	a	⊗ :2.0 ⊠ :2.0	b
32	不埋石图根点 25—点号 62.74—高程		1.6 ⊙ 25 / 62.74		43	电力检修井		⊘ :2.0	
33	水准点 Ⅱ京石5—等级、点名、点号 32.804—高程		2.0 ⊗ Ⅱ京石5 / 32.804		44	污水篦子	2.0 ⊙	2.0 ▱ :1.0	
34	加油站		1.6 ● 3.6 / 1.0		45	地面下的管道		—— — 污 4.0 ⊐ ⊏ —— 1.0	
35	路灯		2.0 / 1.6 ○ 4.0 / 1.0		46	围墙 a. 依比例尺的 b. 不依比例尺的	a ⊢━━━ 10.0 ┈ b ■━━━ 10.0 ┈ 0.3 0.6		
36	独立树 a. 阔叶	a	1.6 / 2.0 ⊙ 3.0 / 1.0		47	挡土墙	┬┬┬┬┬ 1.0 ┬ 0.3 6.0		
	b. 针叶	b	1.6 / ↑ 3.0 / 1.0		48	栅栏、栏杆	─○──── 10.0 ─○─┊ 1.0 ┊		
	c. 果树	c	1.6 ⊙ 3.0 / 1.0		49	篱笆	─┼──── 10.0 ─┼─┊ 1.0 ┊		
	d. 棕榈、椰子、槟榔	d	2.0 ⊀ 3.0 / 1.0		50	活树篱笆	○○○●●●─── 6.0 ●──○─┊ 1.0 ┊ 0.6		
					51	铁丝网	─×──── 10.0 ─×─┊ 1.0 ┊		
37	上水检修井		⊖ :2.0		52	通信线 地面上的	──●──○── 4.0 ──●──○──		

（续）

编号	符号名称	1:500	1:1000	1:2000	编号	符号名称	1:500	1:1000	1:2000
53	电线架				59	等高线 a. 首曲线 b. 计曲线 c. 间曲线			0.15 0.3 0.15
54	配电线 地面上的	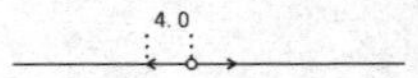 4.0							
55	陡坎 a. 加固的 b. 未加固的	2.0			60	等高线注记		25	
56	散树、行树 a. 散树 b. 行树	10.0	1.6 1.0		61	示坡线	0.8		
57	一般高程点及注记 a. 一般高程点 b. 独立性地物的高程	0.5··163.2	75.4		62	梯田坎	.56.4	1.2	
58	名称说明注记	友谊路 中等线体4.0(18k) 团结路 中等线体3.5(15k) 胜利路 中等线体2.75(12k)							

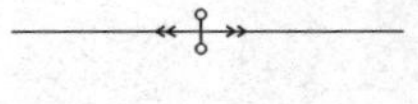

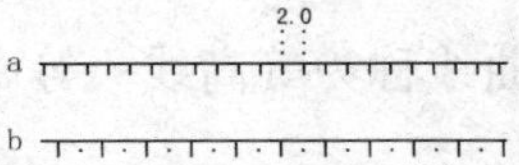

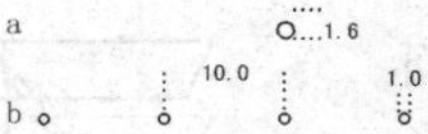

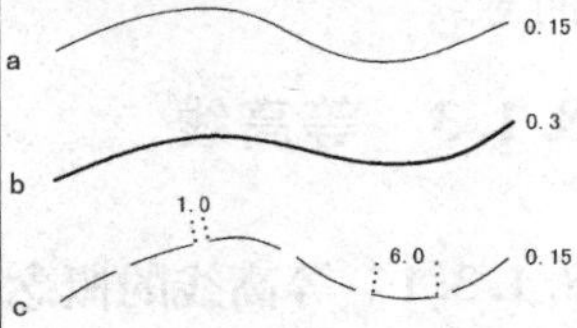

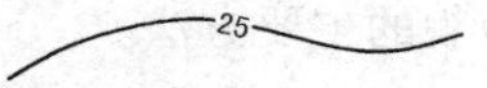

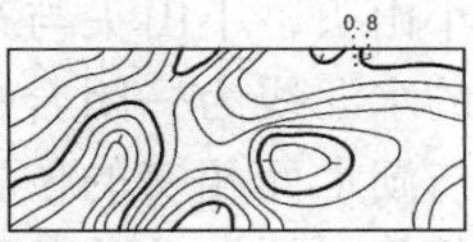

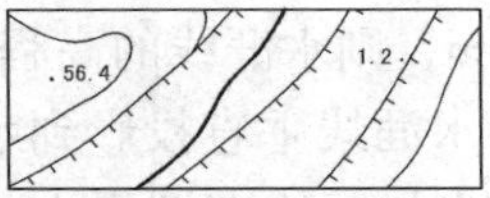

⑤不规则的几何图形，又没有宽底或直角顶点的符号（山洞、窑洞等），以符号下方两端的中心为地物的中心位置。

（3）半依比例符号

对于沿线形方向延伸的一些带状地物，如铁路、通信线、管道、垣栅等，其长度可按比例缩绘，而宽度无法按比例表示的符号称为半依比例符号。半依比例符号的中心线就是实际地物的中心线。

8.1.2.2　地貌符号

地貌是指地球表面高低起伏的自然形态。其内容复杂，变化万千。按照地面倾角的大小划分地面上高低起伏状态，一般可分为以下4种：地势起伏小，地面倾斜角在3°以下，称为平坦地；倾斜角在3°~10°，称为丘陵地；倾斜角为10°~25°，称为山地；绝大多数倾斜角超过25°的，称为高山地。

在地形图中，地貌通常用等高线表示。不仅能表示地面的起伏，还能科学地表示出地面的坡度和地面点的高程。一些特殊地貌则用等高线配合特殊符号来表示。如峭壁、冲沟、梯田等。

8.1.2.3　注记符号

用文字、数字或特定的符号加以说明或注释的符号，称为注记符号。它包括文字注记、数字注记、符号注记3种。如房屋的结构、层数(文字、数字)、地名、路名、单位名、计曲线的高程、碎部点高程、独立地物的高程以及河流的水深、流速、流向等。

8.1.3 等高线

8.1.3.1 等高线的概念

地面上高程相等的相邻点所连成的闭合曲线称为等高线。等高线是地形图上表示地貌的主要方法。

(1)用等高线表示地貌的原理

如图8-3所示,设想湖中有一座高出水面的小山头,小山头与某一静止的湖水面相交形成的水涯线为一闭合曲线,曲线的形状随小山头与湖水面相交的位置而定,曲线上各点的高程相等。例如,当水面高为70m时,曲线上任一点的高程均为70m;若水位继续升高至80m、90m,则水涯线的高程分别为80m、90m。将这些水涯线垂直投影到水平面H上,并按一定的比例尺缩绘在图纸上,这就将小山头用等高线表示在地形图上了。这些等高线具有数学概念,

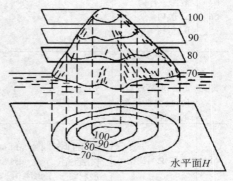

图8-3 等高线表示地貌的原理

既有其平面位置,又表示了一定的高程数字。因此,这些等高线的形状和高程,客观地显示了小山头的形态、大小和高低。

(2)等高距与等高线平距

地形图上相邻等高线间的高差,称为等高距,通常用h表示,图8-3中,$h=10$m。地形图上相邻等高线间的水平距离,称为等高线平距,通常用d表示。同一幅地形图的等高距h是相同的,所以等高线平距d的大小与地面坡度i有关。等高线平距越小,等高线越密,表示地面坡度越陡;反之,等高线平距越大,等高线越稀疏,表示地面坡度越平缓。可以根据等高线的疏密判断地面坡度的缓与陡。等高线平距与地面坡度的关系可用式(8-2)表示。

$$i = \frac{h}{d \times M} \tag{8-2}$$

式中 M——地形图比例尺分母。

地形图的等高距也称为基本等高距。大比例尺地形图常用的基本等高距为0.5m、1m、2m等。等高距越小,用等高线表示的地貌细部越详尽;等高距越大,地貌细部表示得越粗略。但是,当等高距过小时,图上的等高线过于密集,将会影响图面的清晰度,而且会增加测绘工作量。测绘地形图时,要根据测图比例尺、测区地面的坡度情况、用图目的等因素全面考虑,并按国家规范要求选择合适的基本等高距,见表8-4。

表 8-4　地形图的基本等高距　　　　　　　　　　　　　　　m

地形类别	比例尺			
	1:500	1:1000	1:2000	1:5000
平　　地	0.5	0.5	0.5	2
丘陵地	0.5	0.5、1	1	5
山　　地	0.5、1	1	2	5
高山地	1	1、2	2	5

8.1.3.2　等高线的分类

为了便于从图上正确地判别地貌，在同一幅地形图上应采用同一种等高距。由于地球表面形态复杂多样，有时按基本等高距绘制等高线不能充分表示出地貌特征，为了更好地显示局部地貌和用图方便，地形图上可采用下面 4 种等高线，如图 8-4 所示。

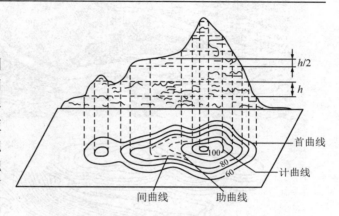

图 8-4　等高线的分类

（1）首曲线

按基本等高距测绘的等高线。

（2）计曲线

为了读图方便，每隔 4 条首曲线（5 倍基本等高距）用粗实线描绘，并在该曲线上注记高程，称为计曲线。

（3）间曲线

对于坡度很小的局部区域，当用基本等高线不足以反映地貌特征时，可按 1/2 基本等高距加绘等高线，该等高线称为间曲线。间曲线可用长虚线绘制，画出局部线段，可不闭合。

（4）助曲线

用间曲线还无法显示局部地貌特征时，可按 1/4 基本等高距描绘等高线，称为辅助等高线，简称助曲线，用短虚线描绘。在实际测绘中，极少使用。

8.1.3.3　基本地貌的等高线

了解和熟悉用等高线表示的基本地貌，将有助于正确地识读、应用和测绘地形图。可以将复杂多样的地貌归纳为几种基本的地貌：山头与洼地、山脊与山谷、鞍部、陡崖与悬崖等，如图 8-5 所示。

（1）山头与洼地

图 8-6（a）（b）分别表示山头和洼地的等高线，它们投影到水平面都是一组闭合曲线，其区别在于：山头的等高线内圈高程大于外圈高程，洼地则相反。可以根据高程

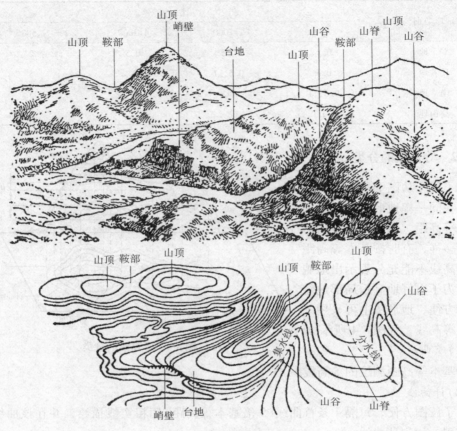

图 8-5 综合地貌及其等高线

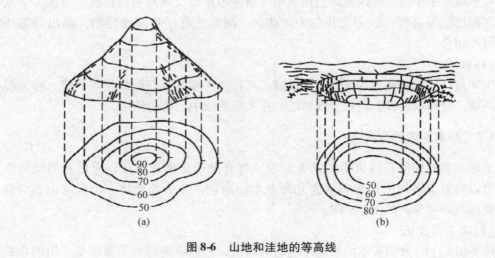

图 8-6 山地和洼地的等高线

注记区分山头和洼地。也可以用示坡线来指示斜坡向下的方向。在山头、洼地的等高线上绘出示坡线，有助于地貌的识别。

（2）山脊与山谷

山脊的等高线是一组凸向低处的曲线，各条曲线方向改变处的连接线即为山脊线。山谷的等高线为一组凸向高处的曲线，各条曲线方向改变处的连线称为山谷线。为了读图方便，在地形图上山脊线用点划线表示，山谷线用虚线表示。山坡的坡度和走向发生改变时，在转折处会出现山脊或山谷地貌，如图8-7所示。山脊的等高线均向下坡方向凸出，两侧基本对称。山脊线是山体延伸的最高棱线，也称分水线。山谷的等高线均凸向高处，两侧也基本对称。山谷线是谷底点的连线，也称集水线。山脊线和山谷线与等高线垂直相交。在工程规划及设计中，要考虑地面的水流方向、分水线、集水线等问题。山脊线和山谷线在地形图测绘及应用中具有重要的作用。

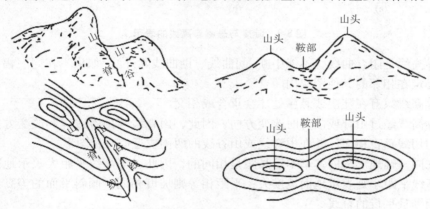

图8-7　山脊和山谷的等高线表示　　　图8-8　山头和鞍部的等高线表示

（3）鞍部

鞍部是两个山脊和两个山谷汇合的地方。处在相邻两个山头之间呈马鞍形的低凹部分，习惯上称这种特殊地貌为鞍部。鞍部两侧的等高线是近似对称的两组山脊线和两组山谷线，如图8-8所示。鞍部是山区道路选线的重要位置。

（4）陡崖与悬崖

陡崖是坡度在70°以上难于攀登的陡峭崖壁，陡崖分石质和土质2种。如图8-9（a）（b）所示，悬崖是上部突出、下部凹进的地貌。悬崖上部的等高线投影到水平面时，与下部的等高线相交，下部凹进的等高线部分用虚线表示，如图8-9（c）所示。

还有一些地貌符号，如石山、崩崖、滑坡、冲沟、梯田坎等。这些地貌符号和等高线配合使用，就可以表示各种复杂的地貌。

8.1.3.4　等高线的特性

为了客观合理地测绘地貌、勾绘等高线以及更好地使用地形图，归纳出等高线有下面这些特性：

①同一条等高线上各点的高程相等。

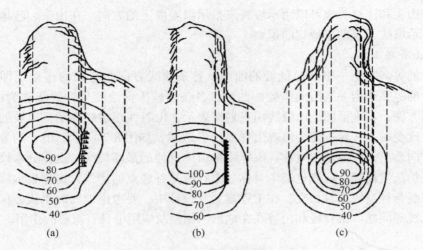

图 8-9　陡崖与悬崖等高线的表示

②等高线是闭合曲线，不能中断(间曲线、助曲线除外)，如果不在同一幅图内闭合，则必定在相邻的其他图幅内闭合。

③等高线只有在陡崖或悬崖处才会重合或相交。

④等高线经过山脊或山谷时改变方向，因此，山脊线与山谷线应和改变方向处的等高线的切线垂直相交，并在山脊线或山谷线的两侧成近似对称图形。

⑤在同一幅地形图内，基本等高距是相同的，因此，等高线平距大表示地面坡度小；等高线平距小则表示地面坡度大；平距相等则坡度相同。倾斜平面的等高线是一组间距相等且平行的直线。

8.2　地形图的分幅与编号

为了便于测绘、查询、使用和保管地形图，需要按照统一的规则对地形图进行分幅和编号。地形图的分幅是指用图廓线分割制图区域，其图廓线圈定的范围为单独图幅，图幅之间沿图廓线相互拼接使用。图号是为了方便贮存、检索和使用地形图而给予各幅地形图的代号。为了区分不同的图幅，按从左到右、从上到下的规则给每幅图一个编号，称为地形图的图幅编号。地形图的编号通常标注在地形图的正上方。地形图的分幅方法有两类：一类是按经纬线分幅的梯形分幅法，它一般用于1:5000 ~ 1:1 000 000的中、小比例尺地形图的分幅；另一类是按坐标格网分幅的正方形分幅法和矩形分幅法，它一般用于1:500 ~ 1:2000 的大比例尺地形图的分幅。

我国国家基本比例尺地形图是指1:1 000 000、1:500 000、1:250 000、1:100 000、1:50 000、1:25 000、1:10 000、1:5000、1:2000、1:1000 及1:500 共11 种地形图，其分幅体系如图8-10 所示。2012 年6 月发布的国家标准《国家基本比例尺地形图新分幅与编号》(GB/T 13989—2012)，自2012 年10 月起实施。新测和更新的基本比例尺地形图，均按照此标准进行分幅和编号。

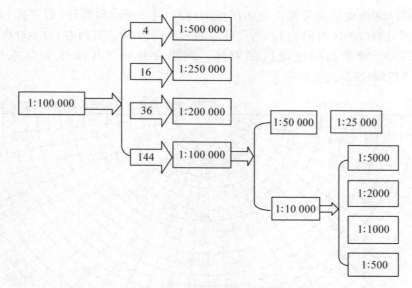

图 8-10 我国基本比例尺地形图的分幅体系

8.2.1 梯形分幅法

1891 年在瑞士伯尔尼召开的第五届国际地理学会议上，奥地利的彭克（Penck Albrecht）教授提出了编制百万分之一世界地图的建议，获得了各国与会代表原则上的同意。1909 年 11 月在伦敦召开的地图国际会议上通过了1:1 000 000地图的基本章程，之后又进一步确定了地图的投影、分幅、编号以及地图整饰等具体规范。1913 年在巴黎召开了第二届国际1:1 000 000世界地图会议，会议决定了全球1:1 000 000地图的统一分幅和编号方法。所以，梯形分幅法又称为国际分幅法，是按一定经纬差的梯形划分图幅，由经纬线构成每幅地形图图廓。

8.2.1.1 1:1 000 000地形图的分幅与编号

国标对1:1 000 000地形图的分幅和编号，采用国际标准。1:1 000 000地形图的标准分幅是以经差 6°、纬差 4°，自赤道起，向南、北两极每隔纬度 4°为一行，到南、北纬88°止，将南、北半球各分为22 行，依次用字母（字符码）A、B、C、…、V 表示；纬度88°以上，以极点为圆心的圆单独为一幅，用 Z 表示。由经度 180°起，自西向东将整个地球表面用子午线分成60 列，每列经差为 6°，依次用阿拉伯数字（数字码）1、2、3、…、60 表示其相应的列号。同时，国际1:1 000 000地图编号第一位表示南、北半球，用"N"表示北半球，用"S"表示南半球。我国国土在北半球，故省去表示北半球的字母代码 N。另外，由于经线向两极收敛，每幅地图面积随着纬度的升高而迅速缩小；因此，规定在纬度 60°~76°每幅1:1 000 000地图的经差为 12°，纬差为 4°；规定在纬度 76°~88°每幅1:1 000 000地图的经差为 24°，纬差为 4°。我国范围内没有纬度 60°以上的需要合幅的图幅。如图 8-11 所示，其每一梯形小格为一幅1:1 000 000地形图。

1:1 000 000图幅的编号是由该图所在的行号（字符码）和列号（数字码）组成。例如，某地行号对应的字符码为Ⅰ，列号对应的数字码为50，其所在1:1 000 000地形图的编号为Ⅰ50。对于高纬度地区的双幅、四幅合并时，其图号也合并写出，如NP3334、NT25262728。

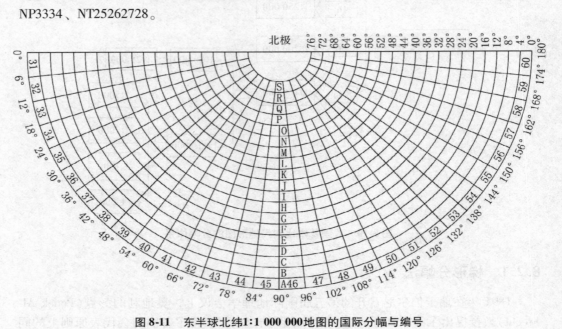

图 8-11　东半球北纬1:1 000 000地图的国际分幅与编号

若已知某地的经纬度，可以采用式（8-3）来确定其在1:1 000 000地形图的图幅编号，还可以根据地理坐标从图 8-11 中查到梯形方格对应的图幅编号。

$$\left.\begin{array}{l} 行号 = \text{int}\left(\dfrac{B}{4°}\right) + 1 \\[2mm] 列号 = \text{int}\left(\dfrac{L}{6°}\right) + 31 \end{array}\right\} \tag{8-3}$$

式中　B——当地纬度；

　　　L——北半球东侧的经度；

　　　int——取整函数。

例如，已知南京市的地理坐标为东经 118°46′、北纬 32°03′，其在1:1 000 000地形图的图幅编号 Ⅰ50 的计算过程如下：

行号 $= \text{int}(B/4°) + 1 = \text{int}(32°03'/4°) + 1 = 8 + 1 = 9(Ⅰ)$

列号 $= \text{int}(L/6°) + 31 = \text{int}(118°46'/6°) + 31 = 19 + 31 = 50$

所以，该图幅编号为 Ⅰ50。

我国地处东半球赤道以北，图幅范围在经度72°～138°、纬度0°～56°内，包括行号为 A、B、C、…、N 的 14 行，列号为 43、44、…、53 的 11 列。

8.2.1.2　1:5000～1:500 000 地形图的分幅与编号

1:5000～1:500 000 这 8 种比例尺的地形图图幅是在1:1 000 000图幅的基础上划分

的，其编号是在1:1 000 000地形图的编号后面分别加上对应的代码组成。

（1）分幅规定（表8-5）

1:500 000 地形图的分幅是按经差 3°、纬差 2°，将一幅1:1 000 000地形图划分为 2 行 2 列，共 4 幅1:500 000 地形图。

1:250 000 地形图的分幅是按经差 1°30′、纬差 1°，将一幅1:1 000 000地形图划分为 4 行 4 列，共 16 幅1:250 000 地形图。

1:100 000 地形图是按经差 30′、纬差 20′，将一幅1:1 000 000地形图划分为 12 行 12 列，共 144 幅1:100 000 地形图。

1:50 000 地形图是按经差 15′、纬差 10′，将一幅1:1 000 000地形图划分为 24 行 24 列，共 576 幅1:50 000 地形图。

1:25 000 万地形图是按经差 7′30″、纬差 5′，将一幅1:1 000 000地形图划分为 48 行 48 列，共 2304 幅1:25 000 万地形图。

1:10 000 地形图是按经差 3′45″、纬差 2′30″，将一幅1:1 000 000地形图划分为 96 行 96 列，共 9216 幅1:10 000 地形图。

1:5000 地形图是按经差 1′52.5″、纬差 1′15″，将一幅1:1 000 000地形图划分为 192 行 192 列，共 36 864 幅1:5000 地形图。

表8-5　各种比例尺按经、纬度分幅数目与代码

比例尺	图幅大小		不同比例尺的图幅数量关系									比例尺代码
	纬差	经差										
1:1 000 000	4°	6°	1									
1:500 000	2°	3°	4 (2×2)	1								B
1:250 000	1°	1°30′	16 (4×4)	4	1							C
1:100 000	20′	30′	144 (12×12)	36	9	1						D
1:50 000	10′	15′	576 (24×24)	144	36	4	1					E
1:25 000	5′	7′30″	2304 (48×48)	576	144	16	4	1				F
1:10 000	2′30″	3′45″	9216 (96×96)	2304	576	64	16	4	1			G
1:5000	1′15″	1′52.5″	36 864 (192×192)	9216	2304	256	64	16	4	1		H
1:2000	25″	37.5″	331 776 (576×5762)	82 944	20 736	2304	576	144	36	4	1	I
1:1000	12.5″	18.75″	1 327 104 (1152×1152)	331 776	82 944	9216	2304	576	144	36	4	1	J
1:500	6.25″	9.375″	5 308 416 (2304×2304)	1 327 104	331 776	36 864	9216	2304	576	144	16	4	K

（2）编号方法

1∶5000～1∶500 000 地形图编号均以1∶1 000 000地形图编号为基础，采用行列编号方法。即由其所在1∶1 000 000地形图的图号、比例尺代码和各图幅的行列号 5 节元素 10 位代码组成，包括：1∶1 000 000地形图的行号（第一节，字符码，1 位）和列号（第二节，数字码，2 位），比例尺代码（第三节，1 位），该图幅的行号（第四节，数字码，3 位，001～192）和列号（第五节，数字码，3 位，001～192），共 10 位。如图 8-12 所示。

例如，某点的地理坐标为东经 113°09′08. 2″，北纬 27°54′50. 5″，则其1∶500 000地形图图幅编号为 G49B001002；1∶250 000 地形图图幅的编号为 G49C001004。

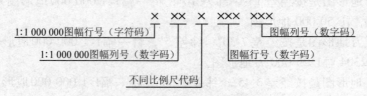

图 8-12　各种比例尺地形图编号规则

（3）行、列编号

1∶5000～1∶500 000 地形图的行、列编号是将1∶1 000 000地形图按所含各比例尺地形图的经差和纬差划分若干行和列，横行从上到下、纵列从左到右按顺序分别用 3 位阿拉伯数字（数字码）表示，不足 3 位者前面补零，取行号在前、列号在后的排列形式标记。1∶5000～1∶500 000 地形图的行、列编号如图 8-13 所示。

（4）图幅编号的计算

当已知某点的地理坐标时，可根据其经度 L、纬度 B，按下面的步骤计算其图幅编号。

①按式（8-3）可计算出第一节字符码和第二节数字码（所在1∶1 000 000图幅的编号）。

②从表 8-5 选择第三节比例尺的代码，并根据比例尺从表 8-5 中查得与比例尺相应图幅的纬差 ΔB 和经差 ΔL。

③按式（8-4）计算与比例尺相应的第四节行代码。第四节行代码应有 3 位数字，不足 3 位时在前补零到 3 位数。

$$c = \frac{4°}{\Delta B} - \text{int}\left[\left(\frac{B}{4°}\right) \div \Delta B\right] \tag{8-4}$$

式中　c——所求比例尺地形图在1∶1 000 000地形图图号后的行号；

　　　（　）——表示商取余。

④按式（8-5）计算与比例尺相应的第五节列代码。第五节列代码应有 3 位数字，不足 3 位时在前补零到 3 位数。

$$d = \text{int}\left[\left(\frac{L}{6°}\right) \div \Delta L\right] + 1 \tag{8-5}$$

式中　d——所求比例尺地形图在1∶1 000 000图号后的列号；

　　　（　）——表示商取余。

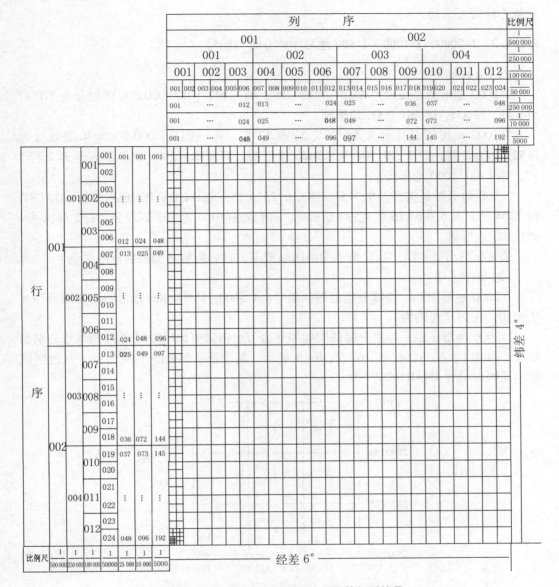

图 8-13 1:5000 ~ 1:500 000 地形图的行列编号

注：在各比例尺地形图编号示例中，均假设本图所示的1:1 000 000图幅编号为J50。

例如，某点的地理坐标为东经 113°09′08.2″，北纬 27°54′50.5″，计算其所在 1:10 000地形图图幅的编号。

$$c = \frac{4°}{\Delta B} - \mathrm{int}\left[\left(\frac{B}{4°}\right) \div \Delta B\right] = \frac{4°}{2′30″} - \mathrm{int}\left[\left(\frac{27°54′50.5″}{4°}\right) \div 2′30″\right] = 96 - 93 = 3$$

$$d = \mathrm{int}\left[\left(\frac{L}{6°}\right) \div \Delta L\right] + 1 = \mathrm{int}\left[\left(\frac{113°09′08.2″}{6°}\right) \div 3′45″\right] + 1 = 82 + 1 = 83$$

即1:10 000 地形图图幅的编号为：G49G003083。其他比例尺地形图的编号仿照此计算方法便可求得。

8.2.1.3　1:2000、1:1000、1:500 地形图的分幅与编号

（1）分幅规定

1:2000 地形图是按经差 37.5″、纬差 25″，将一幅1:1 000 000地形图划分为 576 行 576 列，共 331 776 幅1:2000 地形图。

1:1000 地形图是按经差 18.75″、纬差 12.5″，将一幅1:1 000 000地形图划分为 1152 行 1152 列，共 1 327 104 幅1:1000 地形图。即每幅1:2000 地形图划分为 2 行 2 列，共 4 幅1:1000 地形图。

1:500 地形图是按经差 9.375″、纬差 6.25″，将一幅1:1 000 000地形图划分为 2304 行 2304 列，共 5 308 416 幅1:500 地形图。即每幅1:1000 地形图划分为 2 行 2 列，共 4 幅1:500 地形图。

表 8-5 列出了不同比例尺地形图的图幅范围、行列数量和图幅数量的关系。

（2）编号方法

1:2000 地形图经、纬度分幅的图幅编号与1:5000~1:500 000 地形图的图幅编号方法相同，比例尺代码为 I。

1:2000 地形图经、纬度分幅的图幅编号也可根据需要以1:5000 地形图编号分别加短线，再加 1、2、3、4、5、6、7、8、9 表示，其编号示例如图 8-14 所示。灰色区域所示图幅编号为 H49H192097-5。

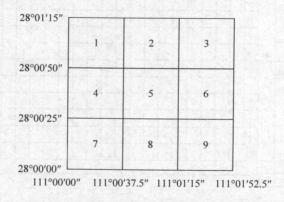

图 8-14　1:2000 地形图的经、纬度分幅顺序编号

1:1000、1:500 地形图经、纬度分幅的图幅编号均以1:1 000 000地形图编号为基础，采用行列编号方法。1:1000、1:500 地形图经、纬度分幅的图号由其所在的1:1 000 000地形图的图号、比例尺代码和各图幅的行列号共 12 位码组成，如图 8-15 所示。

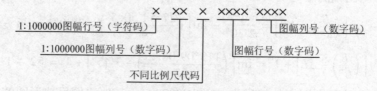

图 8-15　1:1000、1:500 地形图经、纬度分幅的编号组成

（3）行、列编号

1:2000 地形图经、纬度分幅以1:1 000 000地形图编号为基础进行行、列编号，方法与1:5000～1:500 000 地形图的图幅编号方法相同。

1:1000、1:500 地形图的行、列编号是将1:1 000 000地形图按所含各比例尺地形图的经差和纬差划分若干行和列，横行从上到下、纵列从左到右按顺序分别用4位阿拉伯数字（数字码）表示，不足4位者前面补零，取行号在前、列号在后的排列形式标记。

8.2.2 正方形分幅和矩形分幅

1:2000、1:1000、1:500 地形图也可根据需要采用 50cm × 50cm 正方形分幅和40cm × 50cm 矩形分幅。其图幅编号一般采用图廓西南角坐标编号法，也可选用流水编号法和行列编号法。

8.2.2.1 坐标编号法

采用图廓西南角坐标公里数编号时，x 坐标公里数在前，y 坐标公里数在后。1:2000、1:1000 地形图取至 0.1km（如 10.0-21.0），1:500 地形图取至 0.01km（如 10.40-27.75）。

8.2.2.2 流水编号法

带状测区或小面积测区可按测区统一顺序编号，一般从左到右，从上到下用阿拉伯数字 1、2、3…编定，示例如图 8-16 所示，灰色区域所示图幅编号为 × ×-7（× × 为测区代号）。

8.2.2.3 行列编号法

行列编号法一般采用以字母（如 A、B、C、D…）为代号的横行从上到下排列，以阿拉伯数字为代号的纵列从左到右排列来编定，先行后列。示例如图 8-17 所示，灰色区域所示图幅编号为 C-5。

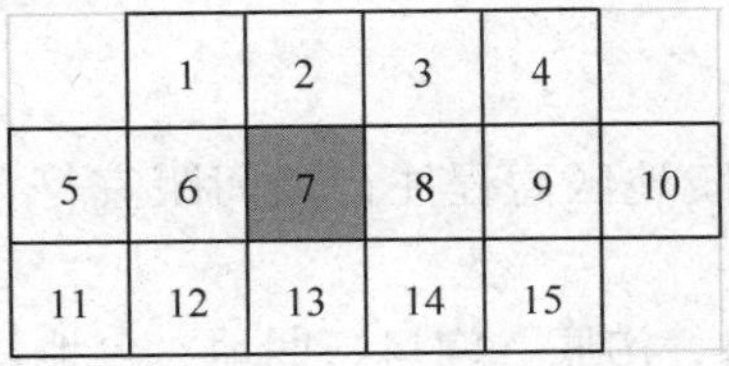

	1	2	3	4	
5	6	7	8	9	10
11	12	13	14	15	

A-1	A-2	A-3	A-4	A-5	A-6
B-1	B-2	B-3	B-4	B-5	
	C-2	C-3	C-4	C-5	C-6

图 8-16 流水编号法 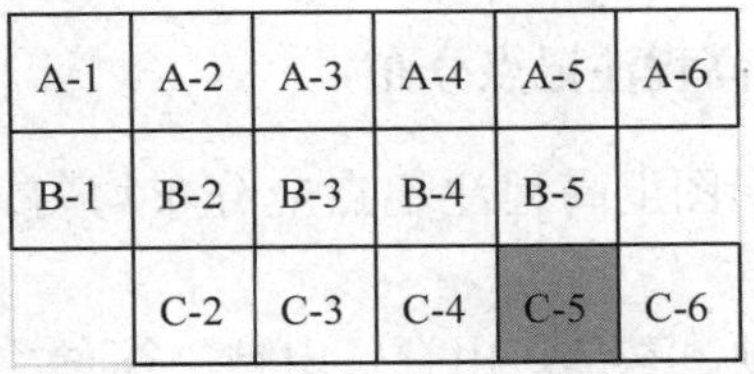　　　　图 8-17 行列编号法

8.3 传统大比例尺地形图的测绘方法

传统大比例尺地形图测图方法称为白纸测图法或平板测图法。相对于解析测图法的数字测图方法，传统大比例尺地形图测图方法也称为图解测图法或模拟测图法，方

法有经纬仪法、大平板仪测绘法、小平板仪与经纬仪联合测绘法。

8.3.1 大比例尺地形图测绘的基本要求

一般规定，大比例尺地形图的测绘要依据测区的地理环境、范围大小、地形图的用途来综合选择测图比例尺，采用适宜的地形图分幅，选择合适的等高距等。详细内容见本章前节相关内容。除上述要求之外，还有以下基本要求：

8.3.1.1 地形图测绘时仪器设置及测站检查的要求

①仪器对中的偏差，不应大于图上0.05mm。

②以较远的一点定向，用其他点进行检核。采用平板仪测绘时，检核偏差不应大于图上0.3mm；采用经纬仪测绘时，其角度检测值与原角值之差不应大于2′。每站测图过程中，应随时检查定向点方向，采用平板仪测绘时，偏差不应大于图上0.3mm；采用经纬仪测绘时，归零差不应大于4′。

③检查另一测站高程，其较差不应大于1/5基本等高距。

④采用量角器配合经纬仪测图，当定向边长在图上短于10cm时，应以正北或正南方向作起始方向。

8.3.1.2 最大视距和测距长度的基本要求

地物点、地貌点视距和测距最大长度要求应符合表8-6的规定。

表8-6 地物点、地貌点视距和测距的最大长度　　　　　　　　　m

地形图比例尺	视距最大长度		测距最大长度	
	地物点	地貌点	地物点	地貌点
1:500	—	70	80	150
1:1000	80	120	160	250
1:2000	150	200	300	400

8.3.1.3 高程注记点分布

①地形图上高程注记点应分布均匀，丘陵地区高程注记点间距宜符合表8-7的规定。

②山顶、鞍部、山脊、山脚、谷底、谷口、沟底、沟口、凹地、台地、河川和湖泊岸旁、水涯线上以及其他地面倾斜变换处，均应测高程注记点。

③城市建筑区高程注记点应测设在街道中心线、街道交叉中心、建筑物墙基脚和相应的地面、管道检查井井口、桥面、广场、较大的庭院内或空地上以及其他地面倾斜变换处。

④基本等高距为0.5m时，高程注记点应注至厘米；基本等高距大于0.5m时可注至分米。

表 8-7　　丘陵地区高程注记点间距　　　　　　　　　　　　　　　　m

比例尺	1:500	1:1000	1:2000
高程注记点间距	15	30	50

注：平坦及地形简单地区可放宽至 1.5 倍，地貌变化较大的丘陵地、山地与高山地适当加密。

8.3.1.4　碎部点的选择

对于地物，碎部点应选在地物轮廓线的方向变化处，如房角点、道路转折点、交叉点、河岸线转弯点以及独立地物的中心点等。对于形状极不规则的地物，一般规定主要地物的凹凸部分在图上大于 0.4mm 均应表示出来，小于 0.4mm 时，可直接用直线连接。

对于地貌，碎部点应选在最能反映地貌特征的山脊线、山谷线等地性线上，山顶、鞍部、山脚及坡地的方向和坡度变化处。

8.3.1.5　地物、地貌绘制

地形图上的线划、符号和注记应在现场完成。按基本等高距测绘的等高线为首曲线。从零米起算，每隔 4 条首曲线加粗 1 条计曲线，并在计曲线上注明高程，字头朝向高处，但需避免在图内倒置。山顶、鞍部、凹地等不明显处等高线应加绘示坡线。当首曲线不能显示地貌特征时，可测绘 1/2 基本等高距的间曲线。城市建筑区和不便于绘等高线的地方，可不绘等高线。地形原图铅笔整饰应符合下列规定：

①地物、地貌各要素应主次分明、线条清晰、位置准确、交接清楚。
②高程注记的数字，字头朝北，书写应清楚整齐。
③各项地物、地貌均应按规定的符号绘制。
④各项地理名称注记位置应适当，并检查有无遗漏或不明之处。
⑤等高线须合理、光滑、无遗漏，并与高程注记点相适应。
⑥图幅号、坐标方格网、测图者姓名及测图时间等应书写齐全。

8.3.2　测图前的准备工作

8.3.2.1　测图前需完成的工作

①编写技术设计书。
②抄录测区控制点平面和高程成果，以便检查测区内测图控制点密度。
③图纸准备，并绘制图廓线，将控制点展绘在图纸上。
④检验和校正好仪器、工具和有关资料。
⑤踏勘了解测区情况，并制订出工作计划。

8.3.2.2　测区内测图可用的控制点密度检查

为了保证地形图的精度，测区内应有一定数量的图根控制点。测图前需对图根点的密度进行检查，当图根点密度不足时，通常根据具体情况采用图解交会和图解支点

表8-8　平坦开阔地区的图根点密度			个/km²
比例尺	1:500	1:1000	1:2000
图根点密度	150	50	15

的方法增补测站点。平坦开阔地区的图根点密度应满足表8-8的要求。

8.3.2.3　图纸准备

地形测图宜采用经过热定型处理的、厚度一般为 0.07 ~ 0.1mm 的聚酯薄膜图纸。聚酯薄膜图纸具有透明度好、伸缩性小、牢固耐用、不怕潮湿等优点。图纸弄脏后，可以水洗，便于野外作业。在图纸上着墨后，可直接复晒蓝图。缺点是易燃、易折，在使用与保管时要注意防火、防折。

8.3.2.4　绘制坐标格网

在聚酯薄膜图纸上精确绘制坐标方格网，每个方格的尺寸为 10cm × 10cm。绘制方格网的方法有对角线法、坐标格网尺法及使用 AutoCAD 绘制等。

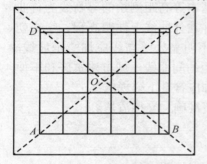

图 8-18　对角线法绘制坐标格网

对角线法绘制坐标方格网的操作方法是：如图 8-18 所示，将高硬度铅笔削尖(或专用绘图笔)，用长直尺沿图纸的对角方向画出 2 条对角线，相交于 O 点；自 O 点起沿对角线量取等长的 4 条线段 OA、OB、OC、OD，连接 A、B、C、D 点得一矩形；从 A、B 两点起，沿 AD、BC 每隔 10cm 定一点，共定出 5 点；从 A、D 两点起沿 AB、DC 每隔 10cm 定一点，共定 5 点。分别连接对边 AD 与 BC、AB 与 DC 的相应点，即得到由 10cm × 10cm 的正方形组成的 50cm × 50cm 坐标方格。为了保证坐标方格网的精度，绘制前应严格检查直尺是否平直，其长度分划线是否准确。坐标方格网绘制后，应进行以下几项检查：

①同一条对角线方向的方格角点应位于同一直线上，偏离不应大于 0.2mm。

②检查各个方格边长和对角线长度，方格边长应为 100mm ± 0.2mm，对角线长度应为 141.4mm ± 0.3mm。

③图廓对角线长度与理论值之差不应超过 0.3mm。如果超过限差要求，应该重新绘制。

8.3.2.5　展绘控制点

坐标方格网绘制后，将测区所分图幅的坐标值，注记在相应格网边线的外侧，如图 8-19 所示。展点时，先根据控制点的坐标，确定其所在的方格。例如：A 点坐标值 $x_A = 647.45$m，$y_A = 634.59$m，从图上可以看出其位置是在 $plmn$ 小方格内，按其坐标值分别从 p、l 点用测图比例尺向右量 34.59m，得 a、b 两点，同法从 p、n 向上量取 47.45m，得 c、d 两点，连接 ab 和 cd，其交点即为控制点 A 的位置，在点的右侧画一短横线，在横线的上方注明点号，下方注明高程。同法可展绘 1、2、3、4、5 等其他控制点。为了测图方便，方格网线外边缘的控制点，也应适当展绘。

展绘在图纸上的控制点将作为碎部测量的依据，故展点精度直接影响到测图的质量。因此，需用比例尺检查相邻两控制点之间的边长与实际边长是否一致，其差值不得超过图上的 ±0.3mm；用量角器检查各已知边的方位角，也不得有明显的误差。为了图面清晰，坐标格网仅在边线（内图廓）上画 5mm 短线、图内格顶点画 10mm 的 " + " 线即可。

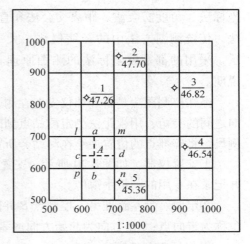

图 8-19 展绘控制点

8.3.3 碎部测量方法

地形图测量的根本任务，是测定地面上地物、地貌特征点的平面位置和高程，地物特征点是能够代表地物平面位置，反映地物形状、性质的特殊点位，简称地物点。如地物轮廓线的转折、交叉和弯曲等变化处的点，地物的形状中心，路线中心的交叉点，独立地物的中心点等。地貌特征点是体现地貌形态，反映地貌性质的特殊点位，简称地貌点。如山顶、鞍部、变坡点、地性线、山脊点和山谷点等。这些特征点又称碎部点。测绘地物、地貌特征点的工作，称为碎部测量。

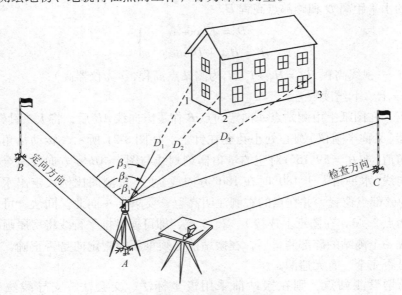

图 8-20 经纬仪配量角器测图法

水平距离和水平角是确定点的平面位置的两个基本测量元素。因此，测定碎部点平面位置实际上就是测量碎部点与作为测站的已知点间的水平距离以及与已知方向间组成的水平角。由于这两个测量元素的组合方式不同，从而形成不同的测量方法：极坐标法、角度交会法、距离交会法和直角坐标法等，其中极坐标法是常用的测图方法。传统测图方法中的经纬仪法、大平板仪测绘法、小平板仪与经纬仪联合测绘法，采用的都是极坐标法的测图原理。下面仅以经纬仪配量角器测图法为例进行说明。

经纬仪测图法是将经纬仪安置在测站点上，测定测站点至碎部点的方向与已知方向之间的夹角，用视距法测定测站点到碎部点的水平距离和高差，然后用量角器和比例尺，将碎部点的位置展绘在测站旁所置小平板的图纸上。其具体步骤如下：

①安置仪器。如图 8-20 所示，安置经纬仪于测站 A 点上，对中整平量取仪器高 i，并记录在专用的测量手簿中。

②定向。盘左瞄准另一控制点 B 并配置水平度盘度数为 0°00′。B 点称为后视点，也称为定向点；AB 方向为起始方向或零方向。起始方向边长的图上长度最好大于 10 cm，以保证定向精度。

③立尺。立尺员依次将视距尺立在地物或地貌特征点上。立尺前应商定立尺路线和施测范围，选定主要立尺点，力求做到不漏点、不废点，一点多用，布点均匀。

④观测。转动照准部，瞄准立于 1、2、3 点的视距尺，读取上、下丝读数，中丝读数 v，竖盘读数 L 和水平角 β。

⑤记录。将每一个碎部点所测得的数据，依次记入记录手簿中。对于特殊的碎部点，还应在备注栏中加以说明，如山顶、鞍部、房角、消防栓等，以备查用。

⑥计算。由竖盘读数 L 求出竖直角 α 后，根据观测值按式(8-6)分别计算测站点至碎部点的水平距离 D 和碎部点高程 H。

$$\left. \begin{array}{l} D = Kl\cos^2\alpha \\ H = H_{视} + D\tan\alpha - v \end{array} \right\} \tag{8-6}$$

式中　$H_{视}$——视线高程 $H_{视} = H_A + i$（H_A 为测站点高程，i 为仪器高）；

l——上、下丝读数差。

⑦刺点。在图纸上由测站点 A 向定向点 B 作零方向线 AB 后，将大头针钉入 A 点，并将量角器（又称半圆仪）圆心处小孔套在针上。如图 8-21 所示，转动量角器，使碎部点水平角值（如 $\beta_1 = 59°15′$）对应的量角器刻划线与图上 AB 零方向线重合后，在量角器零方向线（水平角大于 180°时在 180°方向线）上，按测图比例尺定出水平距离 D (64.5m)的碎部点位置，并在点的右侧注明高程，要求字头向北。同法，可以测出房屋的另外两点 2、3，在图纸上连接 1、2、3 点，即可通过推平行线将房屋画出。

⑧完成一个测站的碎部测量后，在搬站前必须重新检查定向是否正确，并且检查碎部测量是否完全，有无遗漏。

⑨如需增设测站点，则在搬站前采用极坐标法、交会法、支导线法等，进行增补。

⑩1：500 比例尺测图时，在建成区和平坦地区及丘陵地区，测站点至碎部点的距离应用皮尺量距，皮尺丈量最大长度为 50 m。

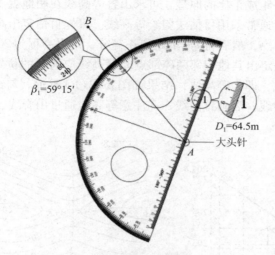

图 8-21 使用量角器展绘碎部点示例

8.3.4 地形图的绘制、拼接、整饰和检查

8.3.4.1 地形图的绘制

地形图绘制的内容包括地物的绘制和地貌的绘制。

（1）地物的绘制

一般能按比例尺大小表示的地物，应同时测绘，即同一地物的特征点测完后，要按《国家基本比例尺地图图式 第一部分：1:500 1:1000 1:2000 地形图图式》（GB/T 20257.1—2007）规定的符号表示该地物，房屋轮廓需要用直线连接起来，道路、河流的弯曲部分应逐点连成光滑的曲线。不能依比例描绘的地物，应按规定的不依比例符号表示。

（2）地貌的绘制

等高线是根据特征点的平面位置和高程勾绘出来的。各等高线的高程是等高距的整倍数，一般来讲特征点的高程都不是等高距的整倍数，这样，特征点不一定正好是等高线通过点。但由于特征点是坡度变换或方向变换点，相邻特征点之间的地面坡度可认为是相同的。因此，可在各相邻特征点之间的连线上，根据等高线至特征点或相邻两等高线之间的高差，按平距与高差成比例关系，内插出有关等高线在图上两特征点连线上的通过位置。

勾绘等高线时，首先用铅笔轻轻描绘出山脊线、山谷线等地性线，再根据碎部点的高程用内插法勾绘等高线。不能用等高线表示的地貌，如悬崖、陡崖、土堆、冲沟等，应按图式规定的符号表示。

如图 8-22（a）所示，地面上两碎部点 C 和 A 的高程分别为 202.8 m 及 207.4 m，若基本等高距为 1 m，则其间有高程为 203、204、205、206 和 207 共 5 条等高线通过。由于地貌特征点是选在地面坡度变化处，所以相邻两个地貌点之间的坡度相同。根据同一坡度上高差与平距成正比的原理，可求出各等高线在两地貌点间通过的位置。

在实际工作中，通常采用目估法勾绘等高线。可先目估定出高程为 203 m 的 m 点和高程为 207 m 的 q 点，然后将 mq 的距离 4 等分，定出高程为 204 m、205 m、206 m 的 n、o、p 点。同法定出其他相邻两碎部点间等高线应通过的位置。将高程相等的相邻点连成光滑的曲线，即为等高线，结果如图 8-22（b）所示。勾绘等高线时，要对照实地情况，先画计曲线，后画首曲线，并注意等高线通过山脊线、山谷线的走向。

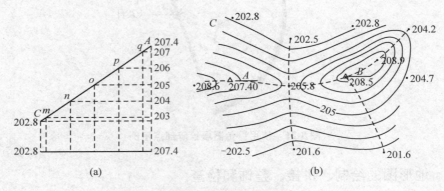

图 8-22 等高线的勾绘

8.3.4.2 地形图的拼接

测区面积较大时，整个测区划分为若干幅图进行施测，在相邻图幅的连接处，由于测量误差和绘图误差的影响，无论地物轮廓线还是等高线往往不能完全吻合。

图 8-23 表示相邻 2 幅图相邻边的衔接情况。将 2 幅图的同名坐标格网线重叠时，图中的房屋、河流、等高线、陡坎等都存在接边差。若接边差小于表 8-9 规定的平面、高程中误差的 2 倍，可平均配赋，并据此改正相邻图幅的地物、地貌位置，但应注意保持地物、地貌相互位置和走向的正确。超过限差则应到实地检查纠正。

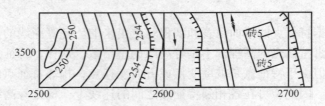

图 8-23 地形图的拼接

表 8-9 地物点、地貌点平面和高程中误差

地区分类	点位中误差（图上 mm）	邻近地物点间距中误差（图上 mm）	等高线高程中误差			
			平地	丘陵地	山地	高山地
城市建筑区和平地、丘陵地	≤ ±0.5	≤ ±0.4	≤1/3	≤1/2	≤2/3	≤1
山地、高山地	≤ ±0.75	≤ ±0.6				

8.3.4.3 地形图的检查

为了保证地形图的质量，除施测过程中加强检查外，在地形图测绘完成后，作业人员和作业小组应对完成的成果、成图资料进行严格的自检和互检，确认无误后方可上交。地形图检查的内容包括内业检查和外业检查。

（1）内业检查

图根控制点的密度应符合要求，位置恰当；各项较差、闭合差应在规定范围内；原始记录和计算成果正确，项目填写齐全。地形图图廓、方格网、控制点展绘精度应符合要求；测站点的密度和精度应符合规定；地物、地貌各要素测绘应正确、齐全，取舍恰当，图式符号运用正确；接边精度应符合要求；图例表填写应完整清楚，各项资料齐全。

（2）外业检查

外业检查包括巡视检查和仪器设站检查。巡视检查是沿巡视路线将原图与实地进行对照，检查原图所绘内容与实地是否相符，有无遗漏，符号、注记是否正确。仪器检查是在以上两者基础上进行的。对于检查中发现的问题与疑点，应到野外安置仪器，实地检查修改。此外，每幅图还可以采用散点法进行检查，检查量一般为原工作量的10%。

8.3.4.4 地形图的整饰、清绘和验收

地形原图是用铅笔绘制的，故又称铅笔底图。在地形图拼接后，还应清绘和整饰，使图面清晰美观。整饰顺序是：先图内，后图外；先地物，后地貌；先注记，后符号。整饰的内容有：

①擦掉多余的、不必要的点线。

②重绘内图廓线、坐标格网线并注记坐标。

③所有地物、地貌应按图式规定的线划、符号、注记进行清绘。

④各种文字注记应注在适当的位置，一般要求字头朝北，字体端正。

⑤等高线应描绘光滑圆顺，计曲线的高程注记应成列。

⑥按规定图式整饰图廓及图廓外各项注记。

验收是在委托人检查的基础上进行的，以鉴定各项成果是否合乎规范及有关技术指标（或合同要求）。对地形图验收，一般先室内检查，后巡视检查，并将可疑处记录下来，再用仪器在可疑处进行实测检查、抽查。通常仪器检测碎部点的数量为测图量的10%。统计出地形图的平面位置精度及高程精度，作为评估测图质量的主要依据。对成果质量的评价一般分为优、良、合格和不合格4级。

8.4 数字化测图技术

8.4.1 数字化测图技术概述

在信息化时代，地形图的表达形式不仅有绘制在纸上的地形图，更重要的表达形

式是可供传输、处理、共享的数字地形图，它可以为与空间位置有关的城市各类地理信息系统(GIS)提供基础地理数据，以便这些信息系统对地理数据进行空间数据分析和管理，使更多行业的用户共享地形图数据资源。

数字化成图的数据来源可采用野外测量、航摄相片测量、纸质图数字化等方法。大比例尺数字地形图的生产方法主要有图解地形图的数字化和地面数字测图两种。

8.4.1.1 数字地形图与数字测图系统

数字地形图是以适合计算机存取的介质为信息载体，以计算机可识别代码系统和属性特征为表达方法，以数字形式表达地形特征的集合形态。数字地形图采用位置、属性与关系三方面的要素来描述存贮图形对象。

数字测图系统是以计算机为核心，在外连输入与输出设备硬、软件的支持下，对地理空间进行数据采集、输入、成图、输出、管理的测绘系统。它分为地形数据的采集、数据处理与成图、绘图与输出等部分。数字测图系统由硬件和软件两部分组成。

（1）硬件环境

数字化测图的硬件主要是由全站仪(或 GNSS 接收机)、存贮器(电子手簿或内存芯片)、计算机、绘图仪(打印机)、扫描仪、刻录机、显示器等其他输入输出设备组成(图 8-24)。全站仪(或 GNSS 接收机)是数字化外业采集的主要设备，其测量得到的空间数据存储在内存芯片(或者电子手簿)中，再传输到计算机。扫描仪和数字化仪是室内常用的输入设备。将原始的白纸图和航测(遥感)影像图输入计算机，离不开数字化仪和扫描仪。绘图仪是最常用的输出设备，刻录机是记录和保存历史数据、资料的必备工具。

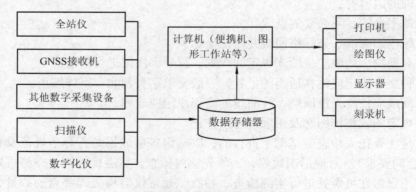

图 8-24 数字化测图系统

（2）软件环境

计算机软件是计算机系统的灵魂，是连接硬件和使用者之间的通道。硬件在软件的支撑下正常工作，才能发挥正常的功能。数字测图系统的软件由系统软件和应用软件构成。系统软件主要是指计算机操作系统 OS(operation system)；应用软件是为了处理某种专门类型的数据或实现特定功能的程序。数字化绘图软件就是应用软件。

8.4.1.2　地面数字测图

地面数字测图就是利用全站仪或 GNSS 接收机在野外进行实地测量，将采集的数据自动存储到磁卡或内存，并传输到计算机中，在成图软件的支持下，通过人机交互编辑后，由计算机自动生成地形图。采用地面数字测图方法创建的大比例尺数字地形图的质量明显优于采用图解地形图法获得的数字地形图，测图方式又具有方便灵活的特点，故在城镇大比例尺测图和小范围大比例尺工程测图中广泛应用。

根据所使用设备的不同，地面数字测图方法有全站仪测图和 GNSS 测图。

（1）全站仪测图

全站仪测图可采用编码法、草图法或内外业一体化的实时成图法等。

①编码法　编码法测图是外业用全站仪采集、电子手簿记录测点数据，并现场给测点编码，然后用绘图软件批量处理编码数据，自动成图。地形点的属性由地形信息编码的方式表达，编码和图式符号相对应，外业测量时，记录点号，并将地形点的编码记录下来。当采用编码法作业时，宜采用通用编码格式，也可使用软件的自定义功能和扩展功能建立用户的编码系统进行作业。

②草图法　在野外利用全站仪采集并记录外业数据或坐标，同时手工勾绘现场地物属性关系草图，返回室内后，下载记录数据到计算机内，将外业观测的碎部点坐标读入数字绘图系统直接展点，根据现场绘制的地物属性关系草图在显示屏幕上连线成图，经编辑和注记后成数字图。当采用草图法作业时，应按测站绘制草图，并对测点进行编号。测点编号应与仪器的记录点号一致。草图的绘制，宜简化标示地形要素的位置、属性和相互关系等。

③内外业一体化的实时成图法　也称为电子平板法。它是在野外用安装了数字化绘图软件的笔记本电脑或掌上电脑直接与全站仪相连，现场测点，计算机实时展绘所测点位，作业员根据实地情况，现场直接连线、编辑和加注记成图。当采用内外业一体化的实时成图法作业时，应实时确立测点的属性、连接关系和逻辑关系等。

（2）GNSS-RTK 测图

实时动态（real time kinematic，RTK）测量是目前山区和城镇开阔地区地形测图碎步点测量的主要方法之一。RTK 定位技术是基于载波相位观测值的实时动态定位技术，它能够实时地提供测站点在指定坐标系中的三维定位结果，并达到厘米级精度。在 RTK 作业模式下，基准站通过数据链将其观测值和测站坐标信息一起传送给流动站。流动站不仅通过数据链接收来自基准站的数据，还要采集 GNSS 观测数据，并在系统内组成差分观测值进行实时处理。

利用 RTK 采集野外碎步测量数据的过程为：启动流动站，开始测量并进行定点校正工作，RTK 接收机便可实时获得具有三维坐标的地形点，输入每个地物点的特征编码，并绘制工作草图，以备内业绘图使用并检查编码输入的正确性。

在实际的地形测量工作中，地形图的测量通常采用全站仪与 GNSS 联合测量的方法。地形要素自动采集和存贮，并通过成图软件成图。对于开阔的地区（田野、公路、河流、沟、渠、塘等），宜采用全球导航卫星系统中的 RTK 测量模式进行全数字野外数据采集，实地绘制地形草图；对于树木较多或房屋密集的村庄等，宜采用 RTK 确定图根控制点位，利用全站仪采集地物、地貌等特征点，实地绘制草图，回到室内将野外采集的坐标数据通过数据传输线传输到计算机，根据实地绘制的草图，经人机交互编辑后由计算机自动生成数字地图。

8.4.1.3　数字化测图的特点

①自动化程度高，数据成果易于存取，便于管理。

②精度高。地形测图和图根加密可同时进行，地形点到测站点的距离与常规测图相比可以放长。

③无缝接图。数字测图不受图幅的限制，作业小组的任务可按照河流、道路的自然分界来划分，以便于地形图的施测，也减少了很多常规测图的接边问题。

④便于使用。数字地形图不是依某一固定比例尺和固定的图幅大小来贮存一幅图，它是以数字形式贮存的数字地图。根据用户的需要，在一定比例尺范围内可以输出不同比例尺和不同图幅大小的地形图。

⑤数字测图的立尺位置选择更为重要。数字测图按点的坐标绘制地形符号，要绘制地物轮廓就必须有轮廓特征点的全部坐标。在常规测图中，作业员可以对照实地用简单的几何作图绘制一些规则地物轮廓，用目测绘制细小的地物和地貌形状。而数字测图对需要表示的细部也必须立尺测量。数字测图直接测量地形点的数目比常规测图多。

8.4.2　全站仪数字测图

数字测图与白纸测图的作业流程基本相同。一般仍然遵循"从整体到局部，先控制后碎部"的测图原则，其基本流程也是先做图根控制，再做碎部测量，最后室内处理成图。但在实际施测工作中，也会有控制测量和碎部测量同时进行的情况。以下介绍全站仪测图常用的方法和流程。

8.4.2.1　全站仪测图的一般要求

①全站仪测图所使用的仪器应满足测图要求，一般宜使用 6″级全站仪，其测距标称精度、固定误差不应大于 10 mm，比例误差系数不应大于 5×10^{-6} m。

②在平坦开阔地区，测图布设的图根点的密度应满足表 8-10 的要求，当布设的图根点不能满足测图需要时，可采用极坐标法增设少量测站点。

表 8-10　平坦开阔地区图根点的密度要求　　　　　　　　　　　　点数/km²

比例尺	1:500	1:1000	1:2000
图根点密度	64	16	4

③全站仪测图的仪器安置及测站检核，应符合的要求：

● 仪器的对中偏差不应大于 5 mm，仪器高和反光镜高的量取应精确至 1mm；

● 应选择较远的图根点作为测站定向点，并施测另一图根点的坐标和高程，作为测站检核。检核点的平面位置较差不应大于图上 0.2 mm，高程较差不应大于基本等高距的 1/5。

● 作业过程中和作业结束前，应对定向方位进行检查。

④全站仪测图的测距长度，不应超过表 8-11 的规定。

表 8-11　全站仪测图的测距长度要求　　　　　　　　　　　　　　　m

比例尺	最大测距长度	
	地物特征点	地貌特征点
1:500	160	300
1:1000	300	500
1:2000	450	700
1:5000	700	1000

8.4.2.2　草图法数字测图

草图法数字测图的流程：外业使用全站仪测量碎部点三维坐标的同时，领图员绘制碎部点构成的地物形状和类型并记录下碎部点点号（必须与全站仪自动记录的点号一致）。将全站仪或电子手簿记录碎部点三维坐标，通过绘图软件（CASS）传输到计算机，转换成绘图软件（CASS）坐标格式文件并展点，根据野外绘制的草图在绘图软件（CASS）中绘制地物。具体安排如下：

（1）人员组织

观测员 1 人：负责操作全站仪，观测并记录观测数据，当全站仪无内存或 PC 卡时，必须加配电子手簿，此时观测员还要负责操作电子手簿并记录观测数据。观测中应注意经常检查零方向，与领图员核对点号。

领图员 1 人：负责指挥跑尺员，现场勾绘草图，要求熟悉地形图图式，以保证草图的简洁、正确，应注意经常与观测员对点号（一般每测 50 个点就要与观测员对一次点号）。草图纸应有固定格式，不应随便画在几张纸上；每张草图纸应包含日期、测站、后视、测量员、绘图员等信息；当遇到搬站时，应换张草图纸，不方便时，应记录本草图纸内哪些点隶属哪个测站，一定要表示清楚。草图绘制，不要试图在一张纸上画足够多的内容，地物密集或复杂地物均可单独绘制一张草图，既清楚又简单。

跑尺员 1~2 人：负责现场跑尺，要求必须对跑点有经验，以保证内业制图的方便，对于经验不足者，可由领图员指挥跑尺，以防引起内业制图的麻烦。

内业制图员 1 人：对于无专业制图人员的单位，通常由领图员担负内业制图任务；对于有专业制图人员的单位，通常将外业测量和内业制图人员分开，领图员只负责绘草图，内业制图员得到草图和坐标文件，即可在绘图软件上连线成图；这时领图员绘制的草图好坏将直接影响到内业成图的速度和质量。

（2）数据采集设备

数据采集设备一般为全站仪或 GNSS 接收机。主流全站仪大多带有可以存贮 3000 个以上碎部点的内存或 PC 卡，可直接记录观测数据。

（3）野外采集数据传输到计算机文件保存

使用与全站仪型号匹配的通信电缆连接全站仪与计算机的接口，设置好全站仪的通信参数后，执行下拉菜单"数据/读取全站仪数据"命令。

（4）展碎部点

展碎部点分定显示区、展野外测点点号和展高程点 3 步进行。

（5）根据草图绘制地形生成数字地形图

草图法数字测图的优点：测图时，不需要记忆繁多的地形符号编码，是一种十分实用、快速的测图方法；缺点是不直观，当草图编号有错误时，可能还需要到实地查错。

8.4.2.3 电子平板法数字测图

电子平板法数字测图的流程通常如下：

（1）人员组织

观测员 1 人：负责操作全站仪，观测并将观测数据传输到笔记本电脑中。某些旧款全站仪的传输是被动式命令，观测完一点必须按发送键，数据才能传送到笔记本电脑；而主流全站仪一般都支持主动式发送，并自动记录观测数据。

制图员 1 人：负责指挥跑尺员，现场操作笔记本电脑，内业后续处理，整饰地形图。

跑尺员 1~2 人：负责现场跑尺。

（2）数据采集设备

全站仪与笔记本电脑一般采用标准的 RS232C 接口通信电缆连接，也可以采用加配 2 个数传电台（数据链），分别连接于全站仪、笔记本电脑上，即可实现数据的无线传送。但数传电台的价格较贵。

（3）创建测区已知点坐标数据文件

执行"编辑 \ 编辑文本文件"命令，调用 Windows 记事本创建测区已知点坐标数据文件如图 8-25 所示。

图 8-25 坐标数据文件格式如下：

总点数（8）；

点名编码，y，x，H；

……

点名，编码，y，x，H；

其中，"I12"和"I13"点为导线点，编码 131500；其余为图根点，编码 131700。

（4）测站准备

测站准备的工作内容：参数设置，定显示区，展已知点，确定测站点、定向点、

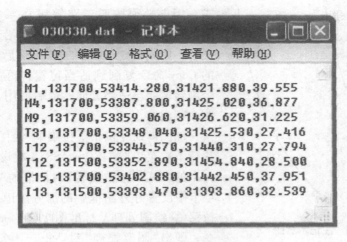

图 8-25 坐标数据文件

定向方向水平度盘值等。

（5）测图操作

用屏幕菜单下的命令进行操作。测绘 4 点 3 层混凝土房屋操作步骤如下：

① 操作全站仪照准立在第一个房角点的棱镜；

② 单击屏幕菜单的"居民地"按钮；

③ 在弹出的"居民地和垣栅"对话框中选择"四点混凝土房屋"；

④ 单击"确定"按钮，命令行提示：

绘图比例尺 1：<500> Enter

1. 已知三点/2. 已知两点及宽度/3. 已知四点 <1>：Enter

请输入标高(0.00)：1.82

⑤ 等待全站仪信号…… CASS 驱动全站仪自动测距，所测点的坐标自动展绘到 CASS 绘图区。

（6）等高线的处理

在数字测图中，等高线是在 CASS 中通过创建数字地面模型（DTM）后自动生成的。DTM 是指在一定区域范围内，规则格网点或三角形点的平面坐标(x, y)和其他地形属性的数据集合。如果该地形属性是该点的高程 H，则此数字地面模型又称为数字高程模型 DEM（digital elevation model）。DTM 从微分角度三维地描述了测区地形的空间分布，应用它可以按用户设定的等高距生成等高线、任意方向的断面图、坡度图，计算给定区域的土方量等。

（7）地形图的整饰

本节只介绍使用最多的加注记和图框的操作方法。

如图 8-26 所示，为某条道路加上路名"迎宾路"的操作方法如下：单击图屏幕菜单的"文字注记"按钮，弹出图"注记"对话框，选中"注记文字"，单击"确定"按钮，命令行提示如下：请输入图上注记大小(mm) <3.0> 4，输入注记内容：迎宾路，输入注记位置(中心点)：CASS 自动将注记文字水平放置(位于 ZJ 图层)，根据图式的要

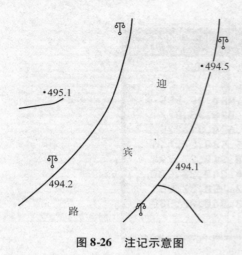

图 8-26 注记示意图

求，用户必须按照道路等级在 4.0、3.5、2.75 中选择一个文字高度。如果需要沿道路走向放置文字，则先创建一个字"迎"，然后使用 AutoCAD 的 Copy 命令复制到适当位置，再使用 Rotate 命令旋转文字至适当方向，最后使用 Ddedit 命令修改文字内容。

加图框命令位于下拉菜单"绘图处理"下，先执行下拉菜单"文件 \ CASS 参数设置"命令，在弹出的"CASS 参数设置"对话框的"图幅设置"选项卡中设置好外图框中的部分注记内容，执行下拉菜单"绘图处理 \ 标准图幅(50 cm×50 cm)"命令，弹出"图幅整饰"对话框，不勾选"取整"复选框，勾选"删除图框外实体"复选框，单击"确定"按钮，CASS 自动按照对话框的设置加图框并以内图框为边界，自动修剪掉内图框外的所有对象。

8.4.3 普通地形图的数字化

采用普通地形图数字化的方法建立大比例尺数字地形图，只是为了充分利用已有图解地形图资源，尽快满足城市和工程建设对数字地形图产品需求的一种应急措施。这种方法获得的数字地形图的精度不高于作为工作底图的普通地形图的精度。普通地形图的数字化可以采用手扶跟踪数字化和扫描数字化两种方法进行。

8.4.3.1 地形图数字化的基本要求

（1）地形图数字化对原图的要求

①原图的比例尺不应小于数字地形图的比例尺。

②原图宜采用聚酯薄膜底图；当无法获取聚酯薄膜底图时，在满足用户用图要求的前提下，也可选用其他纸质图。

③图纸平整、无褶皱，图面清晰。

（2）图纸、图像的定向应符合的规定

①宜选用内图廓的四角坐标点或格网点作为定向点。

②定向点不应少于 4 个，位置应分布均匀、合理。

③当地形图变形较大时，应适当增加图纸定向点。

④定向完成后，应做格网检查。其坐标值与理论坐标值的较差，不应大于图上 0.3 mm。

（3）地形图要素的数字化，应符合的规定

①对图纸中有坐标数据的控制点和建(构)筑物的细部坐标点的点位绘制，应采用输入坐标的方式进行。

②图廓及坐标格网的绘制，应采用输入坐标的方法由绘图软件自动生成。

③原图中地物、地貌符号与现行图式不相符时，应采用现行图式规定的符号。

8.4.3.2 手扶跟踪数字化

手扶跟踪数字化需要的生产设备为数字化仪、计算机和数字绘图软件。数字化仪由操作平板、定位标和接口装置构成，如图8-27所示。操作平板用来放置并固定工作底图，定位标用来操作数字绘图软件和从工作底图上采集地形特征点坐标数据，接口装置一般为标准的 RS232C 串行接口，它的作用是与计算机交换数据。工作前必须将数字化仪与计算机的一个串行接口连接并在数字绘图软件中配置好数字化仪。

图 8-27 A0 幅面数字化仪

手扶跟踪数字化的步骤：将工作底图固定在数字化仪操作平板上，数据采集的方式是操作员应用数字化仪的定位标在工作底图上逐点采集地形图上地物或地貌特征点，将工作底图上的图形、符号、位置转换成坐标数据，并输入数字绘图软件定义的相应代码，生成数字化采集的数据文件，经过人机交互编辑，形成数字地形图。

8.4.3.3 扫描数字化

扫描数字化需要的生产设备为扫描仪、计算机、专用矢量化软件或数字绘图软件。先将纸质图扫描生成栅格图像文件（一般为 TIFF、PCX、BMP 格式），再将栅格图像格式文件引入矢量化软件或数字绘图软件，然后对引入的栅格图像进行定位和纠正。数据采集的方式是操作员使用鼠标在计算机显示屏幕上跟踪地形图上的地物或地貌特征点，将工作底图上的图形、符号、位置转换成坐标数据，并输入矢量化软件或数字绘图软件定义的相应代码，生成数据文件，经过人机交互编辑，形成数字地形图。与手扶跟踪数字化方法比较，扫描数字化具有精度高、成本低、速度快、自动化程度高的特点。

思考与练习题

1. 什么是地形图？它与普通地图有哪些区别？
2. 何谓比例尺和比例尺精度？比例尺精度有何实际意义？
3. 何谓地物和地貌？地形图的地物符号分为哪几类？试举例说明。
4. 什么是等高线？等高线可以分为哪些类型？什么是等高距？什么是等高线平距？它们与地面坡度有何关系？
5. 何谓山脊线？何谓山谷线？何谓鞍部？试用等高线绘之。
6. 等高线有哪些特性？
7. 百米跑道的长和宽分别为 $L = 100$ m 和 $B = 8$ m。试求其在1:500地形图上的长度 l、宽度 b、周长 S

和面积 A。

8. 地面点 A 的经度和纬度分别为东经 $L = 103°45'16''$ 和北纬 $B = 36°05'43''$。试求该点所在1:1 000 000、1:100 000、1:50 000 和1:10 000 图幅的图幅号。

9. 地面点 P 的平面直角坐标为 $x_P = 25\ 178.64$ m，$y_P = 31\ 432.16$ m。试画图求算该点所在1:5000、1:2000、1:1000 和1:500 图幅的编号。

10. 已知地形图图号为 F49H030020，试求该地形图西南图廓点的经度和纬度。

11. 大比例尺地形图解析测绘方法有哪些？各有何特点？

12. 简述用经纬仪配合量角器进行地形图测绘时，一个测站上进行建筑物测绘的主要工作步骤和绘图方法。

13. 简述全站仪野外数据采集的步骤和常用方法。

第 9 章
地形图的应用

9.1 概述

地形图是地理空间信息的载体，它不仅包含地物、地貌等自然地理要素，也包含社会、政治、经济等人文地理要素。在地形图上，可以直接确定点的坐标、点与点之间的水平距离和直线间夹角，确定直线的方位；既能利用地形图进行实地定向，或确定点的高程和两点间高差，也能从地形图上计算出面积和体积等。因此，地形图在国防建设、国土整治、资源调查、土地利用、城乡规划、环境保护、工程建设等方面有着广泛的应用。

9.1.1 地形图主要内容

地形图上的地物、地貌是用不同的地物符号和地貌符号表示的。比例尺不同，地物、地貌的概括程度也不同。地形图主要包括以下内容：

（1）测量控制点

测量控制点包括三角点、导线点、水准点和图根点等。控制点在地形图上一般注有点号或名称、等级及高程。

（2）居民地

居民地包括居住房屋、房屋附属设施、垣栅等。房屋建筑分为特种房屋、坚固房屋、普通房屋、简单房屋、破坏房屋和棚房 6 类。房屋符号中注写的数字表示建筑层数。

（3）工矿企业建筑

工矿企业建筑包括矿井、石油井、探井、吊车、燃料库、加油站、露天设备等，是国民经济建设的重要设施。

（4）独立地物

独立地物如纪念碑、宝塔、亭、庙宇、水塔、烟囱等，是判定方位、确定位置的重要标志。

（5）道路

道路包括公路及铁路、车站、路标、桥梁、天桥、高架桥、涵洞、隧道等。

（6）管线和垣栅

管线主要包括各种电力线、通信线以及地上、地下的各种管道、检修井、阀门等。垣栅是指长城、砖石城墙、围墙、栅栏、篱笆、铁丝网等。

（7）水系及其附属建筑

水系及其附属建筑包括河流、水库、沟渠、湖泊、岸滩、防洪墙、渡口、桥梁、拦水坝、码头等。

（8）境界

境界包括国界、省界、县界、乡界。

（9）地貌和土质

地貌和土质是土木工程建设进行勘测、规划、设计的基本依据之一。地貌主要根据等高线进行阅读，由等高线的疏密程度及其变化情况来分辨地面坡度的变化，根据等高线的形状识别山头、山脊、山谷、盆地和鞍部，还应熟悉特殊地貌如陡崖、冲沟、陡石山等的表示方法，从而对整个地貌特征作出分析评价。土质主要包括沙地、戈壁滩、石块地、龟裂地等。

（10）植被

植被是指覆盖在地表上的各种植物的总称。在地形图上表示出植物分布、类别特征、面积大小，包括树林、竹林火地、经济林、耕地等。

9.1.2 地形图识读

地形图的识读，可根据地形图包括的内容，分类研究地物、地貌特征，进行综合分析，从而获得地形图表示的信息。地形图识读的正确程序是：先读图廓外要素，再读图廓内的地物、地貌等要素。

9.1.2.1 图廓外要素的识读

地形图图廓外要素主要包括：图号、图名、接图表、比例尺、坐标系、使用图示、等高距、测图日期、测绘单位、图廓线、坐标格网、三北方向线和坡度尺等。如图 9-1 所示。

图号按地形图分幅编号方法确定；图名通常参考图幅内的主要地理位置和地物来确定；接图表为九宫格造型，反映了该幅图与周围图幅的邻接关系；比例尺有数字比例尺和图示比例尺；坐标系为该图所采用的平面坐标系统及高程基准；图廓线由外图廓线和内图廓线组成；坐标格网在内图廓线上体现；坡度尺可以辅助快速量取坡度。

根据地形图图廓外要素，可全面了解地形图的基本情况。例如，由地形图的比例尺可知道该地形图反映地物、地貌的详略；根据测图的日期注记可知道地形图的新旧，从而判断地物、地貌的变化程度；从图廓坐标可以掌握图幅的范围；通过地图接图表可以了解与相邻图幅的关系。另外，了解地形图的坐标系统、高程系统、等高距等，对正确用图具有很重要的作用。

9.1.2.2 地物识读

识别地物的目的是了解地物的大小种类、位置和分布情况。通常按先主后次的程序，并顾及取舍的内容与标准。按照地物符号先识别大的居民点、主要道路和用图需要的地物，然后扩展到小的居民点、次要道路、植被和其他地物。通过分析，对主、次地物的分布情况，主要地物的位置和大小形成较全面的了解。

9.1.2.3 地貌识读

识别地貌的目的是了解各种地貌的分布和地面的高低起伏状况。在地形图上，通过等高线和地貌符号，来识别地貌的各种形态。

山顶：是以等高线中最小环圈表示，有时用示坡线表示斜坡方向，绘在环圈外侧。

　　凹地：除环圈形等高线表示外，还必须在环圈内测绘有示坡线，示坡线在等高线内侧。

　　山背：等高线向外凸出部分表示山背，各等高线凸出部分顶点的连线为分水线。

　　山谷：等高线向里凹入的部分表示山谷，各等高线凹入部分顶点的连接线为合水线。

　　零星高程点：直接用点标注高程所在位置，并将其高程写在点位右侧。

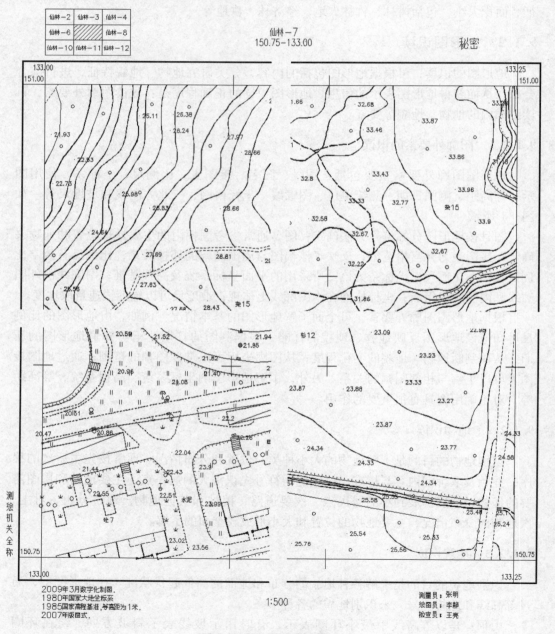

图 9-1　地形图图廓外要素

9.2 地形图应用的基本内容

地形图具有丰富的信息，在地形图上可以获取地貌、地物、居民点、水系、交通、通信、管线、农林等多方面的自然地理和社会政治经济信息，因此，地形图是工程规划、设计的基本资料和信息。在地形图上可以确定点的坐标、点与点间的距离、直线的方向、点的高程和两点间的高差；还可以在地形图上勾绘出分水线、集水线，确定某区域的汇水面积，在图上计算土、石方量等。此外，在地形图上可进行道路设计，绘出道路经过处的纵、横断面图等。

在工程建设规划设计阶段，往往需要在地形图上求出任意点的坐标和高程，确定两点间的平距、方向和坡度，这就是地形图应用的基本内容。下面分别作介绍。

9.2.1 点的坐标确定

根据地形图上的坐标格网线，可以求出地面上任意点的平面坐标。

如图 9-2 所示，欲确定 A 点的坐标，可以根据地形图上坐标格网的坐标值来确定。首先确定 A 点所在方格的西南角坐标 (x_0, y_0)，然后过 A 点作平行于 x 轴和 y 轴的两条直线，交方格边于 m、n、p、q，在地形图上分别量取 pA 和 mA 的长度，再乘以地形图比例尺分母 M，即可计算出 A 点的坐标 (x_A, y_A)：

$$\left. \begin{array}{l} x_A = x_0 + mA \times M \\ y_A = y_0 + pA \times M \end{array} \right\} \tag{9-1}$$

若 A 点的点位精度要求较高，则必须考虑图纸伸缩变形对坐标值的影响，此时应量取 mn 和 pq 的长度，可按下式计算 A 的坐标：

$$\left. \begin{array}{l} x_A = x_0 + mA \times l \div mn \\ y_A = y_0 + pA \times l \div pq \end{array} \right\} \tag{9-2}$$

式中　l——理论长度 10cm(一个格网长度)所代表的实地长度。

9.2.2 两点间的水平距离量测

如图 9-2 所示，欲确定 A、B 两点的水平距离，可采用图解法或解析法。

(1)图解法

用图解法确定两点间的距离，可用卡规直接卡出线段长度，再与图示比例尺比量，即可得到水平距离。也可以用毫米尺直接量取图上的长度 d_{AB} 并按比例尺换算为实际的水平距离，即：

$$D_{AB} = d_{AB} \times M \tag{9-3}$$

其中，M 为比例尺分母。或用比例尺直接量取直线长度。

(2)解析法

先根据式(9-1)或式(9-2)求出 A、B 两点的坐标 (x_A, y_A) 和 (x_B, y_B)，然后按下式计算两点间的水平距离 D_{AB}：

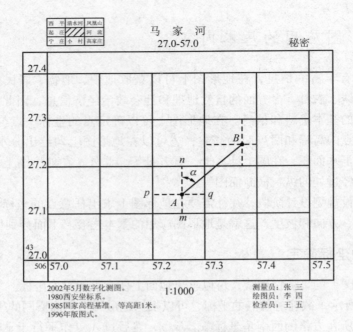

图 9-2　点位坐标量算

$$D_{AB} = \sqrt{(x_B - x_A)^2 + (y_B - y_A)^2} \tag{9-4}$$

9.2.3　直线方位角量测

如图 9-2 所示，欲求直线 AB 的坐标方位角，可采用如下两种方法。

（1）图解法

过 A 点作 X 轴平行线，指向北方向，用量角器直接量北方向与直线 AB 的夹角，即得坐标方位角 α_{AB} 值。

（2）解析法

如图 9-2 所示，先求出 A、B 两点的坐标，然后按下式求 AB 的坐标方位角 α_{AB}，即：

$$\alpha_{AB} = \arctan\left[\frac{(y_B - y_A)}{(x_B - x_A)}\right] \tag{9-5}$$

9.2.4　点位高程量测

地形图上某点的高程，可利用图上的等高线来确定。若某点恰好位于某条等高线上，则该点的高程等于该等高线的高程，如图 9-3 中，E 点的高程 $H_E = 54\text{m}$。若某点位于两条等高线之间，则可用比例内插法求得该点的高程。如图中 F 点位于两等高线之间，过 F

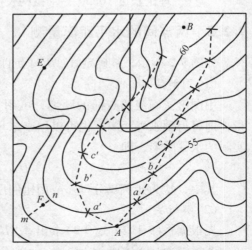

图 9-3　确定点的高程和选定等坡路线

画一条正交于两相邻等高线的线段 mn，量取 mn 和 mF 的长度，设其分别为 d、d_1，若等高距为 h，则 f 点的高程 H_F 可用下式按比例内插求得：

$$H_F = H_m + h\frac{d_1}{d} \tag{9-6}$$

9.2.5 两点间的坡度量测

在地形图上求得两点间直线的水平距离 D 及其两点间的高差 h，高差与水平距离之比即为坡度，用 i 表示，即：

$$i = h/D = h/(d \cdot M) \tag{9-7}$$

式中 d——两点间在图上的长度；

M——该图比例尺的分母。

i 有正负号，正号表示上坡；负号表示下坡。坡度常用百分率表示。

9.2.6 图形面积量算

各种工程建设的规划设计中，常遇到面积量测和计算问题。地形图上量算面积的方法有很多种，常用的有图解法、解析法、求积仪法等，应根据具体情况选择所需的方法。

9.2.6.1 图解法

（1）透明方格纸法

如图 9-4 所示，要求算曲线内的面积，将透明方格纸覆盖在地形图上，先数出图形内整方格数 n_1，再数出不完整的方格数 n_2，不完整方格区按所覆盖的面积按一定比例进行换算，此处按占 1/2 面积进行大致估算。则该图形所代表的实地面积为：

$$A = (n_1 + n_2/2)S \tag{9-8}$$

式中 S——一个小方格的实地面积。

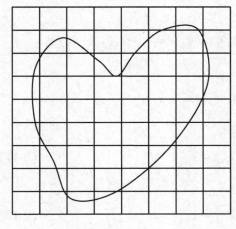

图 9-4 方格法

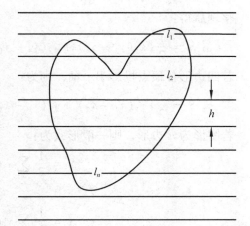

图 9-5 平行线法

（2）平行线法

如图9-5所示，将绘有平行线的透明纸覆盖在地形图上，也可在图上直接绘出间隔相等的平行线，把图形分成一些近似梯形，梯形的高为平行线的间距 h，设图形截割各平行线的长度为 l_1、l_2、…、l_n，则各梯形的面积为：

$$\left. \begin{array}{l} S_1 = \dfrac{1}{2}h(0 + l_1) \\ S_2 = \dfrac{1}{2}h(l_1 + l_2) \\ \vdots \\ S_{n+1} = \dfrac{1}{2}h(l_n + 0) \end{array} \right\} \tag{9-9}$$

则图形总面积 S 为：

$$S = S_1 + S_2 + \cdots + S_{n+1} = h\sum_{i=1}^{n} l_i \tag{9-10}$$

图解法优点是设备简单，只需一张透明纸；缺点是计算量大，精度低。

9.2.6.2 解析法

解析法计算面积的方法就是利用各点的坐标来计算面积。其优点是能以较高的精度测定面积。解析法适用于求积图形为任意多边形，且各顶点的坐标在地形上量出或实地测定。

如图9-6所示，将任意四边形各顶点按顺时针编号为1、2、3、4，各点坐标分别为 (x_1, y_1)、(x_2, y_2)、(x_3, y_3)、(x_4, y_4)。由图可知四边形 1234 的面积等于梯形 $33'44'$ 加梯形 $4'411'$ 的面积再减去梯形 $3'322'$ 与梯形 $2'211'$ 的面积，即：

$$S = \frac{1}{2}\left[(y_3 + y_4)(x_3 - x_4) + (y_4 + y_1)(x_4 - x_1) - (y_3 + y_2)(x_3 - x_2) - (y_2 + y_1)(x_2 - x_1)\right]$$

整理后得：

$$S = \frac{1}{2}\left[x_1(y_2 - y_4) + x_2(y_3 - y_1) + x_3(y_4 - y_2) + x_4(y_1 - y_3)\right]$$

若四边形各顶点投影于 y 轴，则为：

$$S = \frac{1}{2}\left[y_1(x_4 - x_2) + y_2(x_1 - x_3) + y_3(x_2 - x_4) + y_4(x_3 - x_1)\right]$$

若图形为 n 边形，则一般形式为：

$$S = \frac{1}{2}\sum_{i=1}^{n} x_i(y_{i+1} - y_{i-1}) \tag{9-11}$$

或

$$S = \frac{1}{2}\sum y_i(x_{i-1} - x_{i+1}) \tag{9-12}$$

当 $i=1$ 时，x_{i-1} 和 y_{i-1} 分别用 x_n 和 y_n 代入。

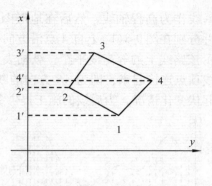

图 9-6　解析法计算面积

图 9-7　数字求积仪

9.2.6.3　求积仪法

求积仪是一种利用积分求面积的原理，测定图形面积的仪器。它的优点是操作简便，速度快，能测定任意形状的图形面积，且能保证一定的精度。图 9-7 为一款数字求积仪，可以直接读出面积值。

9.2.7　在图上设计等坡路线

对管线、渠道、交通线路等工程进行初步设计时，通常先在地形图上进行初步路线选取。按照技术要求，选定的线路坡度不能超过规定的限制强度。

如图 9-3 所示，要从低地 A 点向山顶 B 点选一条公路的路线，要求坡度限制为 i。设地形图的比例尺分母值为 M，等高距为 h，等高线平距为 d，根据坡度的定义，有：

$$d = \frac{h}{iM} \tag{9-13}$$

如图 9-3 所示，$h = 1\mathrm{m}$，$M = 1000$，$i = 3.3\%$，1:1000 等高距为 1m，规定坡度为 3.3%，代入式 (9-13) 可得 $d = 0.03\mathrm{m}$。在地形图上用圆规以 A 为圆心，3cm 为半径，作圆弧交 54m 等高线于 a 或 a' 点。再以 a 或 a' 为圆心按同样的半径交 55m 等高线于 b 或 b'，依次进行，可得一系列交点，直到 B 点为止。把相邻点连接起来，即得符合设计坡度要求的路线。符合要求的路线有很多条，图中选出其中路线较理想的两条。其大致方向为 $A—a—b—\cdots—B$ 和 $A—a'—b'—\cdots—B$。最后通过实地踏勘，综合考虑选出一条较理想的公路路线。

9.3　地形图在工程建设中的应用

9.3.1　地形断面图的绘制

在道路、管线工程的建设中，为了合理地确定路线的纵坡，以及进行填挖方量的概算，需要较详细地了解沿线路方向上的地面变化情况。为此，常根据地形图的等高线来绘制地面的断面图，由断面图可以看出该方向地形起伏变化的情况。

如图 9-8 所示，欲在地形图上沿 AB 方向绘制断面图，可在绘图纸或方格纸上绘制 AB 方向线[图 9-8(a)]，过 A 点作 AB 的垂线作为高程轴线，然后在地形图上自 A 点分别量出 A 点与各等高线的交点的平距，并分别在图 9-8(b)上自 A 点沿方向按一定的比例尺截出相应的垂线，即 b 图中横轴表示该路线上的等高线平距，纵轴表示高程的起伏变化。最后，用光滑的曲线将各高程线顶点连接起来，即为 AB 方向的断面图。从该图中可以清楚地看出沿路线方向的高程起伏变化情况，为后续的施工提供参考。

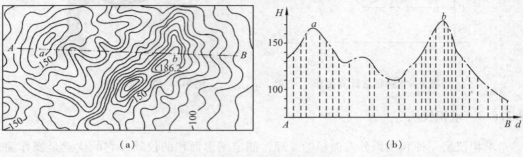

图 9-8　利用地形图绘制纵断面图

(a)断面的位置　(b)断面图

纵断面过山脊、山顶或山谷处的高程，可用按比例内插法求得。绘制断面图时，高程比例尺大小的选择一般要根据地形起伏状况来确定，一般选水平距离比例尺的 5~10 倍，目的是使地面的起伏变化更加明显。

9.3.2　汇水面积边界线的确定

当在山谷或河流修建大坝、架设桥梁或敷设涵洞时，都要知道有多大面积的雨水汇集在这里，这个面积称为汇水面积。

汇水面积的边界是根据等高线的分水线(山脊线)来确定的。如图 9-9 所示，一条通过山谷的公路，拟在 P 点架桥或修建泄洪涵洞，其孔径大小应根据流经该处的流水量来确定，而流水量又与山谷的汇水面积有关。

从图上可以看出，山脊线和公路上的线段所围成的封闭区域 A—B—C—D—E—F—G—H—I—A 的面积，就是这个山谷的汇水面积。量测出该面积的值，再根据该地区的降雨量就可确定流经 P 处的水流量，从而为桥梁或涵洞的孔径设计提供依据。

确定汇水面积的边界线时，应注意以下几点：

①边界线(除公路 AB 段外)应与山脊线一致，且与等高线垂直。

②边界线是经过一系列的山脊线、山

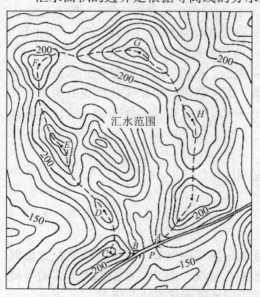

图 9-9　汇水面积与边界线的确定

头和鞍部的曲线，并在河谷的指定断面(公路或水坝的中心线)闭合。

9.3.3 建筑设计中地形图的应用

现代建筑设计要求充分考虑现场的地形特点，不剧烈改变地形的自然形态，使设计建筑物与周围景观环境比较自然地融为一体，这样既可以避免开挖大量的土方，节约建设资金，又可以不破坏周围的环境，如地下水、土层、植物生态和地区的景观环境。地形对建筑物布置的间接影响主要是自然通风和日照效果两方面。

由地形和温差形成的地形风，往往对建筑通风起主要作用。不同地区的建筑物布置，需结合地形特点并参照当地气象资料加以研究，合理布置。为达到良好的通风效果，在迎风坡，高建筑物应置于坡上；在背风坡，高建筑物应置于坡下。把建筑物布置在鞍部两侧迎风坡面，可充分利用垭口风，以取得较好的自然通风效果。建筑物布列在山堡背风坡面两侧和正下坡，可利用绕流和涡流获得较好的通风效果。

在平地，日照效果与地理位置、建筑物朝向和高度、建筑物间隔有关；而在山区，日照效果除了与上述因素有关外，还与周围地形、建筑物处于向阳坡或背阳坡、地面坡度大小等因素密切相关，日照效果问题就比平地复杂得多，必须对建筑物进行个别的具体分析。

在建筑设计中，既要珍惜良田好土，尽量利用薄地、荒地和空地，又要满足投资省、工程量少和使用合理等要求。如建筑物应适当集中布置，以节省农田，节约管线和道路；建筑物应结合地形灵活布置，以达到省地、省工、通风和日照效果好的目的；公共建筑应布置在小区的中心；对不宜修建建筑的区域，要因地制宜地利用起来，如在陡坡、冲沟、空隙地和边缘山坡上建设公园和绿化地；自然形成或由采石、取土形成的大片洼地或坡地，因其高差较大，可用来布置运动场和露天剧场；高地可设置气象台和电视转播站等。建筑设计中所需要的上述地形信息，大部分都可以在地形图中找到。

9.3.4 给排水设计中地形图的应用

选择自来水厂的厂址时，要根据地形图确定位置。如厂址设在河流附近，则要考虑厂址在洪水期内不会被水淹没，在枯水期内又能有足够的水量。水源离供水区不应太远，供水区的高差不应太大。在 0.5%~1% 地面坡度的地段，比较容易排除雨水。在地面坡度较大的地区内，要根据地形分区排水。由于雨水和污水的排除是靠重力在沟管内自流的，因此，沟管应有适当的坡度，在布设排水管网时，要充分利用自然地形，如雨水干沟应尽量设在地形低处或山谷线处，这样，既能使雨水和污水畅通自流，又能使施工的土方量最小。在防洪、排涝、涵洞和涵管等工程设计中，经常需要在地形图上确定汇水面积作为设计的依据。

9.3.5 勘测设计中地形图的应用

在建(构)筑物、市政设施、线路工程等的勘测设计中，地形图的应用相当广泛。如道路一般以平直较为理想，实际上，由于地形和其他原因的限制，要达到这种理想状态是很困难的。为了选择一条经济而合理的路线，必须进行线路勘测。线路勘测是一个涉及面广、影响因素多、政策性和技术性强的工作。在线路勘测之前，要做好各种准备工作。首先要搜集与线路有关的规划统计资料以及地形、地质、水文和气象资料，然后进行分析研究，在地形图（通常为1∶5000的地形图）上初步选择线路走向，利用地形图对山区和地形复杂、外界干扰多、牵涉面广的段落进行重点研究。例如，线路可能沿哪些溪流，越哪些垭口；线路通过城镇或工矿区时，是穿过、靠近，还是避开而以支线连接等。研究时，应进行多种方案的比较。具体线路测量工作将在第10章中详述。

9.3.6 城镇建设用地分析中地形图的应用

城镇各项建设总是要体现和落实在用图上。在规划设计前，首先应按建筑、交通、给水和排水等对地形的要求，在地形图上对规划区域的地形进行整体认识和分析评价，标明不同坡度的地区的地面水流方向、分水线和集水线等，以实现规划中能充分合理地利用自然地形条件，经济有效地使用土地，节约建设费用和促进城市的可持续发展。

各项工程建设与设施布设对用地地质、水文、地形等方面都有一定的要求。而在地形方面，主要是对不同地面坡度的要求。因此，在地形分析时应充分考虑地形坡度类型及其与各项建筑布设的关系，以便合理利用和改造原有地形。

根据规划原理和方法，在平原地区进行规划设计时，对建筑群体布置限制较小，布设比较灵活机动。但在山地和丘陵地区，由于建筑用地通常呈不规则的形状，要求在各种不规则形状中寻找布置的规律。因此，建筑群体的布设形式，必然受到地形特点的制约，呈现出高低参差不同，大小分布各异的特点。下面以图9-10为例进行地形分析。

① 鲁家村以西有一座小山，东南方有一条河流（青水河），河南岸有一沼泽地。

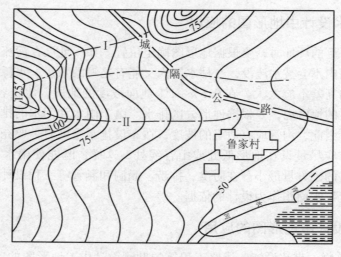

图 9-10 用地分析

② 在武南公路以北有一个高出地面约 30m 的小丘，小丘东西向地势较南北向平缓。

③ 鲁家村以西的地形，从 75m 等高线以上较陡，75～55m 等高线一段渐趋平缓，55m 等高线以下更为平坦。总的来说，这块地形除了小山和小丘外还是比较平缓的。

④ 根据地形起伏情况，从小山山顶向东北到小丘可找出分水线Ⅰ，从小山向东到武南公路找出分水线Ⅱ，分水线Ⅱ的一段与武南公路东段相吻合。在分水线Ⅰ和Ⅱ之间可找到集水线。根据地势情况，定出地面水流方向(最大坡度方向)，在分水线Ⅰ以北的地面水排向小丘和小丘以北，在分水线Ⅱ以南的地面水则向青水河汇集。

根据上述分析结果，在鲁家村四周、武南公路东南段两侧等处适宜规划建筑群体，而青水河南面的沼泽地区，需做工程地质和水灾地质等的分析以后，才能确定其用途。

随着数字化测图技术的发展，数字地形图也广为应用。目前的应用软件具有上述纸质地形图应用的功能。在数字地形图上可以查询指定点的坐标；查询指定两点间的距离、方位角；查询封闭区域的面积；计算土方；绘制断面图等内容。在工程建设中，利用数字地形图比传统的纸质地形图更为方便、快捷、精确，能够大大提高工作的效率。

9.4　地形图在平整场地中的应用

在土木工程、交通工程和园林工程等工程建设中，都或多或少涉及地形改造和场地平整工作。场地平整工作是将原来高低不平的、比较破碎的地形按设计要求整理成平坦的或具有一定坡度的场地。在平整场地的过程中，测量人员的主要工作是计算土方量和指导填、挖的施工高度等工作。土方量不仅为设计提供必要的信息，而且也是进行工程投资预算和施工组织设计等项目的重要依据。

土方量的计算工作，就其精确程度，可分为估算和精算。在规划阶段，土方量的计算不需过分精确，只需要毛估即可。而在设计施工图时，土方量的计算则要求比较精确。

在进行土方量估算时，常常用一些规则的几何形体(如圆锥、圆台、棱锥、棱台、球冠等)来近似地代替一些地形单体(如山丘、池塘等)的实际形状，从而简化土方量的计算。而常用的土方精确计算的方法主要有方格法和断面法。其中断面法可以分为垂直断面法、水平断面法(等高线法)及成角断面法。

9.4.1　方格法估算土方量

该方法适用于地形起伏不大或地形变化比较规律的地区。其工作程序是：

①在附有等高线的地形图上作方格网控制施工场地，方格的边长取决于所要求的计算精度、地形图比例尺和地形变化的复杂程度。

②在地形图上用内插法求出各方格顶点(格网交点)的原地面高程，或把方格顶点测设到地面上，用水准测量的方法测出各顶点的高程，然后标注于图上。

③依据设计目的与要求(如填挖土方量平衡)确定方格各顶点的设计高程(标高)。

④在方格的顶点上，根据原地面高程和设计标高，求出填挖高度(施工标高)。

⑤土方计算。

【例 9-1】 如图 9-11 所示为某场地1:1000 地形图，假设要求将原地面按照填挖平衡的原则改造成水平面，试计算填挖方量。

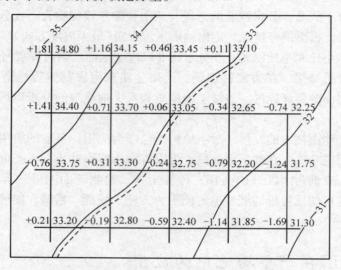

图 9-11 方格法土石方量估算(平整为水平场地)

解：

①在地形图上绘制方格网并计算各方格顶点地面高程

如图 9-11 所示，取方格边长为 20m(图上 2cm)，打方格网，并内插求出各顶点高程，标记于各顶点的右上方。

②计算填挖平衡下的设计高程

先将每一方格顶点的高程相加除以 4，得到各方格的平均高程 H_i，然后将每个方格的平均高程相加除以方格总数 n，即得到填挖平衡的设计高度 H_0。其计算公式为：

$$H_0 = \frac{\sum\limits_{i=1}^{n} H_i}{n} \tag{9-14}$$

也可按照使用的方格网的角点(1 个方格网的顶点)、边点(两个方格的共用顶点)、拐点(3 个方格的共用顶点)和中点(4 个方格的共用顶点)高程的使用次数展开为：

$$H_0 = \frac{1}{4n}(\sum H_{角} + 2\sum H_{边} + 3\sum H_{拐} + 4\sum H_{中}) \tag{9-15}$$

如图 9-11 所示，将各顶点的高程代入式(9-15)，求得 H_0 为 32.99m。

在地形图上内插等高线 32.99m(虚线)，该线即为不挖不填线。

③计算挖、填高度

将各方格顶点的地面高程减去设计高程即得其填、挖高度，其值标注于各方格顶点的左上方，如图 9-11 所示。当地面高程大于设计高程时为挖，反之为填。

④计算挖、填土方量

挖、填土方量要分别计算，不得正负抵消。计算方法是：

$$角点：挖（填）高 \times \left(\frac{1}{4}\right)方格面积$$

$$边点：挖（填）高 \times \left(\frac{2}{4}\right)方格面积$$

$$拐点：挖（填）高 \times \left(\frac{3}{4}\right)方格面积$$

$$中点：挖（填）高 \times \left(\frac{4}{4}\right)方格面积$$

按上述公式分别计算挖、填方工程量。

【例9-2】 如图9-12所示，某公园为了满足游人游园活动的需要，拟将某块地面平整成三坡向两面坡的T字形广场，要求广场具有1.5%的纵坡和2%的横坡，土方就地平衡。试求其设计高程及填挖土方量。

解：

①确定方格网并计算各方格顶点地面高程

根据场地具体情况（本例中按正南正北方向），以实际长度20m为方格的边长作方格控制网。如有较精确的地形图，可用内插法直接求得各顶点的地面高程，若没有较精确的地形图，则将各方格顶点测设到地面上，用水准测量的方法测出各顶点的高程并将其标注于图纸上。标注的方法如图9-13所示。

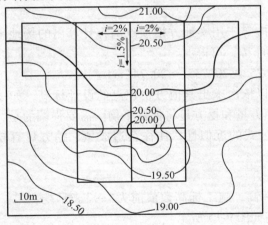

图9-12 某公园广场方格网

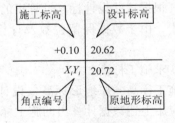

图9-13 方格网标注位置图

②确定填挖平衡设计下的平整标高

平整标高又称为计划标高。平整在土方工程的含义就是把一块高低不平的地面在保证土方平衡的前提下，挖高垫低使地面成为水平面。这个水平地面的高程就是平整标高，如例9-1中的设计高程即为平整标高。

应用式（9-14）或式（9-15）可求出平整标高。本例中求得的平整标高 H_0 为20.06m。

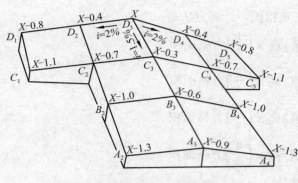

图 9-14 数学代入法求 H_0 示例

③求定设计标高

由于地面需要平整成三坡向两面坡的场地，所以各方格顶点的设计高程都不相同，但其高差与平距之比等于所设计的坡度。为便于理解，将图 9-12 按所给的条件画成立体图，如图 9-14 所示。

为了求定各方格顶点的设计标高，可采用数学代入法和几何等高线法。在园林工程中，常用的方法是数学代入法。下面，就用数学代入法求各方格顶点的设计标高。

图 9-14 中 D_3 点最高，假设其设计标高为 X，则依据给定的坡向、坡度和方格边长，可以立即算出其他方格顶点的假设设计标高。以点 D_2 为例，点 D_2 在 D_3 的下坡，距离 $L = 20\mathrm{m}$，设计坡度 $i = 2\%$，则点 D_2 和点 D_3 之间的高差为：

$$h = i \times L = 0.02 \times 20 = 0.4(\mathrm{m})$$

所以，点 D_2 的假设设计标高为 $X - 0.4\mathrm{m}$。同法可计算出所有方格顶点的假设设计标高，并将其分别标注于图 9-14 上。

应用式（9-14）或式（9-15），可求出用假设设计标高算出的场地平均高程 $H_0' = X - 0.675\mathrm{m}$。

在土方填挖平衡的条件下，H_0' 应等于用实地方格顶点高程计算出的场地平均高程，即：$H_0' = H_0$。根据②中计算出的 H_0，可得：

$$X = H_0 + 0.675 = 20.735 \approx 20.74(\mathrm{m})$$

求出 D_3 点的设计标高后，就可以依次求出其他方格顶点的设计标高，如图 9-15 所示。根据这些设计标高计算出的填方量和挖方量将保持平衡。需要强调的是，实际计算中，由于数据保留位数及计算公式的近似性，往往会造成填、挖方量有较小的不符。

④求施工标高

施工标高 = 原地形标高 - 设计标高，施工标高数值前为" + "表示挖，" - "表示填。应用上述数据计算出的施工标高如图 9-15 所示。

⑤求零点线

所谓零点是指不填不挖的点，相邻零点的连线就是零点线，它是填方和挖方区的分界线，因而零点线成为土方计算的重要依据之一。

在相邻两顶点之间，若施工标高值一个符号为" + "，一个符号为" - "，则它们之间有零点存在。其位置可通过高程内插法求出，不过此时已知量是高程，欲求量是平距。

⑥土方计算

零点线提供了填、挖土石方的面积，施工标高提供了填挖土石方的高度。依据这些条件，便可选择适当的公式求算出各方格的土方量。

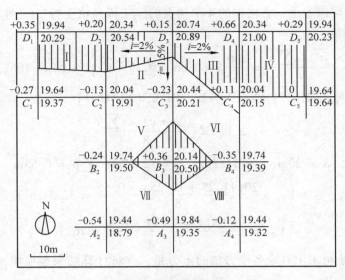

图 9-15 某公园广场填挖土石方区域图

由于零点线切割方格的位置不同，形成各种形状的棱柱体，表 9-1 中列出了各种常见的棱柱体及其体积计算公式。

表 9-1 棱柱体体积计算公式

序号	填挖情况	平面图式	立体图式	计算公式	
1	四点全为填方（或挖方）时			$\pm V = \dfrac{a^2 \times \sum h}{4}$	(9-16)
2	两点填方两点挖方时			$\pm V = \dfrac{a(b + c) \times \sum h}{8}$	(9-17)
3	三点填方（或挖方）一点挖方（或填方）时			$\mp V = \dfrac{b \times c \times \sum h}{6}$ $\pm V = \dfrac{(2a^2 - b \times c) \times \sum h}{10}$	(9-18) (9-19)
4	相对两点为填方（或挖方）其余二点为挖方（或填方）时			$\mp V = \dfrac{b \times c \times \sum h}{6}$ $\mp V = \dfrac{d \times e \times \sum h}{6}$ $\pm V = \dfrac{(2a^2 - b \times c - d \times e) \times \sum h}{12}$	(9-20) (9-21) (9-22)

由图 9-15 可以看出，方格Ⅳ的 4 个顶点的施工标高值全为" + "号，因此是挖方，用式(9-16)计算:

$$V_{Ⅳ} = \frac{a^2 \times \sum h}{4} = \frac{400}{4} \times (0.66 + 0.29 + 0.11 + 0) = 106(\text{m}^3)$$

方格Ⅰ中两点为挖方，两点为填方，用式(9-17)计算:

$$\pm V_{Ⅰ} = \frac{a(b + c) \times \sum h}{8}$$

$$a = 20\text{m}, \ b = 11.25\text{m}, \ c = 12.25\text{m}; \ \sum h = 0.55\text{m}$$

$$+ V_{Ⅰ} = \frac{20(11.25 + 12.25) \times 0.55}{8} = 32.3(\text{m}^3)$$

$$- V_{Ⅰ} = \frac{20(8.75 + 7.75) \times 0.4}{8} = 16.5(\text{m}^3)$$

同样的方法可求出其余各个方格的土方量，并将计算结果逐项填入表 9-2 土方量计算表。

表 9-2　土方计算表

方格编号	挖方(m³)	填方(m³)	备注
$V_Ⅰ$	32.3	16.5	
$V_Ⅱ$	17.6	17.9	
$V_Ⅲ$	58.5	6.3	
$V_Ⅳ$	106.0	—	
$V_Ⅴ$	8.8	39.2	
$V_Ⅵ$	8.2	31.2	
$V_Ⅶ$	6.1	88.5	
$V_Ⅷ$	5.2	60.5	
$\sum$	242.7	260.1	缺土 17.4m³

土方量计算的方法除应用上述公式计算外，还可使用"土方工程量计算表"或"土方量计算图表"(也称为诺莫图)，具体的计算方法与实例可参见相关的书籍。

9.4.2　断面法估算土方量

断面法是以一组等距或不等距的相互平行的截面将拟计算的地块、地形单体(如山、池、岛等)和土方工程(如堤、沟渠、路堑、路槽等)分截成"段"，分别计算这些"段"的体积，再将各段的体积累加，从而求得总的土方量。在地形变化较大的地区，可以用断面法来估算土方。

断面法的计算公式如下:

$$V = \frac{S_1 + S_2}{2} \times L \tag{9-23}$$

式中　S_1, S_2——两相邻断面上的填土面积(或挖土面积);

L——两相邻断面的间距。

此法的计算精度取决于截取断面的数量，多则精，少则粗。

断面法根据其取断面的方向不同可分为垂直断面法、水平断面法（等高线法）及与水平面成一定角度的成角断面法。在此介绍前两种方法。

9.4.2.1 垂直断面法

如图 9-16 所示的1∶1000 地形图局部，$ABCD$ 是计划在山脊上拟平整场地的边线。设计要求：平整后场地的高程为 67m，AB 边线以北的山脊要削成1∶1 的斜坡。试分别估算挖方和填方的土方量。

根据上述的情况，将场地分为两部分来讨论。

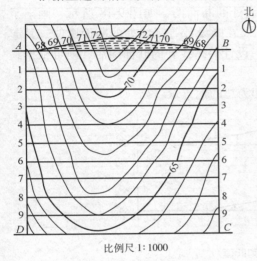

比例尺1∶1000

图 9-16 断面法计算土方量

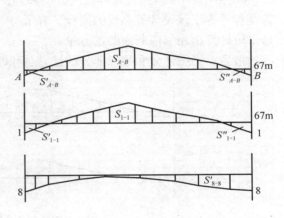

图 9-17 部分断面

（1）$ABCD$ 场地部分

根据 $ABCD$ 场地边线内的地形图，每隔一定间距（本例采用的是图上 10cm）画一垂直于左、右边线的断面图，图 9-17 即为 A—B、1—1 和8—8 的断面图（其他断面省略）。断面图的起算高程定为 67m。因此，在每个断面图上，凡是高于 67m 的地面与67m 高程起算线所围成的面积即为该断面处的挖土面积，凡由低于 67m 的地面与67m高程起算线所围成的面积即为该断面处的填土面积。

分别求出每一断面处的挖方面积和填方面积后，根据式（9-23）即可计算出两相邻断面间的填方量和挖方量。例如，A—B 断面和1—1 断面间的填、挖方量为：

$$V_{填} = V'_{填} + V''_{填} = \frac{S'_{A-B} + S'_{1-1}}{2} \times L + \frac{S''_{A-B} + S''_{1-1}}{2} \times L \qquad (9\text{-}24)$$

$$V_{挖} = \frac{S_{A-B} + S_{1-1}}{2} \times L \qquad (9\text{-}25)$$

式中 S'，S''——断面处的填方面积；

S——断面处的挖方面积；

L——A—B 断面和 1—1 断面间的间距。

同法可计算出其他相邻断面间的填方量。最后求出 $ABCD$ 场地部分的总填方量和总挖方量。

（2）AB 线以北的山脊部分

首先按与地形图基本等高距相同的高差和设计坡度，算出所设计斜坡的等高线平距。在本例中，基本等高距为 1m，设计斜坡的坡度为1:1，所以设计等高线平距为 1m。按照地形图的比例尺，在边线 AB 以北画出这些彼此平行且等高距为 1m 的设计等高线，如图 9-16 中 AB 边线以北的虚线所示。每一条斜坡设计等高线与同高的地面等高线相交的点，即为零点。把这些零点用光滑的曲线连接起来，即为不填不挖的零线。

为了计算土方，需画出每一条设计等高线处的断面图，如图 9-18 所示，画出了 69—68 和 69—69 两条设计等高线处的断面图。在画设计等高线处的断面图时，其起算高程要等于该设计等高线的高程。有了每一设计等高线处的断面图后，即可根据式（9-23）计算出相邻两断面的挖方量。

最后，第一部分和第二部分的挖方总和即为总的挖方量。

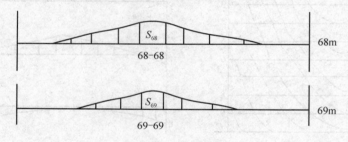

图 9-18　典型断面

9.4.2.2　等高线法

当地面高低起伏较大且变化较多时，可以采用等高线法。此法是先在地形图上求出各条等高线所包围的面积，乘以等高距，得各等高线间的土方量，再求总和，即为场地内最低等高线 H_0 以上的总土方量 $V_总$。如要平整为一水平面的场地，其设计高程 $H_设$ 可按下式计算：

$$H_设 = H_0 + \frac{V_总}{S} \tag{9-26}$$

式中　H_0——场地内的最低高程，一般不在某一条等高线上，需根据相邻等高线内插求出；

　　　$V_总$——场地内最低高程 H_0 以上的总土方量；

　　　S——场地总面积，由场地外轮廓线决定。

当设计高程求出以后，后续的计算工作可按方格法或断面法进行。为使计算的土方量更符合实际，可以缩短方格边长和断面的间距。

若在数字地形图上，利用数字地面模型，计算平整场地的挖、填方工程量，则更为方便。先在场地范围内按比例尺设计一定边长的方格网，提取各方格顶点的坐标，并插算各点相应的高程，同时，给出或算出设计高程，求算各点的挖、填高度，按照挖、填范围分别求出挖、填土（石）方量，这种方法比在地形图上手工画图计算更为快捷。

思考与练习题

1. 地形图的识读主要包括哪些内容？
2. 常用求面积的图解法有哪几种？如何进行求算？
3. 如何根据地形图确定一点的平面坐标和高程，两点之间的水平距离和坐标方位角？
4. 平整场地的原则是什么？计算填、挖土方量的方法有哪几种？

第 10 章
施工测量

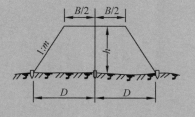
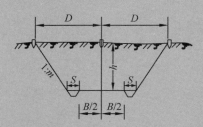

10.1 概述

工程建设的测量工作一般分为勘测设计、施工建设和营运管理 3 个阶段，各种工程在施工阶段所进行的测量工作，称为施工测量。

10.1.1 施工测量的内容、特点和原则

10.1.1.1 施工测量的基本任务和内容

施工测量贯穿于整个施工过程中，从场地平整、建筑物定位、工程量测定、基础施工，到建筑物构件的安装等，都需要进行施工测量。在施工过程中，要定期对工程建（构）筑物进行变形观测，随时掌握工程建（构）筑物的稳定情况，为施工和今后工程建（构）筑物的使用和维护提供资料。工程竣工后，应及时进行相应的竣工测量和编绘竣工图，为工程验收和评定工程质量及以后的工程管理、扩建、改建、维修等提供依据。

10.1.1.2 施工测量的特点和精度要求

施工测量的主要工作是测设，它和测图工作不同。测图工作是将地面上的地物、地貌测绘到图纸上，而测设工作与其相反，它是将图纸上设计的建（构）筑物的位置标定到相应的地面上。

测设的精度要求取决于建（构）筑物的大小、材料、用途要求和施工方法等因素。一般来讲，高层建筑的测设精度应高于低层建筑；钢结构厂房的测设精度应高于钢筋混凝土和砖石结构的厂房；连续性自动化生产车间的测设精度应高于普通车间；装配式建筑的测设精度应高于非装配式建筑；工业建筑的测设精度应高于民用建筑，大型桥梁的测设精度应高于小型桥梁等。总之，一个合理的设计方案，必须通过精心施工才能付诸实现，故应根据精度要求进行测设，否则，将直接影响施工质量，甚至造成工程事故。

10.1.1.3 施工测量的原则

施工现场上有各种建（构）筑物，且分布面较广，往往又不是同时开工兴建。为了保证各个建（构）筑物在平面和高程上都能符合设计要求，互相连成统一的整体，因此，施工测量和测绘地形图一样，也要遵循"从整体到局部，先控制后碎部"的原则。即先在施工现场建立统一的平面控制网和高程控制网，然后以此为基础，测设出各个建（构）筑物的位置。

施工测量的检查与校核工作也是非常重要的，必须采用各种不同的方法加强外业和内业的校核工作。

10.1.2 施工测量的基本工作

当工程进入施工阶段时，首先需要将图纸上设计好的各种建筑物、构筑物轴线或

角点的平面位置和高程在实地标定出来，作为施工的依据，这一测量工作称为测设（也称放样）。

点的位置是由平面位置和高程所确定的，而点的平面位置通常是由水平距离和水平角度来确定。所以，测设的基本工作包括水平距离、水平角度和高程的测设。

10.1.2.1 水平距离的测设

水平距离的测设，是从地面上一个已知点出发，沿给定的方向，量出已知（设计）的水平距离，在地面上定出另一端点的位置。

（1）钢尺法

在平坦地区，可以使用经过检定后的钢卷尺测设一段设计长度为 D 的水平距离，必要时需要计算这段距离的尺长改正数 Δl_d 和温度改正数 Δl_t。如果场地不平坦，还需要测定距离两端的高差，进行倾斜改正 Δl_h。最后，得到测设水平距离 D 应丈量的距离。

（2）测距仪法

利用测距仪测设水平距离时，可以直接测得水平距离，并且能预先设置改正参数。尤其在距离较长、地面坡度较大的情况下，比利用钢尺测设水平距离更方便、快捷。测设时，在距离的起点处安置测距仪或全站仪，现场实测大气温度、气压，进行气象改正，进入"水平距离"模式，然后用测距仪瞄准指定的方向，指挥棱镜安置于该方向进行测距，按照测得的平距和设计平距的差值，在该方向上前后移动棱镜，使测得的平距等于设计平距，从而确定点的位置，完成水平距离的测设。

10.1.2.2 水平角度的测设

水平角测设的任务是根据地面已有的一个已知方向，将设计角度的另一个方向测设到地面上。此时需要测设水平角的点为"测站点"，已知方向上的点为"定向点"，也称"后视点"。测设水平角随精度要求的不同，有以下几种方法：

（1）半测回法

如图 10-1 所示，设 OA 为地面上的已知方向，β 为设计的角度，OB 为欲定的方向线。放样时，在 O 点安置经纬仪，盘左或盘右位置瞄准后视点 A 并置水平度盘读数为 $0°00'00''$，转动照准部使水平度盘读数为 β，按视准轴方向在地面上标出 B 点。

（2）一测回法

一测回法又称正倒镜分中法，即用盘左、盘右分中的方法测设。如图 10-2 所示，在 O 点安置经纬仪，盘左时，瞄准 A 点并置水平度盘读数为 $0°00'00''$，然后转动照准部，使水平度盘读数为 β，在视线方向上标定 B' 点；用盘右位置重复上述步骤，标定 B'' 点。由于存在测量误差，B' 与 B'' 点往往不重合，取 $B'B''$ 连线的中点 B，则方向 OB 就是要求标定于地面上的设计方向，$\angle AOB$ 即为所要测设的 β 角。

（3）多测回修正法

当测设水平角的精度要求较高时，如图 10-3 所示，可先用一般方法测设出概略方向 OB'，标定 B' 点，再用测回法（测回数根据精度要求而定）测量 $\angle AOB'$ 的角值为 β'，

并用钢尺量出 OB' 的长度，则 $BB' = OB' \cdot \dfrac{\Delta\beta}{\rho''}$，其中，$\Delta\beta = \beta - \beta'$。

以 BB' 为依据改正点位 β'。若 $\Delta\beta > 0$，则按顺时针方向改正点位，即沿 OB' 的垂线方向，从 B' 起向外量取支距 BB'，以标定 B 点；反之，向内量取 BB' 以定 B 点。则 $\angle AOB$ 即为所要测设的 β 角。

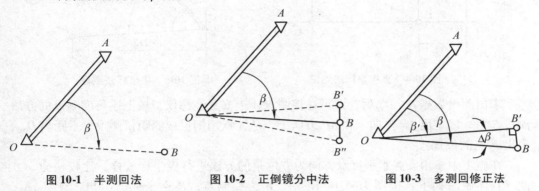

图 10-1 半测回法　　　　图 10-2 正倒镜分中法　　　　图 10-3 多测回修正法

10.1.2.3 设计平面点位的测设

施工之前需将图纸上设计建(构)筑物的平面位置测设于实地，其实质是将该房屋诸特征点(如各转角点)在地面上标定出来，作为施工的依据。测设时，应根据施工控制网的形式、控制点的分布、建(构)筑物的大小、测设的精度要求及施工现场条件等因素，并考虑现有仪器的测角精度和测距精度，选用合理的、适当的方法。

(1)直角坐标法

直角坐标法是根据已知点与待定点的坐标差 Δx、Δy 测设点位。此方法适用于施工控制网为建筑方格网或矩形控制网的形式，且量距方便的地方。如图 10-4 所示，已知某厂房矩形控制网四角点 A、B、C、D 的坐标，设计总平面图中已确定某车间四角点 1、2、3、4 的设计坐标。现以根据 B 点测设点 1 为例，说明其测设步骤：

①计算 B 点与点 1 的坐标差：$\Delta x_{B1} = x_1 - x_B$，$\Delta y_{B1} = y_1 - y_B$；

②在 B 点安置经纬仪，瞄准 C 点，在此方向上用钢尺量 Δy_{B1} 得 E 点；

③在 E 点安置经纬仪，瞄准 C 点，用盘左、盘右位置 2 次向左测设90°角，在 2 次平均方向 $E1$ 上从 E 点起用钢尺量 Δx_{B1}，即得车间角点 1；

④同法，从 C 点测设点 2，从 D 点测设点 3，从 A 点测设点 4；

⑤检查车间的 4 个角是否等于90°，各边长度是否等于设计长度，若误差在允许范围内，即认为测设合格。

(2)极坐标法

极坐标法是根据已知水平角和水平距离测设点的平面位置。测设前须根据施工控制点(如导线点)及待测设点的坐标，按坐标反算公式求出一方向的坐标方位角和水平距离 D，再根据坐标方位角求出水平角。如图 10-5 所示，水平角 $\beta = \alpha_{AP} - \alpha_{AB}$，水平距离为 D_{AP}。

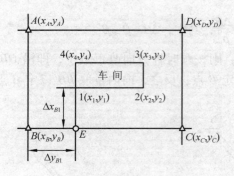

图 10-4 直接坐标法测设

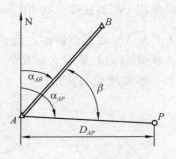

图 10-5 极坐标法测设

求出测设数据 β、D_{AP} 后，即可在控制点 A 上安置经纬仪，按上述角度测设的方法测设 β 角，以定出 AP 方向。在 AP 方向上，从 A 点用钢尺或测距仪测设水平距离 D_{AP}，定出 P 点的位置。

在施工中常用安置水平度盘方向为方位角的方法进行极坐标放样，比较快捷、方便。具体做法如下：按图 10-5 所示，A、B 为控制点，P 点坐标已给出，计算 α_{AB}、α_{AP}、D_{AP}；在 A 点安置仪器，瞄准 B 点，将度盘读数调整为 α_{AB}；松开制动螺旋，转动照准部，当度盘读数为 α_{AP} 时，此时已照准了 P 点方向，沿此方向量取水平距离 D_{AP}，定出 P 点的位置即可。

（3）角度交会法

如图 10-6（a）所示，A、B 为控制点，其坐标为已知，P 为待测设点，其设计坐标也已知，先用坐标反算公式求出 α_{AB}、α_{AP}、α_{BP}，然后由相应坐标方位角之差求出测设数据 β_1、β_2，并按下述步骤测设：用 2 台经纬仪分别安置在 A、B 点，分别以 B、A 两点定向，测设出 β_1 和 β_2 角得 AP 和 BP 方向，则两方向线的交点即为待测设点 P 的位置。

当测设精度要求较高时，应采用归化法测设。这时，将上述方法测设出的 P 点作为过渡点，以 P' 表示，如图 10-6（b）所示，以必要的精度实测 $\angle P'AB = \beta'_1$ 和 $\angle ABP' = \beta'_2$，并计算角差：$\Delta\beta_1 = \beta'_1 - \beta_1$，$\Delta\beta_2 = \beta_2 - \beta'_2$。一般 $\Delta\beta_1$、$\Delta\beta_2$ 较小，可通过归化方法改正并定出 P 点。

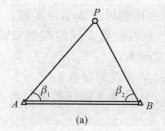

(a)

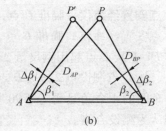

(b)

图 10-6 角度交会测设法

（4）距离交会法

距离交会法适用于待测设点离控制点的距离不超过一个尺段并便于量距的地方。如图 10-6（b），根据控制点 A、B 和待测设点 P 的坐标，反算出测设元素 D_{AP}、D_{BP}，测设时，用两把钢尺分别以 A、B 为圆心，以 D_{AP}、D_{BP} 为半径画弧，两弧的交点即为所需测设的 P 点。

当测设精度要求较高时，其距离交会应采用归化法。将上述方法测设出的点作为过渡点，以 P′ 表示，以必要的精度实测 AP′、BP′ 距离，进行归化改正。

10.1.2.4 设计高程的测设

根据附近的水准点将设计的高程测设到现场作业面上，称为高程测设。高程测设通常利用水准仪进行，有时也用经纬仪或卷尺直接丈量。

（1）一般方法

如图 10-7 所示，图中 A 为已知高程点，高程为 H_A。现欲测设 B 点，并使其高程等于设计高程 H_B，具体操作步骤如下：

①在 AB 间安置水准仪，读取后视 A 尺读数 a。

②计算前视 B 尺的读数 b。要使 B 点的高程为设计高程 H_B，则竖立于 B 点的水准尺读数 b 应为：

$$b = H_A + a - H_B \tag{10-1}$$

③在 B 点木桩侧面竖立水准尺，指挥该尺上、下移动，使中丝对准读数 b，此时，紧靠尺的底端在木桩侧面画一横线，此横线即为 B 点设计高程位置。

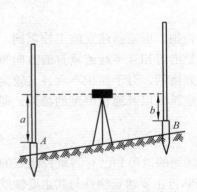

图 10-7 高程测设的一般方法

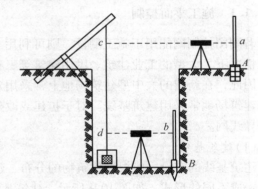

图 10-8 传递高程测设

（2）传递高程测设方法

若待测设高程点的设计高程与已知点的高程相差很大，设计高程 B 点上立尺通常远远超出视线范围，所以安置在地面上的水准仪看不到立在 B 点的水准尺，如测设较深的基坑标高或测设高层建筑物的标高，可以利用 2 台水准仪并借助 1 把钢尺，将地面已知点的高程传递到坑底或高楼上，然后按一般高程测设法进行测设。

如图 10-8 所示，地面已知点 A 的高程为 H_A，要在基坑内测设出设计高程为 H_B 的 B 点位置。在坑边支架上悬挂钢尺，零点在下端，在地面上和坑内分别安置水准仪，瞄准水准尺和钢尺读数（图中 a、c 和 d），则前视 B 尺应有的读数为：

$$b = H_A + a - c + d - H_B \tag{10-2}$$

10.2 建筑施工测量

建筑施工测量就是在建筑工程施工阶段，建立施工控制网，在施工控制网点的基础上，根据施工的需要，将设计的建（构）筑物的位置、形状、尺寸及高程，按照设计和施工要求，以一定的精度测设到实地上，以指导施工。在施工过程中，要定期对工程建（构）筑物进行变形观测，随时掌握工程建（构）筑物的稳定情况，为施工和今后工程建（构）筑物的使用和维护提供资料。工程竣工后，还要进行竣工测量和编绘竣工图。

因此，施工测量是整个工程施工的先导性工作和基础性工作，它贯穿施工的全过程，直接关系到工程建设的速度和工程质量。

10.2.1 施工控制测量

建筑场地各种建（构）筑物分布面较宽广，通常是分期分批形式兴建，为了保证建筑群中各个建（构）筑物的平面位置和高程均符合设计要求，相互连成整体，建筑施工测量也遵循测绘工作的基本原则，先在建筑场地建立统一的平面控制网和高程控制网，再根据施工控制网测设建（构）筑物的平面位置和高程。

10.2.1.1 施工平面控制

若测图控制网能用于施工测设，则可利用之；否则，应重新建立施工控制网。在一般情况下，大型的工业建筑、民用建筑等工程都是沿着相互平行或垂直的方向布置的，因此，在新建的大中型建筑场地上常采用建筑方格网，对于面积不大且又较为平坦的建筑场地常采用建筑基线。对于扩建或改建的建筑区以及通视困难的场地，通常采用导线网。

（1）建筑基线

建筑基线的布设，应根据建筑物的分布、建筑场地的地形和已有测量控制点的情况布置成不同的形式，如图 10-9 所示。建筑基线应临近主要建筑物并与其主要轴线一致或平行，以便使用比较简单的直角坐标法来进行建筑物的测设。建筑基线的点位应便于保存，相邻点之间能通视，边长通常为 100～400m 的整数。

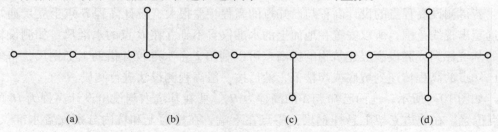

图 10-9 建筑基线布设形式示意图
（a）三点直线形 （b）三点直角形 （c）四点 T 字形 （d）五点十字形

（2）建筑方格网

建筑方格网是根据设计总平面图上建（构）筑物的布置情况而布设的，并结合现场的地形情况而定，常用于大型厂、矿或学校的建设。设计时先定方格网的主轴线 AOB、COD（图10-10），再定其他方格点，方格网的主轴线尽可能布设在建筑场地的中央，与主要建筑物轴线一致或平行，也可与主要设备中心线重合。方格网的各转折角应严格呈90°，布置成正方形或矩形。方格网的边长一般为100～500m的整数，边长的相对精度随工程要求而异，一般为1/10 000～1/20 000，甚至更高。方格点的位置应设计在不受施工影响且能长期保存之处，相邻点之间应能通视。

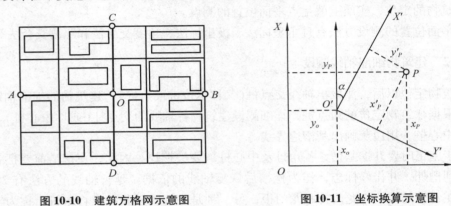

图10-10　建筑方格网示意图　　　　　图10-11　坐标换算示意图

（3）施工坐标系与测量坐标系的坐标换算

施工坐标系又称建筑坐标系，其坐标轴与建筑物的主轴线一致或平行。因此，施工坐标系与测量坐标系往往不一致，在运用坐标反算计算测设数据时须进行2个系统的坐标换算。

如图10-11所示，XOY 为测量坐标系，$X'O'Y'$ 为施工坐标系，设 P 点在测量坐标系中坐标为 (x_P, y_P)，在施工坐标系中坐标为 (x_P', y_P')。(x_O, y_O) 为施工坐标系原点 O' 在测量坐标系内的坐标，α 为施工坐标系纵轴 $O'X'$ 在测量坐标系中的方位角。x_O、y_O 与 α 值可由设计人员提供，也可从设计图上用解析法或图解法求取。2个坐标系的坐标换算可按下列公式进行。

$$\begin{bmatrix} x_P \\ y_P \end{bmatrix} = \begin{bmatrix} x_O \\ y_O \end{bmatrix} + \begin{bmatrix} \cos\alpha & -\sin\alpha \\ \sin\alpha & \cos\alpha \end{bmatrix} \cdot \begin{bmatrix} x_P' \\ y_P' \end{bmatrix} \tag{10-3}$$

若施工坐标系为右手系，则应参照上述内容和公式做相应调整。

10.2.1.2　施工高程控制

通常建筑场地可用三、四等水准测量的精度建立高程控制点。水准点的密度应尽可能满足安置一次仪器便可测设所需的高程点，建筑方格网点与建筑基线点均可兼作高程控制点。此外，为了便于测设，常在建筑物内部或附近测设 ±0.000 标高水准点。

10.2.2 建筑施工测量

10.2.2.1 建筑物的定位

对于建筑物的施工测量，首先应根据建筑总平面图上给出的建筑物尺寸定位，也就是根据施工平面控制或地面上原有建筑物，将拟建建筑物的一些特征点的平面位置标定于实地，然后根据这些特征点进行细部轴线测设。对于民用建筑物，一般选其外墙轴线交点作为特征点；对于工业建筑，一般选其柱列轴线的交点为特征点。可见，所谓建筑物的定位，实质上就是点平面位置的测设。

点平面位置的测设方法有直角坐标法、极坐标法、角度交会法和距离交会法等。

10.2.2.2 建筑物细部轴线测设

建筑物定位以后，测设出轴线交点桩(又称定位桩或角桩)，建筑物的细部轴线测设就是根据建筑物定位的角点桩，详细测设建筑物各轴线的交点柱(或称中心桩)。然后根据中心桩，用白灰画出基槽边界线。

由于施工时要开挖基槽，各角桩及中心桩均要被挖掉。因此，在挖槽前要把各轴线延长到槽外，并作好标志，作为挖槽后恢复轴线的依据。延长轴线的方法有 2 种：一种是在建筑的外侧钉龙门桩和龙门板；另一种是在轴线延长线上打木桩，称为轴线控制桩。

(1)龙门板的设置

龙门板也叫线板，如图 10-12(a)所示，在建筑物施工时，沿房屋四周钉立的木桩叫龙门柱，钉在龙门桩上的木板叫龙门板。龙门桩要钉得牢固、竖直，桩的外侧面应与基槽平行。

设计时常以建筑物底层室内地坪标高为高程起算面，也称"±0 标高"。施工放样时根据建筑场地水准点的高程，在每个龙门柱上测设出室内地坪设计高程线，即"±0 标高线"。若现场条件不许可，也可测设比"±0 标高"高或低一定数值的标高线，但一个建筑物只能选用一个"±0 标高"。

龙门板钉好后，用经纬仪将各轴线测设到龙门板的顶面上，并钉小钉表示，常称为轴线钉。施工时可将细线系在轴线钉上，用来控制建筑物位置和地坪高程。

龙门板应注记轴线编号。龙门板使用方便，但占地大、影响交通，故在机械化施工时，一般都设置控制桩和引桩，以便恢复轴线的位置。

(2)控制桩的设置

如图 10-12(b)所示，在建筑物施工时，沿房屋四周在建筑物轴线方向上设置的桩叫轴线控制桩(简称控制桩，也叫引桩)。它是在测设建筑物角桩和中心桩时，把各轴线延长到基槽开挖边线以外，不受施工干扰并便于引测和保存桩位的地方。桩顶面钉小钉标明轴线位置，以便在基槽开挖后恢复轴线之用。如附近有固定性建筑物，应把各线延伸到建筑物上，以便校对控制桩。

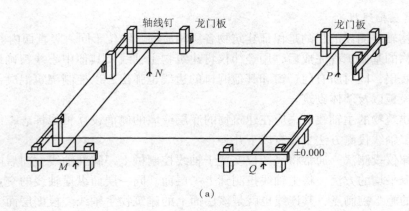

(a)

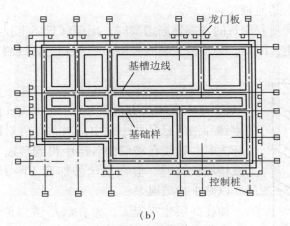

(b)

图 10-12 龙门板与轴线控制桩

（3）基础施工测量

建筑物 ±0 以下部分称为建筑物的基础。有些基础为桩基础，如灌注柱等，应根据桩的设计位置进行定位，灌注桩的定位误差不宜大于 5cm。

基础开挖前，要根据龙门板或控制桩所示的轴线位置和基础宽度，并考虑基础挖探时应放坡的尺寸，在地面上用石灰放出基础的开挖边线。按开挖边线开挖基槽，待接近设计标高时，在槽壁上每隔 2~3m 于拐角处测设一些水平桩，俗称腰桩（图 10-13）。使桩的上表面距槽底设计标高为 0.5m（或某一整分米数），作为清理槽底和打基础垫层时的高程依据。其标高容许误差为 ±10mm。

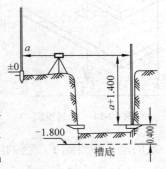

图 10-13 水平桩测设

10.2.2.3 主体施工测量

建筑物主体施工测量的主要任务是将建筑物的轴线及标高正确地向上引测。由于目前高层建筑越来越多，测量工作将显得非常重要。

（1）楼层轴线投测

建筑物轴线测设的目的是保证建筑物各层相应的轴线位于同一竖直面内。

建筑物的基础工程完成后，用经纬仪将建筑物主轴线及其他中心线精确地投测到建筑物的底层，同时所有门、窗和其他洞口的边线也弹出，以控制浇筑混凝土时架立钢筋、支模板以及墙体砌筑。

投测建筑物的主轴线时，应在建筑物的底层或墙的侧面设立轴线标志，以供上层投测之用。轴线投测方法主要有以下几种：

①经纬仪投测法 通常将经纬仪安置于轴线控制桩上，瞄准轴线方向后向上用盘左、盘右取平均的方法，将主轴线投测到上一层面。同一层面纵横轴线的交点，即为该层楼面的施工控制点，其连线也就是该层面上的建筑物主轴线。根据层面上的主轴线，再测设出层面上其他轴线。

当建筑物的楼层随着砌筑的发展逐渐增高时，因经纬仪向上投测时仰角也随之增大，观测将很不方便，因此，必须将主轴线控制桩引测到远处或附近建筑物上，以减小仰角，方便操作。

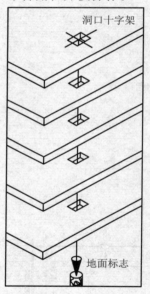

图 10-14 垂线投测

②垂线法 又称内控法。在每层楼板的 4 个角，距边缘 1m 处，平行于轴线方向各预留 20～30cm 的小方孔，用较重的重锤和钢丝悬吊在小孔中，当垂球尖对准在底层设立的轴线标志时，轴线在楼层的各层中得到传递。当测量时风力较大或楼层较高时，应在钢丝外加套 10～15cm 的 UPVC 管挡风，以减少投测误差。

如在高层建筑施工，常在底层适当位置设如图 10-14 所示底层预埋标志。投测时在垂准孔上面安置十字架，挂上垂球，对准底层预埋标志，当垂球线静止时，固定十字架，而十字架中心则为辅助轴线在楼面上的投测点，并在洞口四周做出标记，作为以后恢复轴线及放样的依据。在固定十字架处架设经纬仪即可测设该层的所有轴线。

③激光铅垂仪投测法 方法同垂线法。在预留孔洞中，利用激光铅垂仪投测轴线，使用较方便，且精度高，速度快。激光铅垂仪的型号有很多，其原理都是相同的。由于激光的方向性好、发散角小、亮度高等特点，激光铅垂仪在高层建筑的施工中得到了广泛的应用。

（2）楼层标高传递

①钢尺丈量法 从底层 ±0 标高线沿墙面或柱面直接垂直向上丈量，画出上层楼面的设计标高线。

②水准测量法 在高层建筑的垂直通道（如楼梯间、电梯井、垂准孔等）中悬吊钢尺，钢尺下端挂一重锤，用钢尺代替水准尺，在下层与上层各架一次水准仪，将高程传递上去，从而测设出各楼层的设计标高。

③全站仪测高法 利用全站仪或光电测距仪的测距功能，用三角高程测量的方

法，将地面上已知高程传递到各楼层上，再测设出各楼层的设计标高。或将全站仪在楼板预留孔洞中放倒，垂直向下直接测距即可。

10.2.3　竣工测量

建（构）筑物竣工验收时进行的测量工作，称为竣工测量。主要是对建筑工程及其附属工程竣工后的现状进行测量。测绘出现状地形图、房屋顶高程、房屋间距、主要建（构）筑物的墙角坐标、道路宽度、地下综合管线，还要测定围墙位置和用地范围及红线退让等，检核是否符合城市规划要求。

要测定各类管线的位置分布和深度，标注管径，下水道的管内底要用水准仪测定其高程。一般地貌、地物按地形测图要求测绘。竣工测量的成果主要有竣工总平面图、分类图、断面图，以及细部点坐标与高程明细表。它们既是施工成果资料，又是改建、扩建、管理和维修时的可靠依据。

竣工总平面图是综合反映工程建筑地区竣工后主体工程及其附属设备（包括地下和架空设施）的平面图。竣工总平面图按竣工测量资料编绘，编绘工作应在整个施工过程中进行，要随时积累资料与施测，对地下管线等隐蔽工程更要及时验收和测绘。重要细部点按坐标展绘并编号，以便与其坐标、高程明细表对照。地面起伏通常用高程注记表示。当竣工内容过多时，可另绘分类图。如给排水竣工总平面图、交通运输竣工总平面图等。

在编绘好的竣工总平面图上，要有工程负责人和编图者的签字，并附以下资料：

①测量控制点布置图及坐标与高程成果表；

②建（构）筑物沉降及变形观测资料；

③地下管线竣工纵断面图；

④工程定位、检查及竣工测量的资料。

竣工总平面图编绘完成后，会同其他相关竣工资料装订成册，或上交建筑档案馆予以保存。

10.3　道桥施工测量

10.3.1　概述

道桥施工测量就是根据已知的控制点将图纸上设计的道路和桥梁按照规范要求在实地标定出来，同时，在构筑物施工过程中对其空间位置进行定位的测量工作。道桥施工测量分为道路施工测量和桥梁施工测量。

道路施工测量的主要内容包括按照设计图纸恢复道路中线、测设路基边桩、测设竖曲线、竣工验收测量等。

桥梁施工测量的主要内容包括桥墩定位测量、桥梁墩台纵横轴线测设、桥面架设测量、全桥贯通测量。

10.3.2 道路施工测量

10.3.2.1 道路中线测设

道路施工的第一项工作就是对路线勘测阶段标定的道路中心线进行复核或恢复。道路中心线的平面线型由直线和曲线组成，曲线又由圆曲线和缓和曲线组成，如图 10-15 所示。因此，道路中线恢复的主要工作就是将设计的直线和曲线按照规范要求在实地恢复。具体内容是交点 JD 测设、直线段细部点的测设、曲线段主点和细部点的测设。

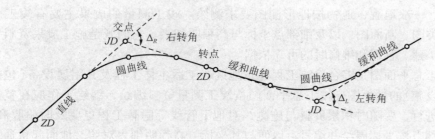

图 10-15 路线中线

（1）路线交点的测设

路线交点测设的主要方法是极坐标法，即根据导线点的坐标和交点的设计坐标，计算出测设元素（水平角和水平距离）进行测设。如图 10-16 所示，根据导线点 DD_4、DD_5 和 JD_{12} 这 3 点的坐标，计算出导线边的方位角 θ_{45} 和 DD_4 至 JD_{12} 的平距 D 及方位角 θ，用极坐标法测设 JD_{12}。

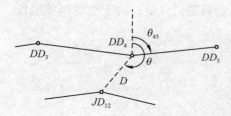

图 10-16 极坐标法测设交点

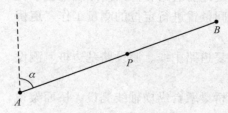

图 10-17 直线段细部测设

（2）直线段细部点的测设

在确定了交点的基础上，按照规范规定的里程间距可以进行直线段细部点的测设，即将路线中心的直线段详细地标定在实地上。其测设的方法是在某一交点或转点上架设经纬仪，照准相邻的交点，以确定直线的方向，然后用钢尺或皮尺在直线方向上量取规定的里程间距，确定点位并钉桩。也可以根据交点坐标计算直线段细部点的坐标，在导线点上利用极坐标法直接测设。

直线中桩点的坐标计算如下：如图 10-17 所示，A、B 为直线线路上两已知点，已知 A 点里程为 K_A，坐标为 x_A、y_A；B 点的里程为 K_B，坐标为 x_B、y_B；P 为 AB 间一点，如已知 P 点的里程为 K_P，则 P 点坐标为：

$$x_P = x_A + (K_P - K_A) \cdot \cos\alpha_{AB}$$
$$y_P = y_A + (K_P - K_A) \cdot \sin\alpha_{AB} \quad (10\text{-}4)$$

（3）圆曲线及其测设

圆曲线是半径为一固定值的曲线，其测设过程分为两步：一是主点（ZY，QZ，YZ）测设；二是圆曲线的详细测设。

①主点测设过程

主点测设元素计算：为测设圆曲线的主点〔曲线起点（直圆点 ZY）、曲线中点 QZ 和曲线终点（圆直点 YZ）〕，应先计算出切线长 T、曲线长 L、外距 E 及切曲差 J，这些元素称为主点测设元素。根据图 10-18 可以写出其计算公式如下：

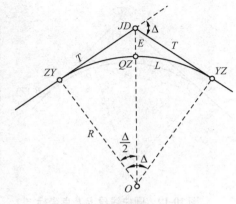

图 10-18　圆曲线主点测设

$$\left.\begin{array}{l} T = R\tan\dfrac{\Delta}{2} \\[2mm] L = R\Delta \cdot \dfrac{\pi}{180} \\[2mm] E = R\left(\sec\dfrac{\Delta}{2} - 1\right) \\[2mm] J = 2T - L \end{array}\right\} \quad (10\text{-}5)$$

其中，转角 Δ 以度（°）为单位。

主点里程计算：曲线主点 ZY、QZ、YZ 的里程根据 JD 里程和曲线测设元素计算。计算公式为：

$$\left.\begin{array}{l} ZY\ 里程 = JD\ 里程 - T \\[1mm] YZ\ 里程 = ZY\ 里程 + L \\[1mm] QZ\ 里程 = YZ\ 里程 - L/2 \\[1mm] JD\ 里程 = QZ\ 里程 + J/2（检核） \end{array}\right\} \quad (10\text{-}6)$$

【例 10-1】 已知交点的里程为 $K3 + 182.76$，测得转角 $\Delta_R = 25°48'10''$，设计圆曲线半径 $R = 300\text{m}$，求曲线测设元素及主点里程。

解： 由式（10-5）可以求得：

$$\frac{\Delta_R}{2} = 12°54'05''$$

$$T = 300 \times \tan 12°54'05'' = 68.72（\text{m}）$$

$$L = 300 \times 25.802\,777\,8 \times \frac{\pi}{180} = 135.10（\text{m}）$$

$$E = 300 \times (\sec 12°54'05'' - 1) = 7.77（\text{m}）$$

$$J = 2 \times 68.72 - 135.10 = 2.34（\text{m}）$$

若曲线元素计算取位至厘米。由式（10-6）可以求得各主点里程如下：

ZY 里程 $= K3 + 182.76 - 68.72 = K3 + 114.04$

QZ 里程 $= K3 + 114.04 + 67.55 = K3 + 181.59$

YZ 里程 $= K3 + 181.59 + 67.55 = K3 + 2410.14$

圆曲线主点的测设步骤：在 JD 点安置经纬仪，分别后视两边相邻交点或转点方向，自 JD 点沿视线方向量取切线长 T，打下曲线起点桩(ZY)和曲线终点桩(YZ)。

沿测定路线转角时所测定的分角线方向，量外距 E，打下曲线中点桩 QZ。

主点测设也可以按照路线交点测设方法，先进行主点坐标计算，再用极坐标方法进行测设。

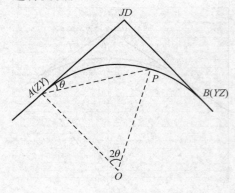

图 10-19　圆曲线段求 P 点坐标

②圆曲线的详细测设　当曲线较长，地形变化大，除了测定 3 个主点以外，还需要按照一定的桩距 l(如 10m、20m 等)在曲线上测设整桩和加桩。测设曲线的整桩和加桩称为圆曲线的详细测设。其测设方法有偏角法、切法支距法和极坐标法，目前测绘仪器比较先进，因此使用较多的方法是极坐标法。本节只介绍此方法的具体过程，偏角法和切法支距法的过程可参见其他书籍。

如图 10-19 所示，道路前进方向为 A→B，A 点已知，里程为 K_A，若任一点 P 里程为 K_P，则可计算 A、P 的弦切角 θ、P 点坐标及 P 点处的切线方位角。

$$
\left.
\begin{aligned}
\theta &= \frac{1}{2} \cdot \frac{K_P - K_A}{R} \cdot \frac{180°}{\pi} \\
D_{AP} &= 2R \cdot \sin\theta \\
\alpha_{AP} &= \alpha_{A-JD} + \theta \\
X_P &= X_A + D_{AP} \cdot \cos\alpha_{AP} \\
Y_P &= Y_A + D_{AP} \cdot \sin\alpha_{AP} \\
\alpha_{P切} &= \alpha_{A-JD} + 2\theta
\end{aligned}
\right\}
\qquad (10\text{-}7)
$$

计算出圆曲线的细部坐标后，在导线点上利用极坐标法直接测设点的位置。

(4)缓和曲线及其测设

车辆以一定的速度从直线驶入圆曲线后，会产生离心力，影响车辆行驶的安全。为了减少离心力的影响，曲线上的路面要逐步做成外侧高、内侧低呈单向横坡的形式，即弯道超高。为了符合车辆行驶的轨迹，使超高由零逐渐增加到一定值，在直线与圆曲线间插入一段半径由 ∞ 逐渐变化到 R 的曲线，这种曲线称为缓和曲线。

缓和曲线的线型有多种形式，我国交通部颁发的《公路工程技术标准》(JTG B01—2014)中规定：缓和曲线采用回旋曲线(又称辐射螺旋线)，其参数选择为：

$$ c = 0.035V^3(\text{m}^2) \qquad (10\text{-}8) $$

式中　V——车速，以 km/h 计。

缓和曲线的长度，要根据道路等级，参照国家标准执行。

①回旋曲线的特性和公式　如图 10-20 所示，ZH 为回旋曲线的起点，其曲率 $K_{ZH} = 0$，曲率半径 $\rho = 0$；HY 为回旋曲线的终点，其曲率等于圆曲线的曲率，$K_{HY} = 1/R$，曲率半径 $\rho = R$；l_h 为缓和曲线的全长。

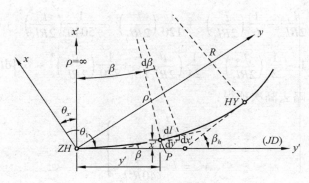

图 10-20 回旋曲线

回旋曲线的特性是曲线上任一点 P 的曲率半径 ρ 与至起点的弧长 l 成反比，即 ρ $\propto \dfrac{1}{l}$；且有：

$$\rho l = R l_h = c \tag{10-9}$$

式中 c——常数。

缓和曲线的全长为：

$$l_h = c/R = 0.035 \frac{V^3}{R}(\text{m}) \tag{10-10}$$

设曲线上任一点 P 处的切线与起点切线的交角为 β，β 值与曲线长 l 所对的中心角相等。在 P 处取一微分弧段 dl，所对的中心角为 $d\beta$，则有：

$$d\beta = \frac{dl}{\rho} = \frac{l \cdot dl}{c} \tag{10-11}$$

积分后可得：

$$\beta = \frac{l^2}{2c} = \frac{l^2}{2Rl_h}(\text{弧度}) = \frac{l^2}{2Rl_h} \cdot \frac{180°}{\pi} \tag{10-12}$$

P 点的切线方位角为：

$$\alpha_{切} = \theta_{x'} + 90° - \beta \tag{10-13}$$

当 $l = l_h$ 时，有：

$$\beta_h = \frac{l_h}{2R} \cdot \frac{180°}{\pi} \tag{10-14}$$

由图 10-20 可得参数方程式：

$$\left.\begin{array}{l} dx' = dl \cdot \sin\beta \\ dy' = dl \cdot \cos\beta \end{array}\right\} \tag{10-15}$$

将 $\sin\beta$、$\cos\beta$ 按台劳级数展开：

$$\left.\begin{array}{l} \sin\beta = \beta - \dfrac{\beta^3}{3!} + \dfrac{\beta^5}{5!} - \dfrac{\beta^7}{7!} + \cdots \\[2mm] \cos\beta = 1 - \dfrac{\beta^2}{2!} + \dfrac{\beta^4}{4!} - \dfrac{\beta^6}{6!} + \cdots \end{array}\right\} \tag{10-16}$$

将式（10-16）、式（10-12）和式（10-9）代入式（10-15），则 dx'、dy' 写成：

$$\left.\begin{aligned} dx' &= \left[\frac{l^2}{2Rl_h} - \frac{1}{6}\left(\frac{l^2}{2Rl_h}\right)^3 + \frac{1}{120}\left(\frac{l^2}{2Rl_h}\right)^5 - \frac{1}{5040}\left(\frac{l^2}{2Rl_h}\right)^7 + \cdots\right]dl \\ dy' &= \left[1 - \frac{1}{2}\left(\frac{l^2}{2Rl_h}\right)^2 + \frac{1}{24}\left(\frac{l^2}{2Rl_h}\right)^4 - \frac{1}{720}\left(\frac{l^2}{2Rl_h}\right)^6 + \cdots\right]dl \end{aligned}\right\} \quad (10\text{-}17)$$

对上式积分，略去高次项得：

$$\left.\begin{aligned} x' &= \frac{l^3}{6Rl_h} \\ y' &= l - \frac{l^5}{40R^2 {l_h}^2} \end{aligned}\right\} \quad (10\text{-}18)$$

当 $l = l_h$ 时，HY 点坐标为：

$$\left.\begin{aligned} x_h' &= \frac{l_h^2}{6R} \\ y_h' &= l_h - \frac{l_h^3}{40R^2} \end{aligned}\right\} \quad (10\text{-}19)$$

②缓和曲线的详细测设　缓和曲线的详细测设方法也有极坐标法、切线支距法和偏角法3种，目前使用广泛的是极坐标法。当使用极坐标法测设时，可以先计算出 $ZH \rightarrow HY$ 段回旋线细部点 P 在图10-21所示独立坐标系中的坐标(x_p', y_p')，然后使用下列坐标系变换公式计算其在测量坐标系中的坐标为：

$$\begin{bmatrix} x_p \\ y_p \end{bmatrix} = \begin{bmatrix} x_{ZH} \\ y_{ZH} \end{bmatrix} + \begin{bmatrix} \cos\theta_{x'} & -\sin\theta_{x'} \\ \sin\theta_{x'} & \cos\theta_{x'} \end{bmatrix} \begin{bmatrix} x_p' \\ y_p' \end{bmatrix} \quad (10\text{-}20)$$

式中　$\theta_{x'}$——X'轴在测量坐标系中的方位角。

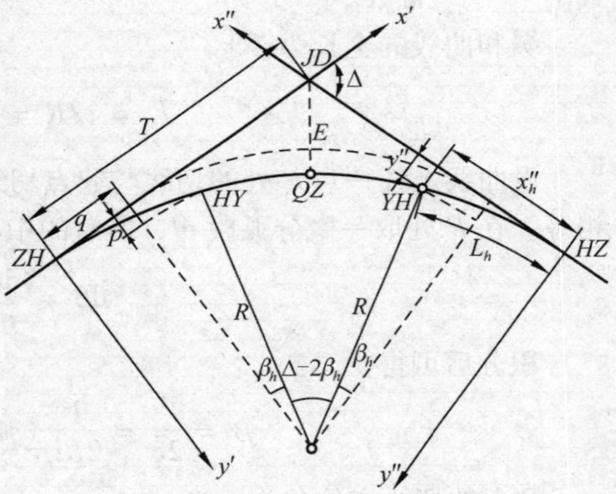

图10-21　带回旋线的圆曲线的要素计算

仿照上述计算过程，可以计算出 $YH \rightarrow HZ$ 段回旋线细部点和圆曲线细部点在测量坐标系中的坐标。计算出缓和曲线的细部坐标后，在导线点上利用极坐标法直接测设点的位置。

③曲线要素计算　如图10-21所示，当在直线和圆曲线间插入回旋线时，应将原有圆曲线向内移动距离 p，才能使圆曲线与回旋线衔接，这时切线增长了距离 q。一般称 p 为圆曲线内移值，q 为切线增量，由图可以写出其计算公式为：

$$\left.\begin{aligned} p &= y'_{HY} - R(1 - \cos\beta_h) \\ q &= x'_{HY} - R\sin\beta_h \end{aligned}\right\} \quad (10\text{-}21)$$

根据式(10-9)、式(10-12)和式(10-18)，略去高次项，整理后得：

$$p = \frac{l_h{}^2}{24R} \approx \frac{1}{4}y'_h \\ q = \frac{l_h}{2} - \frac{l_h{}^3}{240R^2} \approx \frac{l_h}{2} \Bigg\}$$

（10-22）

加入回旋线后的曲线要素计算公式为：

$$切线长 \quad T = (R + p)\tan\frac{\Delta}{2} + q$$

$$曲线长 \quad L = R(\Delta - 2\beta_h)\frac{\pi}{180} + 2L_h$$

$$圆曲线长 \quad L_y = R(\Delta - 2\beta_h)\frac{\pi}{180}$$

$$外矢距 \quad E = (R + p)\sec\frac{\Delta}{2} - R$$

$$切曲差 \quad J = 2T - L$$

（10-23）

④缓和曲线里程计算　根据交点 JD 里程和计算出的曲线元素，依下式计算各主点里程为：

$$ZH\,里程 = JD\,里程 - T$$
$$HY\,里程 = ZH\,里程 + L_h$$
$$QZ\,里程 = ZH\,里程 + L/2$$
$$YH\,里程 = HY\,里程 + L_y/2$$
$$HZ\,里程 = YH\,里程 + L_h$$
$$HZ\,里程 = JD\,里程 + T - J$$

（10-24）

测设缓和曲线主点时，ZH、HZ 和 QZ 的测设与前一节圆曲线主点测设方法相同，HY 与 YH 可依据式（10-19）计算出回旋线终点坐标，用切线支距法测设。

10.3.2.2　路基边桩的测设

路基施工前，要将设计路基的边坡与原地面相交的点测设出来。该点对于设计路堤为坡脚点，对于设计路堑为坡顶点。路基边桩的位置根据填土高度或挖土深度、边坡设计坡度及横断面的地形情况而定。其方法如下：

（1）图解法

道路设计时，地形横断面及路基设计断面都已绘制在图纸上，路基边桩位置可用图解法求得，即在横断面设计图上量取中桩至边桩的距离，然后到实地在横断面方向用皮尺或钢尺量出其位置。如图 10-22 所示。当填挖方不大时，采用此法比较简单。

（2）解析法

通过计算求得路基中桩至边桩或保护桩的距离。

①平坦地段路基边桩的测设　填方路基称为路堤，如图 10-23（a）所示，路堤边桩至中桩的距离为：

$$D = \frac{B}{2} + mh$$

（10-25）

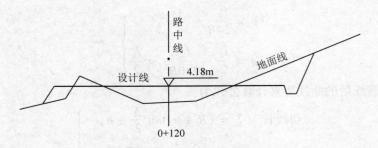

图 10-22 线路中桩横断面图

挖方路基称为路堑，如图 10-23（b）所示，路堑边桩至中桩的距离为：

$$D = \frac{B}{2} + S + mh \tag{10-26}$$

式中 B——路基设计宽度；

      m——1:m 指路基边坡坡度；

      h——填土高度或挖土深度；

      S——路堑边沟顶宽。

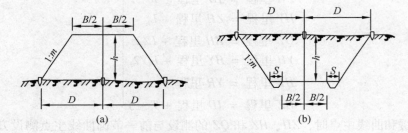

图 10-23 路基（路堤、路堑）边桩测设

若曲线上的断面有加宽，在按上述方法求出 D 值后，还应在曲线内侧的 D 值中加上加宽值。

②倾斜地段路基边桩的测设   在倾斜地段，边桩至中桩的距离随着地面坡度的变化而变化。如图 10-24（a）所示，路堤边桩至中桩的距离为：

$$\left. \begin{array}{l} D_{上侧} = \dfrac{B}{2} + mh_{上} \\[2mm] D_{下侧} = \dfrac{B}{2} + mh_{下} \end{array} \right\} \tag{10-27}$$

如图 10-24（b）所示，路堑边桩至中桩的距离为：

$$\left. \begin{array}{l} D_{上侧} = \dfrac{B}{2} + S + mh_{上} \\[2mm] D_{下侧} = \dfrac{B}{2} + S + mh_{下} \end{array} \right\} \tag{10-28}$$

式中 B、S 和 m 为已知。$h_{上}$、$h_{下}$ 为斜坡上、下侧边桩与设计标高的高差，在桩未定出之前为未知数。因此，在实际工作中，采用逐渐趋近法测设边桩。先根据地面实际情况，并参考路基横断面图，定出边桩的估计位置。然后测出该估计位置的距离和高程，计算出 $h_{上}$、$h_{下}$，再将其代入式（10-27）或式（10-28）计算 $D_{上侧}$、$D_{下侧}$，并与实测距离进行比较。若相符，则估计位置即为边桩位置；否则，应按其差值调整边桩位置。重复上述工作，直至相符为止。

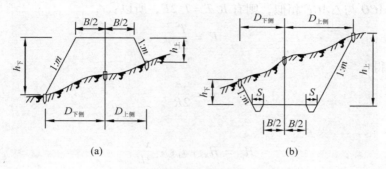

图 10-24　倾斜地段路基边桩测设

10.3.2.3　竖曲线的测设

在线路纵向坡度变化处，为了行车的平稳和视距的要求，在竖直面内应以曲线衔接，这种曲线称为竖曲线。竖曲线有凸形和凹形两种，如图 10-25 所示。

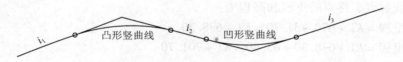

图 10-25　竖曲线

竖曲线一般采用圆曲线，这是因为在一般情况下，相邻坡度差很小，而选用的竖曲线半径很大，因此即使采用二次抛物线等其他曲线，所得到的结果也与圆曲线相同。

如图 10-26 所示，两相邻纵坡坡度分别为 i_1、i_2，竖曲线半径为 R，则测设元素为：

①曲线长

$$L = \alpha \cdot R \qquad (10-29)$$

由于竖曲线的转角 α 很小，可认为 $\alpha = i_1 - i_2$，则：

$$L = R(i_1 - i_2) \qquad (10-30)$$

②切线长

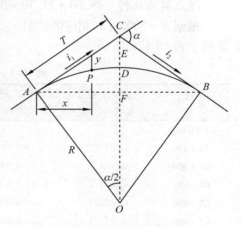

图 10-26　竖曲线测设

$$T = R\tan\frac{\alpha}{2} \qquad (10-31)$$

因为 α 很小，则有：

$$T = R \cdot \frac{\alpha}{2} = \frac{1}{2}R(i_1 - i_2) = \frac{L}{2} \qquad (10\text{-}32)$$

③外矢距和竖曲线上各点高程 如图 10-26 所示，因为 α 很小，可以认为 $E = DF$，$AF = T$。

由于 $\triangle ACO$ 与 $\triangle ACF$ 相似，则有 $R:T = T:2E$，所以：

$$E = \frac{T^2}{2R} \qquad (10\text{-}33)$$

同理可得：

$$y = \frac{x^2}{2R} \qquad (10\text{-}34)$$

则：

$$H_p = H_A + i_1 x - \frac{x^2}{2R} \qquad (10\text{-}35)$$

【例 10-2】 设 $i_1 = -1.114\%$，$i_2 = +0.154\%$ 为凹形竖曲线，变坡交点里程为 K1 + 670，高程为 48.60。欲设置 $R = 5000\mathrm{m}$ 的竖曲线，计算测设元素、起点终点的里程和高程、曲线上每 10m 间距程桩的标高数和设计高程。

解：按式（10-30）至式（10-32）求得：$T = \frac{1}{2}R(i_2 - i_1) = 31.70\mathrm{m}$，$L = 2T = 63.40\mathrm{m}$，$E = T^2/2R = 0.10\mathrm{m}$；

竖曲线起点、终点的里程和高程为：

起点里程 = K1 + 670 − 31.70 = K1 + 638.30

终点里程 = K1 + 638.30 + 63.40 = K1 + 701.70

起点坡道高程 = 48.60 + 31.70 × 1.114% = 48.953（m）

终点坡道高程 = 48.60 + 31.70 × 0.154% = 48.649（m）

根据 $R = 5000\mathrm{m}$ 和相应的桩距 x_p，可求得竖曲线上各桩的标高改正数 y_p。计算结果列于表 10-1。

表 10-1 竖曲线各桩高程计算

桩 号	至起点、终点距离 x_p(m)	标高改正数 y_p(m)	坡道高程（m）	竖曲线高程（m）	备 注
K1 + 638.3			48.953	48.953	竖曲线起点
K1 + 650	$x_1 = 11.7$	$y_1 = 0.014$	48.823	48.837	$i_1 = -1.114\%$
K1 + 660	$x_2 = 21.7$	$y_2 = 0.047$	48.711	48.758	
K1 + 670	$x_3 = 31.7$	$y_3 = E = 0.100$	48.600	48.700	变坡点
K1 + 680	$x_4 = 21.7$	$y_4 = 0.047$	48.615	48.662	$i_2 = +0.154\%$
K1 + 690	$x_5 = 11.7$	$y_5 = 0.014$	48.631	48.645	
K1 + 701.7			48.649	48.649	竖曲线终点

注：x_4、x_5 为里程 K1 + 680、K1 + 690 至终点里程 K1 + 701.7 的距离。

竖曲线起点、终点的位置测设方法与圆曲线相同，而竖曲线上点的测设，实质上是在曲线范围内的里程桩上测出竖曲线的高程。因此，在实际工作中，测设竖曲线一般与测设路面高程桩一起进行。测设时，只需将已经求得的各点坡道高程再加上（对于凹形竖曲线）或减去（对于凸形竖曲线）相应点上的标高改正值即可。

10.3.2.4 纵断面图测量与绘制

纵断面图既表示了中线上地面高低起伏情况，又可在其上进行纵坡设计，它是线路纵向设计和施工中的重要资料。

纵断面测量前，先根据设计的中桩坐标在实地测设出桩位，打上木桩并标出里程，沿着中线方向，依次测出变坡点（地貌特征点）的高程，量出变坡点的里程，记录下来，高程测量可按附合水准观测进行。

纵断面图绘制时，以里程为横坐标，以高程为纵坐标，为了明显表示地面起伏及绘图需要，有时纵断面的高程比例尺比距离比例尺大 10~20 倍。可采用纵向比例尺为1:200，横向比例尺为1:2000。公路纵断面图一般自左至右绘制在透明毫米方格纸的背面，这样可防止用橡皮修改时把方格擦掉。

图 10-27 为道路纵断面图，图的上半部，从左至右绘有贯穿全图的 2 条线。细折线表示中线方向的地面线，是根据中平测量的中桩地面高程绘制的；粗折线表示纵坡设计线。此外，上部还注有竖曲线示意图及其曲线元素；桥梁和涵洞的类型、孔径和里程桩号；其他道路交叉点的位置、里程桩号和有关说明等，图的下部几栏表格，注记有关测量及纵坡设计资料。

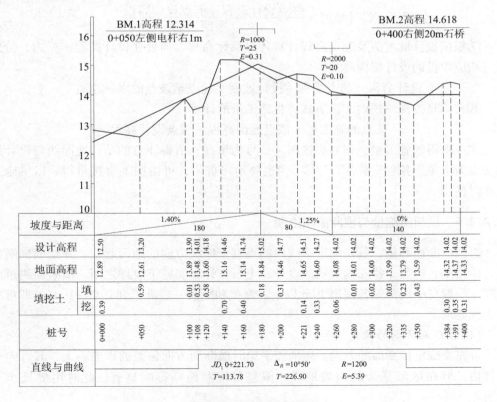

图 10-27 路线纵断面图

①图纸的左边自下而上填写直线与曲线、里程、填挖土、地面高程、设计高程、坡度与距离栏。上部纵断面图上的高程按规定的比例尺注记，首先要确定起始高程（如图中 0 + 000 里程的地面高程）在图上的位置，且参考其他中桩的地面高程，以使绘出的地面线处在图纸上适当的位置。

②里程栏按各桩里程及比例尺填写。

③地面标高中，注上对应于中桩里程的地面高程，并在纵断面图上按各中桩的地面高程依次点出其相应的位置，用细直线连接各相邻点位，即得中线方向的地面线。若线路有断链，则应表示出来。断链有"长链"和"短链"之分，当路线桩号长于地面实际里程时叫短链，短链时地面线断开；当路线桩号短于地面实际里程时则叫长链，长链时交错并标注。

④直线与曲线一栏中，应按桩号里程标明路线的直线部分和曲线部分。曲线部分用直角折线表示，上凸表示路线右偏，下凹表示路线左偏，并注明交点编号及其里程。小于 5°的交角，用锐角折线表示。此外，还应注明交点处的曲线元素。

⑤在上部地面线部分进行纵坡设计。设计时要考虑施工时的工程量最小，填挖方尽量平衡及小于限制坡度等道路有关技术规定。

⑥坡度与距离一栏内，分别用斜线或水平线表示设计坡度的方向，线上方注记坡度数值（以百分比表示），下方注记坡长，水平线表示平坡。不同的坡段以竖线分开。某段的设计坡度值按下式计算：

$$设计坡度 = \frac{终点设计高程 - 起点设计高程}{平距}$$

⑦根据设计坡度值及起点高程计算各点设计高程，而后在设计高程一栏内，分别填写相应中桩的设计路面高程。

$$设计高程 = 起点高程 + 设计坡度 \times 起点至该点的水平距离$$

⑧在填高挖深一栏内，按下式进行施工量的计算：

$$某点的施工量 = 该点地面高程 - 该点设计高程$$

式中求得的施工量，正号为挖深，负号为填高。值得注意的是：地面线与设计线的交点为不填不挖的"零点"，"零点"也要给出桩号，可由图上直接量得，以供施工放样时使用。

10.3.2.5　横断面测量与横断面图绘制

路线横断面测量，就是测定中线两侧垂直于中线方向的地面起伏，并绘成横断面图，供路基、边坡、特殊构筑物的设计，土石方计算和施工放样之用。横断面测量的宽度，一般自中线两侧各测出 10m 以上。高差和距离一般准确到 0.05 ~ 0.1 m 即可满足工程要求。

（1）横断面方向的确定

首先要确定横断面的方向。当地面平坦时横断面方向偏差的影响不大，其方向可以目估，但在地形复杂的山坡地段，偏差对横断面则影响显著，此时用皮尺水平量测。

直线段与圆曲线段横断面方向的测定，可用解析法放样边桩来取得，也可用十字架法，如下方法比较方便，此法在平坦地段也可用于边桩放样。

如图 10-28，将尺头放在 A 点，一人将尺尾放在 C 点，另外一人抓住 25m 处，水平拉直皮尺。此时在皮尺 25m 处的位置点 E 与 B 点的连线方向即为横断面方向。

沿着 BE 方向，量出 B 点到边桩点的距离，即得边桩点 P_1。再取皮尺起点放在 A，拉直到 P_1 点，捏紧此处，转向后拉到 B 点。此时，P_1A、P_1B、AB 构成固定三角形，$AB = BC = CD$，在 A、B、P_1 点的 3 人拉尺同时沿着公路方向向前 20m 左右（$A \rightarrow B$，$B \rightarrow C$），即可得 C 点的边桩位置 P_2，以此类推得 D 点的边桩位置 P_3，如图 10-29 所示。此法快捷、方便。

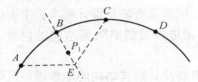

图 10-28 等距离法定横断面方向

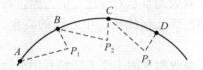

图 10-29 固定三角形法定横断面方向

当线路中线为圆曲线时，其横断面方向就是中桩点与圆心的连接。因此，只要找到圆曲线的半径方向，就确定了中桩点的横断面方向。

（2）横断面的测量方法

①水准仪—皮尺法 此法适用于施测横断面较宽的平坦地区。如图 10-30 所示，在横断面方向附件安置水准仪，以中桩地面点为后视点，以中桩两侧横断面方向变坡点为前视点，水准尺读数读至厘米，用皮尺分别量出各立尺点到中桩的距离。测量记录格式见表 10-2，表中按前进方向分左、右侧记录，以分式表示各段的前视读数和平距。

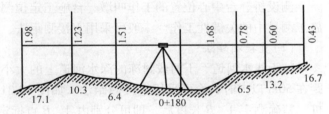

图 10-30 水准仪法测横断面

表 10-2 用水准仪横断面记录

左侧	前视读数 距离（m）			中桩	前视读数 距离（m）			右侧
——	$\dfrac{1.98}{17.1}$	$\dfrac{1.23}{10.3}$	$\dfrac{1.51}{6.4}$	$\dfrac{1.68}{0+180}$	$\dfrac{0.78}{6.5}$	$\dfrac{0.60}{13.2}$	$\dfrac{0.43}{16.7}$	——

②经纬仪视距法 此法适用于地形困难、山坡陡峭路线的横断面测量。具体做法为：将经纬仪安置在中桩上，照准横断面方向，量取仪器横轴至中桩的高度作为仪器高，用视距测量方法测量出地形特征点与中桩的平距和高差。

③全站仪法 全站仪法的操作方法与经纬仪法相同，其区别在于使用光电测距的方法测量出地形特征点与中桩的平距与高差。该法适用于任何地形条件，且精度较高。

④地形图法　利用大比例尺地形图，在地形图上标定纵、横断面方向，根据比例尺和高程直接绘制纵、横断面图。此法适用于精度要求不高的情况下。

（3）横断面图绘制

横断面图的绘制是根据所测各点的平距和高差，由中桩开始，逐一将断面中地面点绘在毫米方格纸上，并连成折线即得横断面的地面线。

如图 10-22 为中桩的横断面图，其上方粗线是所设计的路基断面。横断面图的纵、横比例尺相同，常用1∶100 或1∶200。

10.3.2.6　竣工验收测量

竣工验收测量是对修建好的道路进行测量，验证其是否满足设计要求。主要内容为道路的平面几何线形、中心线的高程、道路的横坡以及道路附属结构的位置、尺寸等。

竣工验收测量的主要方法是利用全站仪测量道路及其附属结构的地形图。具体测量过程参见大比例尺地形图测绘。

10.3.3　桥梁施工测量

10.3.3.1　桥墩的定位测量

测设桥、台中心位置的工作叫墩、台施工定位测量，桥梁、墩台定位测量是桥梁施工测量中的关键性工作。一般可采用直接测距法、方向交会法和极坐标法进行。

（1）直接测距法

位于浅水河道、干河或封冻的深水河道上的大小型桥，以及河水虽深，但桥台间距在 50m 以内时，均可采用直接测距法。如图 10-31 所示，A、B 为桥梁中线的定位桩。精确测定 A、B 长度后，即可分别由 A、B 点标定出桥台和桥墩的位置。

丈量时使用的钢尺，应经过检定，读数要精确到毫米，有时还要估读毫米以下数字。并对尺长、温度和倾斜进行纠正计算，拉力应为标准拉力。其施测方法同钢尺精度量距。精度应符合规范规定。

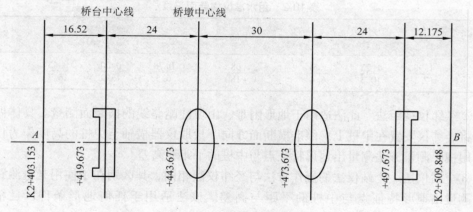

图 10-31　直接测距法

（2）方向交会法

当桥墩所在位置河水较深，无法直接丈量，且不易安置反射棱镜时，可建立三角网，利用经纬仪进行方向交会，定出桥墩中心位置。如图 10-32 所示，A、B 为桥轴线，C、D 为桥梁平面控制网中的控制点，P_i 为第 i 个桥墩设计的中心位置（待测设的点）。

施测方法为：在 A、C、D 3 个点上，各安置好相同的 DJ_2 级经纬仪，将望远镜瞄准好各自适宜的控制点作为后视，将测微尺调至零分零秒，再用水平度盘变换螺旋细心地对准零刻画线。在检查瞄准方向及度盘位置无误后，松开度盘制动螺旋，旋转望远镜，使水平度盘对准在需要放样的角度的位置上，此时望远镜的视准轴即在墩位设计中心的方向线上，观测员指导持杆人员在特定点的工作平台面上移动标杆，直至标杆中心恰好移至望远镜十字线中心的视线上。由于观测误差的存在，这样必然会交会出一个误差三角形 $\Delta P_1P_2P_3$。如果误差三角形在桥轴线上的边长 P_1P_3 在容许误差范围之内（墩底放样为 2.5cm，墩顶放样为 1.5cm），则取 C、D 两点定出的方向线交点 P_i 在桥轴线上的投影 P_i' 作为桥墩的中心位置。

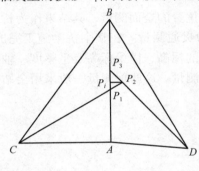

图 10-32 方向交会法

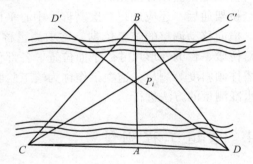

图 10-33 方向交会法的固定瞄准标志

（3）极坐标法

如果能在待测设的点位上安置棱镜，则可使用全站仪按极坐标法进行测设点位。计算的放样数据为角度和距离。原则上可以将仪器安置在任意控制点上，但是，最好将仪器安置在桥轴线控制桩点 A（或 B）上，照准另一轴线点 B（或 A），指挥棱镜安置在该方向上，测设 AP_i 或 BP_i 的距离，即可测设出桥墩的中心位置 P_i。

在桥墩的施工过程中，随着工程的进展，需要多次交会出桥墩中心位置，而且要迅速准确。因此，在第一次求得正确的桥墩中心位置 P_i 后，可把交会方向延伸到对岸，施工时需用觇牌加以固定，如图 10-33 所示的 C'、D' 点。这样在以后交会墩位时，只需要照准对岸的觇牌即可。

10.3.3.2 桥梁墩台纵横轴线测设

在墩、台中心定位之后，还应放样出墩台的纵、横轴线，作为墩、台细部放样的依据。对于旱桥或浅水桥直接用经纬仪或全站仪拨角法放样；位于水中的桥墩，如采用筑岛或围堰施工，可把纵横轴线测设在岛上或围堰上。在直线桥上，墩、台的纵轴线是指过墩台中心平行于线路方向的轴线；在曲线桥上，墩、台的纵轴线则为墩台中心处曲线的切线方向的轴线，墩台的横轴线是指过墩、台中心的与其纵轴垂直的轴线，斜交桥则为与其纵轴垂直方向成斜交角度的轴线。

对放样出的墩、台轴线，要用护桩固定，因为在施工过程中，需要经常恢复纵、横轴线的位置。墩、台轴线的护桩在每侧应不少于 2 个，施工中常常在每侧设置 3 个，以防止护桩被破坏。护桩应设置在施工场地外一定距离处。

墩、台施工时，各部分的高程是通过布设在附近的施工水准点将高程传递到墩、台身或围堰上的临时水准点，然后由临时水准点用钢尺向下或向上量取所需的距离。但墩、台帽的顶面及垫石的高程则用水准仪测设。

10.3.3.3 桥面架设测量

桥面架设施工时，在预制梁（或现浇梁）架设后应首先测定其中心位置和标高，在施加预应力后应测定每跨两端及中间的标高，在调平层施工的前后都应对全线引桥的标高进行测定。桥面架设测量中的标高测定方法一般都采用水准测量，中心平面位置测量与桥墩定位测量方法相同。

全桥架通后，还应进行一次高程、中心平面位置的全面测量，其结果作为桥梁整体纵、横向移动调整的施工依据，这项测量称为贯通测量。在整个桥梁施工完成后，还要对桥墩、台的外形尺寸、平面位置、各部件的标高、横梁标高及平整度、轴线偏位、塔柱倾斜度等测量，这项工作称为竣工验收测量。这两项测量一般采用全站仪和精密水准测量的方法进行。

10.4 管道工程测量

管道工程包括给水、雨、污排水，燃气、输油、强弱电电缆管线等工程。管道施工测量的主要工作有管道中线测量、管线纵横断面测量、管道施工测量、顶管施工测量及竣工测量等。

不同的管道有不同的施工要求，如雨、污管道，依靠重力自排水，为非压力管道，一般情况下，不要改变管内底设计标高和坡度。而其他压力管道和电缆，可绕开排水管埋设于地表下。管线埋设要有一定的深度（如 70 ~ 90cm），以避免车辆碾压或其他损坏。对于市政综合管线来说，尤其是燃气管道和电力管道，在平行或穿越其他管道间隙时，要考虑安全距离。要严格安照各专业管道的规范进行施工及布置相应的保护措施，并根据管道用途和性质确定架空布设或埋设。

10.4.1 管道设计阶段的测量工作

10.4.1.1 踏勘选线

收集管线途经区域的相关资料，包括原有的控制点资料，原有的地形图、水文、地质资料，原有地下管线分布图等。现场踏勘，确定线路走向，在转弯处钉木桩标志。

10.4.1.2 线路控制测量

根据原有控制点状况和线路长短，在线路两侧附近加布控制点，进行导线测量控制和水准测量控制（也称基平测量），以满足管道中线测量、带状地形图的测绘、中桩测设、纵横断面测量等的需要。为线路设计和工程量的计算提供依据。

10.4.1.3 管道中桩测量

沿着所选择的线路前进方向，从起点开始，依次测定线路的转角，依次量测各转弯点间的距离。并可根据导线控制点测量出各转弯点的坐标，测量出障碍物的坐标，使管道线路在设计或施工时绕过障碍物。

10.4.1.4 带状地形图的测绘

如有需要，在踏勘选线的基础上，沿所选线两侧 50～100m 范围内测绘带状地形图，以满足线路选择、线路设计和修改的需要。根据管道中桩测量资料，在图上标定线路走向和转点位置，设计线形、走向，确定里程数据。

10.4.1.5 管道纵、横断面测量

管道的起点、终点和转向点统称为管道的主点，而主点位置及管道方向是设计时确定的。首先，将设计管道中心线的位置按整里程（20m 或 50m）在地面测设出来。管道纵断面测量的内容是根据沿管道中心线所测得的桩点高程和里程绘制成纵断面图（也称中平测量）。纵断面图反映了沿管道中心线的地面高低起伏和坡度陡缓情况，是设计管道埋深、坡度和计算土方量的主要依据。如有需要，也可按整里程加测横断面图，更有利于土方工程量的计算。

基平测量是沿线路方向设置水准点，使用水准测量的方法测量各点的高程，作为线路测量的高程控制。首先应沿管道采用四等水准测量布设高程控制，一般每隔 1～2km 设置一个永久水准点，作为全线高程的主要控制点，中间每隔 300～500m 还应设置临时水准点，作为纵断面测量时分段闭合和施工时引测高程的依据。

中平测量可用普通水准测量的方法进行施测。观测时，在每一测站上先观测转点，再观测相邻两转点之间的中桩（称为中间点）。由于转点起传递高程的作用，因此转点尺应立在尺垫、稳定的桩顶或岩石上，读数至毫米，视线长一般不超过 150m。中间点尺应立在紧靠桩边的地面上，读数至厘米。里程自左向右按规定的距离比例尺标注各中桩的里程，其位置为纵断面图上各个桩对应的横坐标。

10.4.2 管道施工阶段的测量工作

10.4.2.1 准备工作

（1）恢复和复核中线

为了保证线路中线位置的准确可靠，在管道施工前，对管道中线进行复核测量，

把丢失的中桩重新恢复起来，以满足施工的需要。

（2）施工控制桩测设

在施工时，管道中线上的中线桩将被挖掉，为了便于恢复中线和附属构筑物的位置，应在不受施工干扰、便于引测、易于保存的地方，测设施工控制桩。施工控制桩分为中线控制桩和附属构筑物的位置控制桩两种。中线控制桩一般设置在管道中点处中线的延长线上，位置控制桩通常设置在与管道中线垂直的方向上，以控制里程和井位等附属构筑物，如图 10-34 所示。

当管线直线段较长时，也可在中线两侧测设一条与中线平行的轴线，利用该轴线来恢复开挖后的中线及构筑物的位置。

（3）加密水准点

为了在施工过程中引测高程方便，应根据原有水准点，于沿线附近每隔 150m 左右增设一个加密水准点。

（4）槽口放线

槽口放线的任务是根据管线的设计埋深、管径大小及沿线的土质情况等计算出开槽宽度，然后在地面上定出槽边线位置，撒上石灰线，作为开挖的边界线。

10.4.2.2　施工测量

管道施工测量的主要工作是控制中线和高程。

（1）设置坡度板，测设中线钉

坡度板是控制中线、掌握管道设计高程的基本标志，通常跨槽设置，板面应基本水平。如图 10-34 所示，在中线控制桩上安置仪器，将管道中线投测到坡度板上，钉上小铁钉（中线钉）作标志，各中线钉的连线即为管道中心线。当槽口开挖后，在中线钉上挂垂球，即可将中线测设到管槽内。

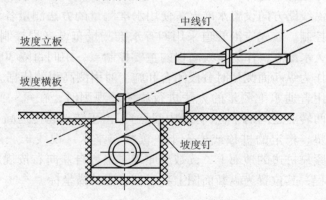

图 10-34　坡度板设置

（2）测设坡度钉

坡度钉的作用是控制管槽按照设计深度和坡度开挖。坡度钉设置在坡度立板上，而坡度立板竖直钉在坡度板上，其一侧应与管道中线平齐，如图 10-34 所示。根据附近水准点，用水准仪测出中心线上各坡度板的板顶高程。根据管道设计的坡度，计算该处管道的设计高程。坡度板顶与管道设计高程之差就是坡度板顶往下开挖到管底的深度，通常称为下返数(又称下反数)。下返数往往不是一个整数，并且各坡度板地下返数不一致，施工、检查很不方便。为了施工方便，一般使一段管线内的各坡度板的下返数相同，而且为一整"分米"数。

10.4.3　顶管施工测量

当地下管道穿越铁路、道路、江河等重要建筑物时，或城市道路有时不能或不允许开槽施工时，常采用顶管施工法。顶管施工是在先挖好的工作坑内安放道轨(铁轨或方木)，将顶管专用管道放在导轨上，控制好方向和坡度，用大型千斤顶顶紧管壁，管道直径在60~80cm及以上，以满足人可进入管道将管前端的土方挖出来，边挖边顶，一节管顶入后再加一节，要做好安全防护措施，如遇漏水，应迅速将人撤出。

顶管施工测量的目的是保证顶管按照设计中线和高程正确顶进或贯通。因此，顶管施工中的测量工作主要有中线测量和高程测量。

10.4.3.1　中线测量

如图 10-35 所示，先根据地面上的管道中线桩或中线控制桩，用经纬仪或全站仪将管道中线引测到已挖好的顶管工作坑的坑壁上，然后在两个管道中线桩上拉一条细线，紧贴细线挂两根垂球线，两垂球的连线方向即为管道中线方向。顶管时，在管内前端水平放置一把长度等于或略小于管径的木尺，尺上有刻画线并标明中心点，如果两垂球的连线方向与木尺上的中心点重合，则说明管道中心在设计管线方向上。否则，需校正顶管的方向偏差。当条件允许时，工作坑应尽量长些，以提高中线测设精度。

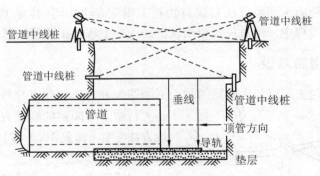

图 10-35　管顶施工测量

当顶管距离较长、直径较大时，可以使用激光水准仪、激光经纬仪、激光指向仪或具有激光照准功能的全站仪进行导向，沿中线方向发射出一束可见的激光，将使顶管方向的检查和校正更为方便。

10.4.3.2　高程测量

高程测量时，先在工作坑内设置临时水准点，再将水准仪安置在坑内，后视临时水准点上的标尺，前视立于管内的短水准尺，测出管底高程；也可将无协作目标的全站仪安置在临时水准点上，直接测出管底高程，再将实测高程值与设计高程值比较，即得管底高程和坡度的校正值。一般其差值超过±1cm时，需要校正。如果利用管道激光指向仪则可以精确地测出管道的坡度，达到快捷、准确导向的目的。

通过深竖井穿越江河等的长距离顶管的施工测量需要很高的精度，读者可参阅相关专业参考书。

10.4.4 管道竣工测量

管道工程竣工后，应及时整理并编绘竣工资料和竣工图。管道竣工图是反映管道施工的成果及其质量的资料，也是以后进行管理、维修、改建和扩建的依据。管道竣工图的比例尺一般为1:500~1:2000。

管道竣工测量的内容包括管道竣工带状平面图和管道竣工断面图的测绘。竣工平面图主要是测绘管道的起点、转折点、终点、检查井、附属构筑物的平面位置和高程、管道与附近重要地物(如永久性房屋、道路、高压电线杆等)的位置关系。竣工断面图应在回填土前进行，用水准测量方法测定管顶的高程和检查内管底的高程，可用钢尺丈量距离。

10.5 园林工程测量

园林工程是指园林建筑设施与室外工程，包括园林山水工程、园林道路、桥梁工程、假山置石工程、园林灌溉和植被种植等。园林施工测量的任务是按照图纸设计的要求，把园林建筑物与室外工程的平面位置和标高测设到地面上，以便施工。园林工程中大型建筑设施施工测量方法与建筑物施工测量方法相同(详见10.2节)，本节主要介绍园林室外工程中，绝对位置要求较低的一些工程施工测量的基本方法。

10.5.1 园林道路测设

园林道路分为主园路和次园路两种。主园路能通汽车，要求比较高，次园路一般是人行道。主园路的测设方法和道路工程测设方法一样(详见10.3节)。本节只介绍次园路的测设方法。

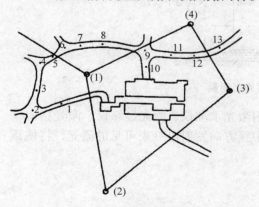

图10-36 园林道路测设

次园路放线就是把路中心线的交叉点、拐弯点(如图10-36的1、2、3、4等点)的位置测设到地面上，并在点位处打一木桩，写上编号。在选择路线中心点时，距离不宜过长，在地形变化不大地段一般相距10~20m测设一点，圆弧地段还要加密。点位确定后用水准仪施测各点原地面高程，并求出各点填挖高写在桩上。施工时，根据路中心点和图上设计路宽，在地面上画出路边线，如与实际地形不合适，可适当修改。

10.5.2　公园水体测设

10.5.2.1　极坐标法测设

如图 10-37 所示，在设计图上，根据湖泊的外形轮廓曲线（岸边线），标注拐点的位置（如 1、2、3、4 等点），在设计图上量出这些点的坐标。利用它们与控制点 A 或 B 的相对关系，计算放样元素，用极坐标法将它们测设到地面上，并钉上木桩，然后用较长的绳索把这些点用圆滑的曲线连接起来，即得湖池的轮廓线，用白灰撒上标记，并根据审美要求作适当调整。

对于岸坡的坡度，为了施工方便，可以用边坡样板来控制，如图 10-38 所示。开挖时，用水准仪检查挖深，然后继续开挖，直至达到设计深度。

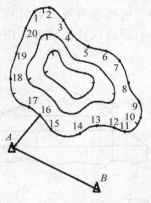

图 10-37　园林道路测设

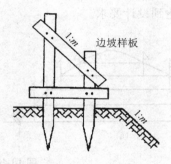

图 10-38　边坡测设

10.5.2.2　格网法测设

如图 10-39 所示，把欲放样的湖面在图上画成方格网，将图上方格网按比例尺放大到实地上，根据图上湖泊（或水渠）外轮廓线各点在格网中的位置，在地面方格网中找出相应的点位，如 1、2、3、4 等曲线转折点，再用长麻绳依图上形状将各相邻点连成圆滑的曲线，顺着曲线撒上白灰，做好标记。若湖面较大，可分成几段实施，用长 30~50m 的麻绳分段连接成圆滑的曲线。对于岸坡坡度的控制与上述相同。

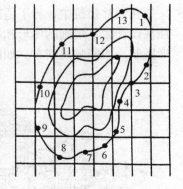

图 10-39　格网法测设水体

10.5.2.3　平板仪测设

其原理与极坐标相同，对于不规则的人工水体放线或堆山施工放线来说，更为直观、快捷。利用控制点或地物特征点的引点设站，将设计图放置在小平板上，对中、整平、图板定向。从设站点出发，图上量取站点到水体特征点的距离后，使照准仪底边线与站点水体特征点图上连线一致，此时照准仪已瞄准了实地的水体特征点，沿此方向量出实地这段距离，钉上木桩即可。

10.5.3　堆山测设

堆山或微丘地形的等高线平面位置测定方法与公园水体测设方法相同。堆山等高线标高可用竹竿表示。具体做法如图 10-40(a) 所示，从最低的等高线开始，在等高线的轮廓线上，每隔 3~6m 插一长竹竿(根据堆山高度而灵活选用不同长度的竹竿)。利用已知水准点的高程测出设计等高线的高度，标在竹竿上，作为堆山时掌握堆高的依据，然后进行填土堆山工作。在第一层的高度上继续又以同法测设第二层的高度，堆放第二层、第三层直至山顶。坡度可用坡度样板来控制。

当土山不高于 5m 时，可把各层标高一次性地标在一根长竹竿上，不同层用不同颜色区分，便于施工。如图 10-40(b) 所示。

在用机械化施工时，只要标出堆山的边界线，司机参考堆山设计模型，就可堆土。等堆到一定高度以后，用水准仪检查标高，不符合设计的地方，用人工加以修整，使之达到设计要求。

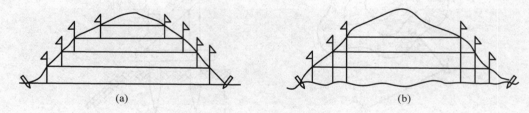

(a)　　　　　　　　　　　　　(b)

图 10-40　堆山高度标记

10.5.4　不规则形状的园林建筑的测设

在园林建筑中，为了适应地形或考虑造园艺术性，有的亭、廊、水榭的平面形状往往设计成不规则的图形和不规则的轴线，有时建筑物还修建在山坡或水边，因受地形限制，不能随意摆布。如图 10-41 所示。

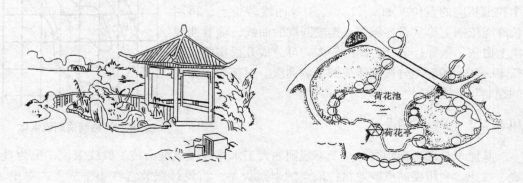

图 10-41　荷花亭透视图和位置图

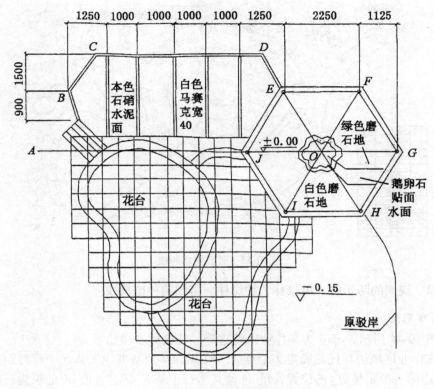

图 10-42 荷花亭平面图

这种园林建筑的定位可采取极坐标法与图解方格网法相结合进行放线。如图10-42所示。

10.5.5 园林树木种植定点放样

种植设计是园林设计的内容之一。种植设计图包括平面效果图、种植平面图、详图以及必要的施工图解和说明。种植需要定点放样，放样不必像建筑施工那样准确。但是，当种植设计要满足一些活动空间，控制或引导视线时，或者所种植的树林作为独立景观，以及树木为规则式种植时，树木的间距、平面位置关系都应尽可能准确地标定。放样时首先应选定一些点或线作为依据，如现状图上的建（构）筑物、道路或地面上的水准点等，然后将种植平面上的网格或截距放样到地面上，并依次确定乔灌木的种植穴和草本、地被的种植范围线。

10.5.5.1 公园树木种植放线

树木种植方式有2种：一种是单株，每株树中心位置可在图纸上明确表示出来；另一种是只在图上标明范围而无固定单株位置（如灌木丛、成片树林、树群）（图10-43）。它们的放线方法主要有：经纬仪法、网格法、距离交会法和支距法等。

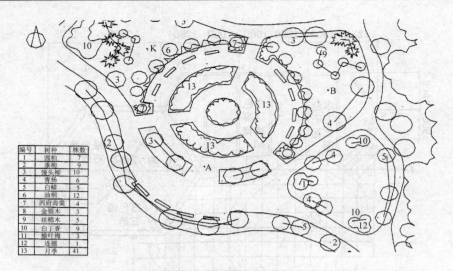

编号	树种	株数
1	圆柏	7
2	垂柳	9
3	馒头柳	10
4	青杨	6
5	白蜡	5
6	油桐	12
7	西府海棠	4
8	金银木	3
9	丝棉木	5
10	白丁香	9
11	榆叶梅	3
12	连翘	1
13	月季	41

图 10-43　公园树木种植

10.5.5.2　规则的防护林、风景林、护岸林、苗圃的种植放线

（1）矩形法

如图 10-44 所示，abcd 为一作业区的边界，其放样步骤如下：

①在作业区域边界任意确定 2 个点 A、B，以 AB 为基准线按 0.5 个株行距先量出 a 点（地边第一个定植点）的位置，量 ab 使其平行于基线 AB，并使 ab 的长为行距的整倍数，在 a 点上安置仪器或用皮卷尺作 $da \perp ab$，且 ad 边长为株距的整倍数。

②在 b 点作 $cb \perp ab$，并使 bc = ad，定出 c 点。为了防止错误，可在实地量 cd 长度，看其是否等于 ab 的长度。

③在 ad、bc 线上量出等于若干倍于株距的尺段（一般以接近百米测绳长度为宜）得 e、f、g、h 诸点。

④在 ab、ef、gh 等线上按设计行距量出 1、2 和 1′、2′等点。

⑤在 1—1′、2—2′、3—3′…连线上按株距定出各栽植点，撒上白灰作为记号。为了提高工效，在测绳上可按株距扎上红布条，就能较快地定出种植点的位置。

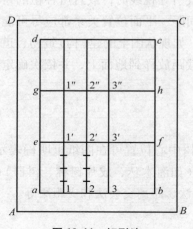

图 10-44　矩形法

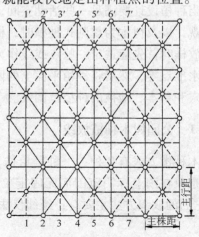

图 10-45　菱形法

（2）菱形法

如图10-45所示，放线步骤为：①~③步同矩形法。第④步是按0.5个行距定出点1、2、3…和1′、2′、3′…第⑤步是连直线1—1′、2—2′、3—3′…奇数行的第一点应从0.5个株距起，按株距定各种植点，偶数行则从边界点起计算，按株距定出各栽植点。

10.5.5.3　行道树定植放线

道路两侧的行道树，要求栽植的位置准确、株距相等。一般是按道路设计断面定点。在有路牙石的道路上，以路牙石为依据进行定植点放线。无路牙石则应找出道路中线，并以此为定点的依据，用皮尺定出行距，大约每10株钉一木桩。做好控制标记，每10株与路另一侧的10株——对应（应校核），最后用白灰标定出每个单株的位置。

10.6　地下工程测量

10.6.1　地下工程的种类、特点及测量要求

地下工程根据工程建设的特点可分为三大类：一类属于地下通道工程，如隧道工程（包括铁路隧道、公路隧道以及输水隧洞）、城市地下铁道工程等；另一类属于地下建（构）筑物，如地下工厂、仓库、影剧院、游乐场、舞厅、餐厅、医院、图书室、地下商业街、人防工程以及军事设施等；还有一类为开采各种矿产而建设的地下采矿工程。

地下工程测量的工作环境主要在地下或封闭的空间，其作业方法、作业程序、使用的仪器设备与其他测量存在一定差别。地下工程测量具有以下特点：

①测量空间狭窄，测量条件差，并存在烟尘、滴水，人员和机械干扰的可能；

②施测对象灰暗，一般无自然光，照度不理想；

③工程需要较高的精度，测量耗时较短，而且需要现场提交成果；

④需要及时、准确地反映各种构筑物在静态或动态下的各种空间几何关系，因而测量工作具有渐进性和连续性；

⑤地下工程施工面狭窄，并且坑道往往只能前后通视，使得测量的网形受到条件限制，测量成果的可靠性要依靠重复测量来保证；

⑥测量控制点埋设受到环境和空间的制约，可能设在巷道的顶部或边上，同时这些点受地质构造和工程的影响，测量的检核工作量较大。

地下工程的测量环节包括：建立地面控制网；地面和地下的联系测量；地下坑道中的控制、竣工及施工测量。对测量的要求如下：

①应严格按照先控制后碎部、高级控制低级，对测量成果逐项检核，测量精度必须满足规范要求等。

②在隧道工程中，两个相向开挖的工作面的施工中线往往因测量误差产生贯通误差（分为纵向贯通误差、横向贯通误差和高程贯通误差）。对于隧道而言，纵向误差不

会影响隧道的贯通质量，而横向误差和高程误差将影响隧道的贯通质量。因此，应采取措施严格控制横向误差和高程误差，以保证工程质量。

③为保证地下工程的施工质量，在工程施工前应进行工程测量误差预计。预计中应将容许的竣工误差加以适当分配。一般来说，地面上的测量条件比地下好。故对地面控制测量的精度应要求高一些，而将地下测量的精度要求适当降低。

④在地下工程中应尽量采用先进的测量设备。地面控制测量应采用 GPS 测量技术进行，平面联系测量应尽量采用陀螺定向，坑道内的导线测量应采用红外测距仪加大导线边长，减少导线点数。为限制测角误差的传递，当导线前进一定距离后应使用高精度陀螺经纬仪加测陀螺定向边。

10.6.2 联系测量

在地下工程中，可使用平峒、斜井及竖井进行地下的开挖工作。为保证地下工程沿设计方向掘进，应通过平峒、斜井及竖井将地面的平面坐标系统及高程系统传递到地下，该项工作称为联系测量。通过平峒、斜井的联系测量可采用导线测量、水准测量、三角高程测量完成。本节只讲述竖井联系测量工作。竖井联系测量工作分为平面联系测量和高程联系测量。平面联系测量又分为几何定向（包括一井定向和两井定向）和陀螺定向。

10.6.2.1 一井定向

进行一井定向时，在立井井筒中悬挂两根钢丝垂球线，如图 10-46 所示。在地面上利用地面控制点测定两垂球线的平面坐标及其连线方位角，在井下使用经纬仪测角、量边，把垂球线与井下起始控制点连接起来，通过计算确定井下起始控制点的坐标和方位角。一井定向测量工作可分为投点（在井筒中下放钢丝）和连接测量工作。

投点时，通常采用单重稳定投点和单重摆动投点。单重稳定投点只有当井筒中风流、滴水很小，垂球线基本稳定时才能应用。而单重摆动投点则让钢丝自由摆动，用

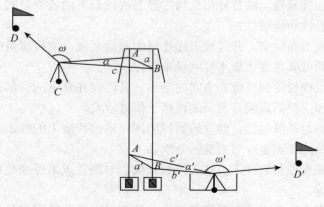

图 10-46 一井定向示意图

专门的设备观测其摆动，从而求出它的静止位置并加以固定。由地面向定向水平上投点时，由于井筒内气流、滴水等影响，致使井下垂球线偏离地面上的位置，该偏差称为投点误差，由此引起的垂球线连线的方向误差叫作投向误差。

连接测量时，常采用连接三角形法（图 10-47）。C 与 C' 称为井上下的连接点，A 与 B 点为两垂球线点，从而在井上下形成了以 AB 为公用边的三角形 $\triangle ABC$ 和 $\triangle ABC'$。

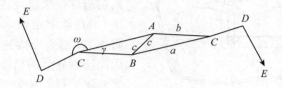

图 10-47　连接三角形法示意图

连接测量时，在连接点 C 和 C' 处用经纬仪按测回法测量角度 γ、γ'、ω、ω'，同时丈量井上下连接三角形的 6 个边长 $a(a')$、$b(b')$、$c(c')$。

内业计算时，首先应对全部记录进行检查，然后对边长加入各项改正，并按下式解算连接三角形各未知要素。即：

$$\sin\alpha = \frac{a}{c}\sin\gamma$$

$$\sin\beta = \frac{b}{c}\sin\gamma \tag{10-36}$$

计算出的 α、β 角应满足 $\alpha + \beta + \gamma = 180°$。因计算 α、β 角时数值凑整误差的影响，上述条件可能会不满足，若存有微小的残差，则可将其平均分配给 α 和 β。另外，计算时应对两垂球线间距进行检查。设 $c_丈$ 为两垂线间距离的实际丈量值，$c_计$ 为其计算值，则：

$$\left.\begin{array}{l} c_计^2 = a^2 + b^2 - 2ab\cos\gamma \\ d = c_丈 - c_计 \end{array}\right\} \tag{10-37}$$

如在地面连接三角形时 d 小于 2mm、井下连接三角形时 d 小于 4mm，可在丈量的边长中分别加入下列改正数，以消除其差值。即：

$$v_a = -\frac{d}{3}; v_b = +\frac{d}{3}; v_c = -\frac{d}{3} \tag{10-38}$$

上式是针对地面三角形而言，对于井下连接三角形，其井下各边长改正数应为：

$$v_{a'} = +\frac{d}{3}; v_{b'} = -\frac{d}{3}; v_{c'} = -\frac{d}{3} \tag{10-39}$$

10.6.2.2　两井定向

当地下工程中有两个立井且两井之间在定向水平上有巷道相通并能进行测量时，应采用两井定向，如图 10-48 所示。在两井定向中，由于两垂球线间距离远大于一井定向时两垂球线间的距离，因而其投向误差也大大减小。

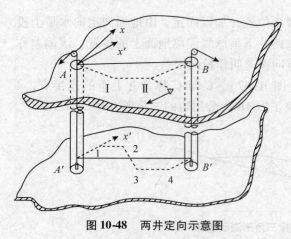

图 10-48 两井定向示意图

在两个立井中各悬挂一根垂球线 A 和 B（投点设备和方法与一井定向相同），一般采用单重稳定投点。由地面控制点布设导线测定两垂球线 A、B 的坐标（包括由一个控制点或两个控制点向两垂球线敷设连接导线的两种连接方案），在地下定向水平沿巷道采用导线将 A、B 两垂球线连接起来，井上下采用的连测导线的精度等级应按定向的精度要求选择，一般地面采用 5″级导线、地下采用 7″级导线进行连接测量。

内业计算时，首先由地面测量结果求出两垂线的坐标 x_A、x_B、y_A、y_B，并计算出 A、B 连线的坐标方位角 α_{AB} 和长度 c_{AB}。

$$\left.\begin{aligned} \alpha_{AB} &= \arctan \frac{y_B - y_A}{x_B - x_A} \\ c_{AB} &= \sqrt{\Delta x_{AB}^2 + \Delta y_{AB}^2} \end{aligned}\right\} \tag{10-40}$$

因地下定向水平的导线构成无定向导线，为解算出地下各点的坐标，假设 A 为假定坐标系的原点，$A1$ 边为假定纵轴 x' 方向，由此可计算出地下各点在假定坐标系中的坐标，并求出 A、B 连线在假定坐标系中的坐标方位角 α'_{AB} 和长度 c'_{AB}。即：

$$\left.\begin{aligned} \alpha'_{AB} &= \arctan \frac{y'_B}{x'_B} \\ c'_{AB} &= \sqrt{(x'_B)^2 + (y'_B)^2} \\ \Delta c &= c_{AB} - \left(c'_{AB} + \frac{H}{R}c \right) \end{aligned}\right\} \tag{10-41}$$

式中　H——竖井深度；

　　　R——地球的平均曲率半径。

Δc 应小于地面和地下连接测量中误差的 2 倍，则：

$$\alpha_{A1} = \alpha_{AB} - \alpha'_{AB} \tag{10-42}$$

依此可重新计算出地下各点的坐标。由于测量误差的影响，地下求出的 B 点坐标与地面测出的 B 点坐标存有差值。如果其相对闭合差符合测量所要求的精度，可进行分配。因地面连接导线精度较高，可将坐标增量闭合差按边长或坐标增量成比例反号分配给地下导线各坐标增量上。最后计算出地下各点的坐标。

10.6.2.3　高程联系测量

为使地面与地下建立统一的高程系统，应通过斜井、平峒或竖井将地面高程传递到地下巷道中，该测量工作称为高程联系测量（也称导入高程）。通过斜井、平峒的高程联系测量，可从地面用水准测量和三角高程测量方法直接导入，这里不再赘述。下面仅讨论通过竖井导入高程的方法。通过竖井导入高程的常用方法有长钢尺法、长钢丝法、光电测距仪铅直测距法等。

（1）长钢尺法导入高程

如图 10-49 所示，将经过检定的钢尺挂上重锤（其重量应等于钢尺检定时的拉力），自由悬垂在井中。分别在地面与井下安置水准仪，首先在 A、B 点水准尺上读取读数 a、b。然后在钢尺上读取读数 m、n（注意：为防止钢丝上下弹动产生读数误差，地面与地下应同时在钢尺上读数）。由此可求得 B 点高程：

$$H_B = H_A - \left[(m - n) + (b - a) + \sum \Delta l \right]$$

$$(10\text{-}42)$$

式中 $\sum \Delta l$——钢尺改正数总和（包括尺长改正、温度改正、自重伸长改正）。

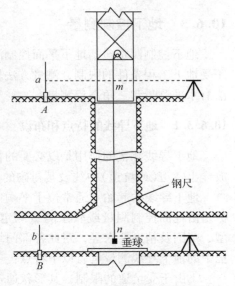

图 10-49 长钢尺导入高程示意图

（2）长钢丝法导入高程

采用长钢丝法导入高程，一般随几何定向一起进行。长钢丝导入高程的过程基本同于长钢尺法，但因长钢丝无尺寸标记，因此在地面以及地下观测钢丝时，需要在钢丝上作出记号，然后在地面选一平坦区域，加悬挂时的重量将钢丝拉开，用钢尺或光电测距仪丈量两记号间的长度 L（应注意加入各项改正），且往返测量的长度互差不得超过 L/8000。

（3）光电测距仪导入高程

当井筒内水蒸气较小时，可采用光电测距仪导入高程，如图 10-50 所示。导入高程时，可将罐笼提升至井口后固定（可用木楔），在其中固定一平台 E，将光电测距仪直接安放在平台上。另将反光镜平放在井底平台 F 上，用光电测距仪直接瞄准反光镜测距 f（为便于瞄准可将一光源放置在反光镜上）。并用水准仪在井上下测出 AE、BF 点之间的高差 h_{AE} 及 h_{BF}，同时测定井上下的温度及气压。则 A、B 两点间高差可按下式计算：

$$h_{AB} = s - h_{AC} + h_{BD} - l + \Delta l$$

$$(10\text{-}44)$$

式中 l——光电测距仪镜头到仪器中心的长度；

     Δl——气象改正（温度和气压应取井上、井下平均值）。

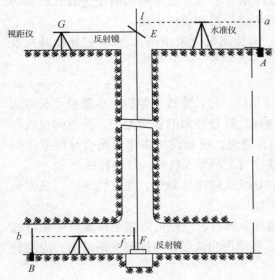

图 10-50 光电测距仪导入高程示意图

10.6.3 地下控制测量

地下控制测量包括地下平面控制测量和地下高程控制测量。地下平面控制测量由于受地下工程条件的限制，测量方法较为单一，只能敷设导线。地下高程控制测量方法有水准测量和三角高程测量。

10.6.3.1 地下导线的特点和布设

地下导线测量的作用是以必要的精度建立地下的控制系统。依据该控制系统可以放样出隧道（或坑道）中线及其衬砌的位置，从而指示隧道（或坑道）的掘进方向。

地下导线的起始点通常位于平峒口、斜井口以及竖井的井底车场，而这些点的坐标是由地面控制测量或联系测量测定的。地下导线等级的确定取决于地下工程的类型、范围及精度要求等，对此各部门均有不同的规定。与地面导线测量相比，地下工程中的地下导线测量具有以下特点：

①由于受坑道的限制，其形状通常为延伸状。地下导线不能一次布设完成，而是随着坑道的开挖而逐渐向前延伸。

②导线点有时设于坑道顶板，需采用点下对中。

③随着坑道的开挖，先敷设边长较短、精度较低的施工导线，指示坑道的掘进。而后敷设高等级导线对低等级导线进行检查校正。

④地下工作环境较差。对导线测量干扰较大。

地下导线的类型有附合导线、闭合导线、方向附合导线、支导线及导线网等。当坑道开始掘进时，首先敷设低等级导线给出坑道的中线，指示坑道掘进。当巷道掘进300~500m 时，再敷设高等级导线检查已敷设的低等级导线是否正确，所以应使其起始边（点）和最终边（点）与低等级导线边（点）重合。当巷道继续向前掘进时，以高等级导线所测设的最终边为基础。向前敷设低等级导线和放样中线。

地下导线角度测量常采用测回法进行。边长测量可采用钢尺、2m 铟瓦横基尺及电磁波测距仪测距。

在布设地下导线时应注意以下事项：

①地下导线应尽量沿线路中线（或边线）布设。边长要接近等边，尽量避免长短边相接。导线点应尽量布设在施工干扰小、通视良好且稳固的安全地段，两点间视线与坑道边的距离应大于 0.2m。对于大断面的长隧道，可布设成多边形闭合导线或主副导线环。有平行导坑时，平行导坑的单导线应与正洞导线联测，以资检核。

②在进行导线延伸测量时，应对以前的导线点做检核测量。在直线地段，只做角度检测；在曲线地段，还要同时做边长检核测量。

③由于地下导线边长较短，因此进行角度观测时，应尽可能减小仪器对中和目标对中误差的影响。当导线边长小于 15m 时，在测回间仪器和目标应重新对中。应注意提高照准精度。

④边长测量中，采用钢尺悬空丈量时，除加入尺长、温度改正外，还应加入垂曲改正。当采用电磁波测距仪时，应经常拭净镜头及反射棱镜上的水雾。当坑道内水汽

或粉尘浓度较大时，应停止测距，避免造成测距精度下降。洞内有瓦斯时，应采用防爆测距仪。为保证测距精度，边长很短时应采用钢尺量边。在矿山的重要贯通工程中，还应对导线边长加入归化到投影水准面和投影到高斯—克吕格投影面的改正。

⑤凡是构成闭合图形的导线网（环），都应进行平差计算，以便求出导线点的新坐标值。

10.6.3.2 地下高程控制测量

地下高程控制测量的任务是：测定地下坑道中各高程点的高程，建立一个与地面统一的地下高程控制系统，作为地下工程在竖直面内施工放样的依据。解决各种地下工程在竖直面内的几何问题。地下高程控制测量可分为地下水准测量和地下三角高程测量。其特点为：

①高程测量线路一般与地下导线测量的线路相同。在坑道贯通之前，高程测量线路均为支线，因此，需要往返观测及多次观测进行检核。

②通常利用地下导线点作为高程点。高程点可埋设在顶板、底板或边墙上。

③在施工过程中，为满足施工放样的需要，一般是低等级高程测量给出坑道在竖直面内的掘进方向，然后进行高等级的高程测量进行检测。每组永久高程点应设置 3 个，永久高程点的间距一般以 300~500m 为宜。

地下水准测量的作业方法同地面水准测量，测量时应使前后视距离相等。由于坑道内通视条件差，仪器到水准尺的距离不宜大于 50m。水准尺应直接立于导线点（或高程点）上，以便直接测定点的高程。测量时每个测站应进行测站检核，即在每个测站上应用水准尺黑红面上进行读数。若使用单面水准尺，则应用两次仪器高进行观测，所求得的高差的差数不应超过 ±3mm。当高程点在顶板上时，要倒立水准尺，以尺底零端顶住测点，读数应作为负值代入高差计算公式中进行计算。对于水准支线，要进行往返观测。如往返测不符值在容许限差之内，则取高差平均值作为其最终值。

为检查地下水准标志的稳定性，应定期根据地面水准点进行重复的水准测量，将所测得的高差成果进行分析比较。根据分析的结果，若水准标志无变动，则取所有高差的平均值作为高差成果；若发现水准标志变动，则应取最近一次的测量成果。

10.6.4 隧道施工与竣工测量

隧道施工测量的主要任务为：在隧道施工过程中确定平面及竖直面的掘进方向，另外还要定期检查工程进度（进尺）及计算完成的土石方数量。

10.6.4.1 隧道平面掘进方向的标定

隧道的掘进施工方法有全断面开挖法和开挖导坑法，根据施工方法和施工程序的不同确定隧道掘进方向的方法有中线法和串线法。

当隧道采用全断面开挖法进行施工时，通常采用中线法。如图 10-51 所示，P_1、P_2 为导线点，A 为隧道中线点。已知 P_1、P_2 的实测坐标及 A 的设计坐标（可按其里程及隧道中线的设计方位角计算得出）和隧道中线的设计方位角。根据上述已知数据，

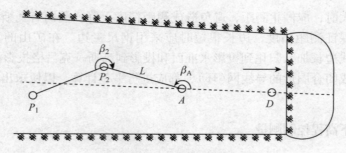

图 10-51 中线标定示意图

即可计算出放样中线点所需的有关数据口：β_2、β_A 和 L。

$$\left.\begin{aligned}
\alpha_{P_2A} &= \arctan\frac{Y_A - Y_{P_2}}{X_A - X_{P_2}} \\
\beta_2 &= \alpha_{P_2A} - \alpha_{P_2P_1} \\
\beta_A &= \alpha_{AB} - \alpha_{AP_2} \\
L &= \frac{Y_A - Y_{P_2}}{\sin\alpha_{P_2A}} = \frac{X_A - X_{P_2}}{\cos\alpha_{P_2A}}
\end{aligned}\right\} \qquad (10\text{-}45)$$

求得上述数据后，即可将经纬仪安置在导线点 P_2 上，用盘左后视导线点 P_1，拨角度 β_2，并在视线方向上丈量距离 L，即得中线点 P_2。然后盘右用同法可得 A_2，取 A_1A_2 的分中点得到 A 点。在 A 点上埋设与导线点相同的标志，并应用经纬仪重新测定出 A 点的坐标。标定开挖方向时可将仪器安置于 A 点，后视导线点 P_2，拨角度 β_A，即得中线方向。随着开挖面向前推进，A 点距开挖面越来越远，这时需要将中线点向前延伸，埋设新的中线点。其标设方法同前。为防止 A 点移动，在标定新的中线点时，应在 P_2 点安置仪器，对 β_2 进行检测。检测角值与原角度值互差不得超过 $\pm 2\sqrt{m_{\beta_{原}}^2 + m_{\beta_{检}}^2}$。超限时应以相邻点逐点检测至合格的点位，并向前重新标定中线。

当隧道采用开挖导坑法施工时。因其精度要求不高，可用串线法指示开挖方向。此法是利用悬挂在两临时中线点上的垂球线，直接用肉眼来标定开挖方向。使用这种方法时，首先需用类似前述设置中线点的方法，设置 3 个临时中线点（设置在导坑顶板或底板上），两临时中线点的间距不宜小于 5m。标定开挖方向时，在 3 点上悬挂垂球线，一人在 B 点指挥，另一人在工作面持手电筒（可看成照准标志）使其灯光位于中线点 B、C、D 的延长线上，然后用红油漆标出灯光位置，即得中线位置。另外还可采用罗盘法标定中线。

利用这种方法延伸中线方向时，误差较大，所以 B 点到工作面的距离不宜超过 30m（曲线段不宜超过 20m）。当工作面向前推进超过 30m 后，应用经纬仪向前再测定两临时中线点，继续用串线法来延伸中线，指示开挖方向。

随着开挖面的不断向前推进，中线点也应随之向前延伸，地下导线也紧跟着向前敷设。为保证开挖方向正确，必须随时根据导线点来检查中线点，随时纠正开挖方向。

用上下导坑法施工的隧道，上部导坑的中线每前进一定的距离，都要和下部导坑的中线联测一次，用以改正上部导坑中线点或向上部导坑引点。联测一般是通过靠近上部导坑掘进面的漏斗口进行的，用长线垂球、竖直对点器或经纬仪的光学对点器将下导坑的中线点引到上导坑的顶板上。如果隧道开挖的后部工序跟得较紧，中层开挖较轻快，可不通过漏斗口而直接由下导坑向上导坑引点，其距离的传递可用钢卷尺或2m 钢瓦横基尺。

对于曲线隧道掘进时，其永久中线点是随导线测量而测设的。而供衬砌时使用的临时中线点则是根据永久中线点加密的，一般采用偏角法(适用于钢尺量边时)或极坐标法(适用于光电测距仪测距时)测设。在两已知中线点间用偏角法测设曲线时，其过程基本与洞外详细测设曲线的方法相同。但有时个别中线点由于其他原因而不能使用，此时只能在中线点上安置仪器后视导线点测设曲线。

10.6.4.2　隧道竖直面掘进方向的标定

在隧道开挖过程中，除标定隧道在水平面内的掘进方向外，还应定出坡度，以保证隧道在竖直面内贯通精度。通常采用腰线法。隧道腰线是用来指示隧道在竖直面内掘进方向的一条基准线，通常标设在隧道壁上，离开隧道底板一定距离(该距离可随意确定)。

在图 10-52 中，A 点为已知的水准点，C、D 为待标定的腰线点。标定腰线点时，首先在适当的位置安置水准仪，后视水准点 A，依此可计算出仪器视线的高程。根据隧道坡度 i 以及 C、D 点的里程计算出两点的高程，并求出 C、D 点与仪器视线间的高差 Δh_1、Δh_2。由仪器视线向上或向下量取 Δh_1、Δh_2，即可求得 C、D 点的位置。

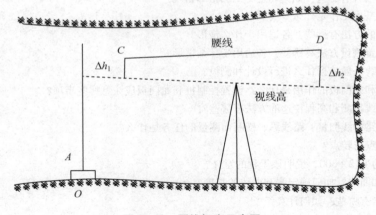

图 10-52　腰线标定示意图

10.6.4.3　隧道竣工测量

隧道竣工后，为检查主要结构及线路位置是否符合设计要求，应进行竣工测量。该项工作包括隧道净空断面测量、永久中线点及水准点的测设。

隧道净空断面测量时，应在直线地段每 50m、曲线地段每 20m 或需要加测断面处测绘隧道的实际净空。测量时均以线路中线为准，包括测量隧道的拱顶高程、起拱线

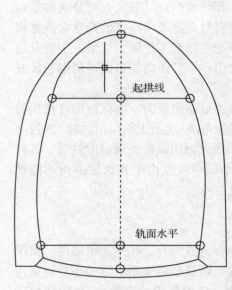

起拱线

轨面水平

图 10-53 隧道净空断面图

宽度、轨顶水平宽度、铺底或仰拱高程（图 10-53）。过去，隧道净空断面测量多用人工进行，该法工作效率低、精度不高。近年来许多施工单位已开始应用便携式断面仪进行隧道的净空断面测量。收到了很好的效果。该种仪器可进行自动扫描、跟踪和测量，并可立即显示面积、高度和宽度等测量结果，测量速度快、精度高。

隧道竣工测量后，应对隧道的永久性中线点用混凝土包埋金属标志。在采用地下导线测量的隧道内，可利用原有中线点或根据调整后的线路中心点埋设。直线上的永久性中线点，每 200～500m 埋设一个；曲线上应在缓和曲线的起终点各埋设一个，在曲线中部，可根据通视条件适当增加。在隧道边墙上要画出永久性中线点的标志。洞内水准点应每千米埋设一个，并在边墙上画出标志。

思考与练习题

1. 施工测量的内容有哪些？如何确定施工测量的精度？
2. 施工测量的基本工作是什么？
3. 水平角测设的方法有哪些？各适用于什么情形？
4. 点的平面位置测设方法有哪些？各适用于什么情形？
5. 民用建筑轴线一般依据什么进行设计和测设？
6. 施工控制桩和龙门板的作用是什么？设置控制桩和龙门板应注意哪些事项？
7. 高层建筑轴线投测和高程传递的方法有哪些？
8. 如何进行道路中线测量？路线纵、横断面测量的任务是什么？
9. 如何定出交点与转点？
10. 某里程桩为 K12 + 300，说明该里程的意义？
11. 什么是缓和曲线？如何确定缓和曲线的长度？
12. 圆曲线要素有哪些？如何计算？

第11章

测绘技术简介

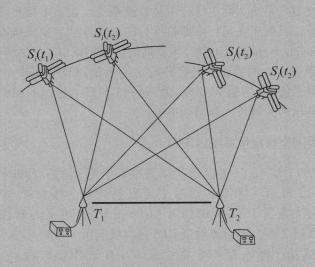

随着光电技术、计算机技术和通信技术等的快速发展，测绘新技术、新仪器设备等也得到不断发展。以"3S"，即全球导航卫星系统（global navigation satellite system，GNSS）、遥感（remote sensing，RS）和地理信息系统（geographic information system，GIS），为代表的基础地理信息获取与管理的新技术得到广泛应用。本章简要介绍"3S"的原理与应用，以及摄影测量的原理及其应用。

11.1　全球导航卫星系统

11.1.1　概述

全球导航卫星系统是在无线电定位的基础上发展起来，利用空中卫星进行定位的一种全新技术。其发展可分为 3 个阶段，即早期卫星定位技术（1957 年以前）、子午卫星定位系统（1958—1973 年）和全球导航卫星系统。

早期的卫星定位技术是将卫星作为空间观测目标，由地面上的 2 个测站对卫星的瞬时位置进行同步摄影观测，通过确定 2 个测站至 1 个卫星的方向构成的平面与另外卫星构成的平面的交线，由不同测站确定的交线组成地面三角网。

1958 年 12 月，美国海军为了给北极星核潜艇提供全球性导航，开始研制子午卫星导航定位系统，称为美国海军导航卫星系统（navy navigation satellite system，NNSS）。从 1963 年 12 月起，陆续发射了 6 颗工作卫星组成子午卫星星座，使得地球表面上任何一个测站上，平均每隔 2h 便可观测到其中一颗卫星。由于这些卫星的轨道均经过地球的南北极上空，故称为子午卫星。卫星高度在 950～1200km 之间，卫星运行周期约为 107min，轨道近似于圆形。1967 年 7 月 29 日，美国政府解密子午卫星的部分电文供民间使用。子午卫星导航定位系统是利用空间卫星的位置和测量的卫星到接收机的距离进行定位。

全球导航卫星系统实际上泛指卫星导航系统，包括全球星座、区域星座及相关的星基增强系统。目前正在运行或即将运行的全球导航卫星系统有美国的全球定位系统（global positioning system，GPS）、俄罗斯的格罗纳斯（GLONASS）系统、欧盟的伽利略（GALILEO）系统、中国的北斗卫星导航定位系统（COMPASS）。除了上述的 4 个全球系统及其增强系统（美国的 WAAS、欧洲的 EGNOS 和俄国的 SDCM）外，日本和印度等国也在建设自己的区域系统和增强系统。

11.1.1.1　美国全球定位系统（GPS）

GPS 是 1973 年 12 月美国国防部批准联合研制的一种新的军用卫星导航系统。1978 年 2 月 22 日第一颗 GPS 试验卫星发射成功，标志着 GPS 研制阶段开始，从1978—1985 年共发射了 11 颗 BLOCK Ⅰ GPS 卫星，其中论证阶段发射 4 颗，全面研制和试验阶段发射 7 颗，同时测地型 GPS 接收机问世。1989 年 2 月 14 日第一颗 GPS 工作卫星发射成功，标志着 GPS 系统进入了生产作业阶段，这一阶段的卫星称为BLOCK Ⅱ、BLOCK Ⅱ A 卫星。1993 年 5 月 13 日第二代 GPS 卫星最后一颗发射升空，标志着 GPS 星座已经建成。目前 GPS 系统共有 24 颗卫星。因 GPS 系统是目前运行最好、应用最广的系统，所以本书将在后续章节详细介绍其原理、组成、定位方式、特点和用途。

11.1.1.2　俄罗斯格罗纳斯（GLONASS）系统

GLONASS 系统是前苏联计划建设的卫星定位系统，于 1982 年 10 月发射首颗定位卫星，历时 13 年，1995 年 12 月完成。此后，由于受前苏联解体和俄罗斯经济发展不景气的影响，难以对系统进行及时维护，致使许多卫星因超过设计寿命而报废。2006年之前只有 14 颗 GLONASS 卫星可用，2007 年 12 月 25 日发射了 3 颗卫星，2008 年又发射了 1 颗卫星，目前共有 18 颗卫星，能基本满足俄罗斯境内导航应用。计划将来恢复全部 24 颗卫星星座，使其具备完全全球导航定位能力，定位精度将达到 1.5m以内。

GLONASS 系统由卫星星座、地面支持系统和用户接收机组成。设计的卫星星座由 24 颗卫星组成，分布在 3 个等间隔的椭圆轨道上，轨道面的夹角为 120°，轨道倾角为 64.8°，轨道偏心率为 0.01，每个轨道均匀分布 8 颗卫星，卫星离地面高度为19 100km，绕地运行周期约 11h15min。地面支持系统由系统控制中心、中央同步器、遥测遥控站（含激光跟踪站）和外场导航控制设备组成。地面支持系统地点分布在前苏联境内的许多地方，苏联解体后，GLONASS 系统由俄罗斯航天局管理，地面支持系统地点已经全部在俄罗斯境内。其中，系统控制中心和中央同步处理器位于莫斯科，遥测遥控站分别位于圣彼得堡、捷尔诺波尔、埃尼谢斯克和共青城。GLONASS 用户设备（即接收机）能接收卫星发射的导航信号，并测量其伪距和伪距变化率，同时从卫星信号中提取并处理导航电文。

11.1.1.3　欧洲伽利略（GALILEO）系统

GALILEO 系统是欧盟 1999 年提出，2002 年 3 月正式启动的，是世界第一个基于民用目的的全球卫星导航定位系统。当时预计总投资约 34 亿欧元，原定完成目标是2008 年，因故延长至今，届时将覆盖全球。其研发过程中采用了大量的新技术，其性能优于 GPS 和 GLONASS，具有强大的抗干扰能力，其定位精度也要比 GPS 高。

GALILEO 系统也是由空间部分、地面控制部分和用户接收机三部分组成。设计的空间部分是 30 颗中低轨卫星，均匀分布在高度为 2.3×10^4km 的 3 个轨道面上，轨道倾角为 56°，绕地运行周期约 14h4min。地面控制部分由 1 个主控站，5 个全球监测站和 3 个地面控制站组成，监测站均配装有精密的铯钟和能够连续测量到所有可见卫星的接收机。用户接收机能与 GPS、GLONASS 等接收机兼容。

GALILEO 系统的实施预计分 4 个阶段：系统可行性评估和定义（2000 年之前），研发和在轨验证阶段（2001—2006 年），部署阶段（2006—2008 年），运营阶段（2008年后）。但是，由于预算超支和各欧洲大国要求将地面操作控制设施中的关键设施（如主控中心）设在本国引发利益之争，因此，进度一再推迟。目前只是在 2005 年和 2008年发射 2 颗在轨验证卫星 GLOVE-A 和 GLOVE-B。

根据 2008 年 4 月 23 日公布的方案，"伽利略"计划将调整为 2 个阶段实施：建设阶段(2008—2013 年)和运行阶段(2013 年以后)。

GLONASS 系统和 GALILEO 系统接收机的定位原理与 GPS 接收机定位相似。

11.1.1.4 中国北斗卫星导航系统

北斗卫星导航系统(BeiDou navigation satellite system，BDS)是我国自行研制的全球卫星导航系统。自 20 世纪 80 年代起，我国卫星导航定位技术的应用和精确制导武器的研究均得到了快速的发展，但多是建立在美国 GPS 之上。为解决这一问题，1985 年提出建设我国区域性卫星导航定位系统"北斗 1 号"系统，于 1994 年 1 月批准立项研制建设，2000 年 10 月 31 日发射第一颗卫星"北斗 –1A 号"，2000 年 12 月 21 日发射第二颗卫星"北斗 –1B 号"，2003 年 5 月 25 日发射第三颗卫星"北斗 –1C 号"，第三颗卫星处于前 2 颗工作卫星的中间为备份卫星，3 颗卫星组成了我国自己的卫星导航定位系统。2007 年 2 月和 4 月分别发射了第四颗和第五颗卫星，用于代替前 2 颗卫星。从 2009 年至 2016 年 9 月，我国相继发射 22 颗北斗导航卫星。2012 年 12 月 27 日，北斗系统空间信号接口控制文件正式版 1.0 正式公布，北斗导航业务正式对亚太地区提供无源定位、导航、授时服务。2013 年 12 月 27 日，北斗卫星导航系统正式提供区域服务一周年新闻发布会在国务院新闻办公室新闻发布厅召开，正式发布了《北斗系统公开服务性能规范(1.0 版)》和《北斗系统空间信号接口控制文件(2.0 版)》两个系统文件。2014 年 11 月 23 日，国际海事组织海上安全委员会审议通过了对北斗卫星导航系统认可的航行安全通函，这标志着北斗卫星导航系统正式成为全球无线电导航系统的组成部分，取得面向海事应用的国际合法地位。

北斗导航系统也由空间部分、地面中心控制系统和用户终端组成。北斗卫星导航系统的空间部分计划由 35 颗卫星组成，包括 5 颗静止轨道卫星、27 颗中地球轨道卫星、3 颗倾斜同步轨道卫星。5 颗静止轨道卫星定点位置为东经 58.75°、80°、110.5°、140°、160°，中地球轨道卫星运行在 3 个轨道面上，轨道面之间相隔 120°均匀分布。地面中心控制系统由 1 个配有电子高程图的地面中心、地面网管中心、测轨站、测高站和数十个分布在全国的地面参考站组成。用户终端是带有定向天线的收发器，用于接受中心站通过卫星发来的信号和向中心站的通信请求，不含定位解算处理器。用户机分为普通型、通信型、授时型和指挥型，指挥型又分为一、二、三级。

11.1.2 GPS 简介

全球定位系统(GPS)是由美国政府从 20 世纪 70 年代开始研制，历时 20 余年，耗资 200 亿美元，于 1994 年全面建成，具有陆、海、空全方位实时三维导航与定位能力的卫星导航与定位系统。

11.1.2.1 系统的组成

GPS 系统包括三大部分：空间部分——GPS 卫星星座，地面控制部分——地面监控系统，用户设备部分——GPS 信号接收机。如图 11-1 所示。

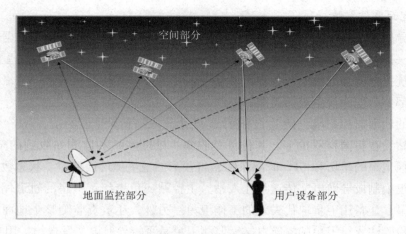

图 11-1 GPS 的组成

（1）空间部分

空间部分包括 GPS、卫星主体和 GPS 卫星星体，GPS 卫星主体如图 11-2 所示。GPS 卫星星座由 21 颗工作卫星和 3 颗在轨备用卫星组成，记作（21 + 3）GPS 星座。如图 11-3 所示，24 颗卫星均匀分布在 6 个轨道平面内，轨道倾角为 55°，各个轨道平面之间相距 60°，即轨道的升交点赤经各相差 60°。

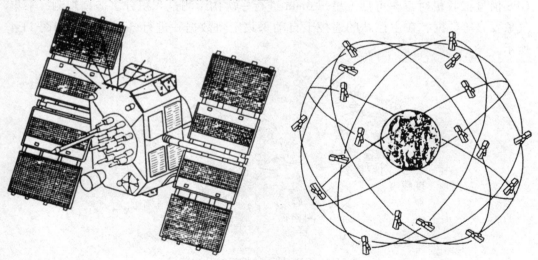

图 11-2 GPS 卫星主体　　　　　　　图 11-3 GPS 卫星星座

在 20 000km 高空的 GPS 卫星，当地球对恒星来说自转 1 周时，它们绕地球运行 2 周，即绕地球 1 周的时间为 12 恒星时。位于地平线以上的卫星颗数随着时间和地点的不同而不同，最少可见到 4 颗，最多可以见到 11 颗。在用 GPS 信号导航定位时，为了解算测站的三维坐标，必须观测至少 4 颗 GPS 卫星，称为定位星座。这 4 颗卫星在观测过程中的几何位置分布对定位精度有一定的影响，对于某地某时，可能不能测得精确的点位坐标，这种时间段叫作"间隙段"。但这种时间间隙段是很短暂的，并不影响全球绝大多数地方的全天候、高精度、连续实时的导航定位测量。

（2）地面监控系统

对于导航定位来说，GPS 卫星是一动态已知点。GPS 卫星的位置是依据卫星发射的星历——描述卫星运动及其轨道的参数算得的。每颗 GPS 卫星所播发的星历是由地面监控系统提供的。卫星上的各种设备是否正常工作，以及卫星是否一直沿着预定轨道运行，都要由地面设备进行监测和控制。

卫星的地面监控系统包括 1 个主控站、3 个注入站和 5 个监测站。

主控站设在美国科罗拉多。其任务是收集、处理本站和监测站收到的全部资料，编算出每颗卫星的星历和 GPS 时间系统，将预测的卫星星历、钟差、状态数据以及大气传播改正编制成导航电文传送到注入站。主控站还负责纠正卫星的轨道偏离，必要时调度卫星，让备用卫星取代失效的工作卫星。另外，还负责监测整个地面监测系统的工作，检验注入给卫星的导航电文，监测卫星是否将导航电文发送给了用户。

3 个注入站分别设在大西洋的阿森松岛、印度洋的迭哥伽西亚岛和太平洋的卡瓦加兰。任务是将主控站发来的导航电文注入相应卫星的存储器。此外，注入站能自动向主控站发射信号，每分钟报告一次自己的工作状态。

5 个监测站除了位于主控站和 3 个注入站之处的 4 个站以外，还在夏威夷设立了一个监测站。监测站的主要任务是为主控站提供卫星的观测数据。每个监测站均用 GPS 信号接收机对每颗可见卫星每 6min 进行一次伪距测量和积分多普勒观测，采集气象要素等数据。在主控站的遥控下自动采集定轨数据并进行各项改正。如图 11-4 所示。

图 11-4 GPS 地面监控系统分布图

（3）用户设备部分

用户设备部分即 GPS 信号接收机，包括主机、天线、控制器和电源等（图 11-5）。用户设备能够捕获待测卫星的信号，并跟踪这些卫星的运行，对所接收到的 GPS 信号进行变换、放大和处理，以便测量出 GPS 信号从卫星到接收机天线的传播时间，解译出 GPS 卫星所发送的导航电文，实时地计算出测站的三维位置，甚至三维速度和时间。

图11-5 GPS 信号接收机

11.1.2.2 GPS 坐标系统

任何一项测量工作都离不开一个基准，都需要一个特定的坐标系统。由于 GPS 是全球性的定位导航系统，其坐标系统也必须是全球性的。为了使用方便，它是通过国际协议确定的，通常称为协议地球坐标系（conventional terrestrial system，CTS）。目前，GPS 测量中所使用的协议地球坐标系统称为 WGS-84 世界大地坐标系。

由于地球极移现象的存在，地极的位置在地极平面坐标系中是一个连续的变量，其瞬时坐标(x_p, y_p)由国际时间局[Bureau International del' Heure（法），BIH]定期向用户公布。WGS-84 就是以国际时间局 1984 年第一次公布的瞬时地极（BIH1984.0）作为基准建立的地球瞬时坐标系，严格来讲属准协议地球坐标系。

除上述几何定义外，WGS-84 还有其严格的物理定义，它拥有自己的重力场模型和重力计算公式，可以算出相对于 WGS-84 椭球的大地水准面差距。WGS-84 与 CGCS2000 和我国 1980 年国家大地坐标系的基本大地参数比较，以及坐标系之间坐标的互相转换方法，请参阅有关书籍。

在实际测量定位工作中，虽然 GPS 卫星的信号依据于 WGS-84 坐标系，但求解结果则是测站之间的基线向量或三维坐标差。在数据处理时，根据上述结果，并以现有已知点（3 点以上）的坐标值作为约束条件，进行整体平差计算，得到各 GPS 测站点在当地现有坐标系中的实用坐标，从而完成 GPS 测量结果向 1980 国家大地坐标系或当地独立坐标系的转换。

11.1.2.3 GPS 定位基本原理

（1）GPS 卫星信号

GPS 卫星信号是 GPS 卫星向广大用户发送的用于导航定位的调制波，它包含有载波、测距码和数据码。时钟基本频率为 10.23 MHz。

GPS 使用 L 波段的 2 种不同频率的电磁波：

L_1 载波：$L_1 = 1575.42$ MHz，波长 $\lambda_1 = 19.032$cm。

L_2 载波：$L_2 = 1227.60$ MHz，波长 $\lambda_2 = 24.420$cm。

选择这两个载频，目的在于测量出或消除掉由于电离层效应而引起的延迟误差。

GPS 卫星的测距码有 2 种：一种是粗测码 C/A（coarse/acquisition code）码（频率为 1.023MHz），主要是民用；一种是精测码 P（precise code）码（频率为 10.23MHz），主要应用于美国军方。C/A 码是用于粗测距和捕获 GPS 卫星信号的伪随机码，C/A 码的波长是 293.1m，测距误差在 2.9～29.3m 之间，P 码的波长是 C/A 码的 1/10，相应的测距误差在 0.3～2.9m 之间。

测距码（C/A 码和 P 码）是二进制编码，由"0"和"1"组成，对电压为 ±1 的矩形波，正波形代表"0"，负波形代表"1"。在二进制中，一位二进制数叫作一个比特（bit）或一个码元，每秒钟传输的比特数称为数码率。工作卫星采用的两种测距码 C/A 码和 P 码均属于伪随机码，它们具有良好的自相关特性和周期性，复制容易。两种码的参数列于表 11-1。

表 11-1 C/A 码和 P 码参数

参数	C/A 码	P 码
码长（bit）	1023	2.35×10^{14}
频率 f（MH$_Z$）	1.023	10.23
码元宽度 $t_u = 1/f$（μs）	0.977 52	0.097 752
码元宽度时间传播的距离 ct_u（m）	293.1	29.3
周期 $T_u = N_u t_u$	1ms	265d
数码率 P_u（bit/s）	1.023	10.23

数据码是 50 bit/s 的数据串，称为导航电文或 D 码，它向用户提供卫星星历、系统时间、电离层改正参数等信息。

（2）GPS 定位原理

GPS 是采用空间测距交会原理来进行定位的，如图 11-6 所示，为了测定空间某点 P 在空间直角坐标系 $Oxyz$（简称 WGS-84 坐标系）中的三维坐标 (x_p, y_p, z_p)，将 GPS 接收机安置在 P 点，通过接收工作卫星发射的测距码信号，在接收机时钟的控制下，可以解出测距码从卫星传播到接收机的时间 Δt，乘以光速 c 并加上卫星时钟与接收机时钟不同步改正数就可以计算出卫星至接收机间的空间距离 $\tilde{\rho}$：

$$\tilde{\rho} = c\Delta t + c(v_T - v_t) \tag{11-1}$$

式中 v_t——卫星时钟与标准时间的钟差；

v_T——接收机时钟与标准时间的

　　　　　钟差。

　　因为式(11-1)中的距离$\tilde{\rho}$没有顾及大气电离层和对流层折射的影响，所以它不是工作卫星至接收机的真实几何距离，通常称其为伪距。

　　在测距时刻t_i，接收机通过接收卫星S_i的广播星历可以解算出卫星S_i的钟差v_t和在 WGS-84 坐标系中的三维坐标$(x_p,$ $y_p,$ $z_p)$，则卫星S_i与P点的几何距离为：

$$R_P^i = \sqrt{(x_p - x_i)^2 + (y_p - y_i)^2 + (z_p - z_i)^2}$$

$$(11\text{-}2)$$

　　由此列出伪距观测方程为：

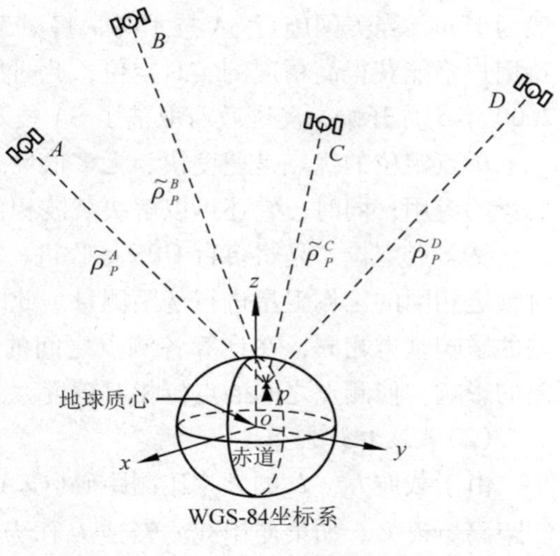

图 11-6　GPS 绝对定位原理

$$\tilde{\rho}_P^i = c\Delta t_{ip} + c(v_t^i - v_T) = \sqrt{(x_p - x_i)^2 + (y_p - y_i)^2 + (z_p - z_i)^2} \quad (11\text{-}3)$$

　　式(11-3)中有x_p、y_p、z_p、v_T 4 个未知数，为了解出这 4 个未知数，必须同时锁定 4 颗卫星进行观测。图(11-6)中对A、B、C、D 4 颗卫星进行观测的伪距方程分别为：

$$
\begin{aligned}
\tilde{\rho}_P^A &= c\Delta t_{Ap} + c(v_t^A - v_T) = \sqrt{(x_p - x_A)^2 + (y_p - y_A)^2 + (z_p - z_A)^2} \\
\tilde{\rho}_P^B &= c\Delta t_{Bp} + c(v_t^B - v_T) = \sqrt{(x_p - x_B)^2 + (y_p - y_B)^2 + (z_p - z_B)^2} \\
\tilde{\rho}_P^C &= c\Delta t_{Cp} + c(v_t^C - v_T) = \sqrt{(x_p - x_C)^2 + (y_p - y_C)^2 + (z_p - z_C)^2} \\
\tilde{\rho}_P^D &= c\Delta t_{Dp} + c(v_t^D - v_T) = \sqrt{(x_p - x_D)^2 + (y_p - y_D)^2 + (z_p - z_D)^2}
\end{aligned}
\quad (11\text{-}4)
$$

　　解式(11-4)，就可以计算出P点的坐标$(x_p,$ $y_p,$ $z_p)$。

11. 1. 2. 4　GPS 定位的方式

　　根据测距原理的不同，GPS 定位方式可以分为伪距定位和载波相位测量定位。根据待定点位的运动状态可以分为静态定位和动态定位。

　　(1)伪距定位

　　伪距定位分单点定位和多点定位。

　　①单点定位　是将 GPS 接收机安置在测站点上并锁定 4 颗以上的工作卫星，通过将接收到的卫星测距码与接收机产生的复制码对齐来测量各个锁定卫星测码重叠接收机的传播Δ_{t_i}时间，进而求出工作卫星至接收机的伪距值；从锁定卫星广播的星历中获得其空间坐标，采用距离交会的原理解算出天线所在点的三维坐标。设锁定 4 颗工作卫星时的伪距观测方程为式(11-4)时，因 4 个方程中刚好有 4 个未知数，所以该式有唯一解。如果锁定的工作卫星超过 4 颗，伪距观测方程中就有多余观测，此时要使用最小二乘原理通过平差求解待定点的坐标。

　　由于伪距观测方程没有考虑大气电离层和对流层折射误差、星历误差的影响，所以使用单点定位的精度不高。用 C/A 码定位的精度一般为 25m，用 P 码定位的精度一般为10m。当美国施行SA技术时，将对工作卫星所发射的信号进行人为干扰，使非特用户不能获得高精度的实时定位，此时使用C/A码定位的精度将下降至50m。但从2000年5月开始，美国政府取消了SA技术。

单点定位的优点是速度快、无多值性问题，从而在运动载体的导航定位上得到了广泛的应用；同时，它还可以解决载波相位测量中的整周模糊度问题。

②多点定位 是将多台GPS接收机（一般使用2~3台）安置在不同的测点上，同时锁定相同的工作卫星进行伪距测量。此时，大气电离层和对流层折射误差、星历误差的影响基本相同，在计算各测点之间的坐标差（Δx，Δy，Δz）时，可以消除上述误差的影响，使测点之间的点位相对精度大大提高。

（2）载波相位定位

由于载波L_1、L_2的频率比测距码（C/A码和P码）的频率高得多，因此其波长就比测距码短很多。如果使用载波L_1或L_2作为测距信号，将卫星传播到接收机天线的余弦载波信号与接收机产生的基准信号（其频率和初始相位与卫星载波信号完全相同）进行比相求出它们之间的相位延迟从而计算出伪距，就可以获得很高的测距精度。

①载波相位绝对定位 图11-7为使用载波相位测量法单点定位的情形。由于载波信号是余弦波信号，相位测量时只能测出其不足一个整周期的相位移部分$\Delta\varphi$（$\Delta\varphi <2\pi$），因此存在整周数N_0不确定性问题，N_0也称为整周模糊度。

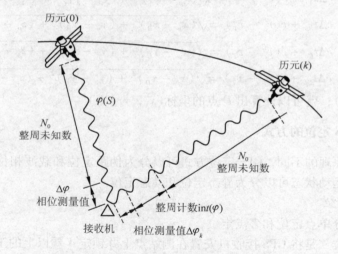

图11-7 GPS载波相位测距原理

若在t_0时刻（也称历元t_0），某颗工作卫星发射的载波信号到达接收机的相位移为$2\pi N_0 + \Delta\varphi$，则该卫星至接收机的距离为：

$$\frac{2\pi N_0 + \Delta\varphi}{2\pi}\lambda = N_0\lambda + \frac{\Delta\varphi}{2\pi}\lambda \qquad (11-5)$$

式中 λ——载波波长。

当对卫星进行连续跟踪观测时，只要卫星信号不失锁，N_0就不变，故在t_k时刻

（历元 t_k），该卫星发射的载波信号到达接收机的相位移变成 $2\pi N_0 + \text{int}(\varphi) + \Delta\varphi_k$，式中的 $\text{int}(\varphi)$ 由接收机内的多普勒计数器自动累计求出。

考虑钟差改正 $c(v_T - v_t)$、大气电离层折射改正 $\delta\rho_{\text{ion}}$ 和对流层折射改正 $\delta\rho_{\text{trop}}$ 的载波相位观测方程为：

$$\rho = N_0\lambda + \frac{\Delta\varphi}{2\pi}\lambda + c(v_T - v_t) + \delta\rho_{\text{ion}} + \delta\rho_{\text{trop}} = R \tag{11-6}$$

虽然通过对锁定卫星进行连续跟踪观测可以修正 $\delta\rho_{\text{ion}}$ 和 $\delta\rho_{\text{trop}}$，但整周模糊度 N_0 始终是未知的。能否准确求出 N_0 就成为载波相位定位的关键问题。

②载波相位相对定位　一般是使用2台GPS接收机，分别安置在2个测点，2个测点的连线称为基线（baseline）。通过同步接收卫星信号，利用相同卫星相位观测值的线性组合来解算基线向量在WGS-84坐标系中的坐标增量（Δx，Δy，Δz），进而确定它们的相对位置。如果其中一个测点的坐标已知，就可以据此推算出另一个测点的坐标。

根据相位观测值的线性组合形式，载波相位相对定位又分为3种：单差法、双差法和三差法。

单差法：单差即不同测站同步测量同一颗卫星所得到的观测量之差，如图11-8所示。单差法就是在接收机的观测量之间求一次差，即站间单差。这是GPS相对定位中观测量组合的最基本形式。单差法并不能提高GPS绝对定位的精度，但由于基线长度与卫星高度相比是一个微小量，因而两测站的大气折光和卫星星历误差等影响，具有良好的相关性。因此，当求一次差时，必然削弱了这些误差的影响，同时也能消除卫星钟的误差（因2台接收机在同一时刻接收同一颗卫星的信号，则卫星钟差改正数相等）。由此可见，单差法只能有效地提高相对定位的精度，其解算结果是两测站点之间的坐标差，或称基线向量。

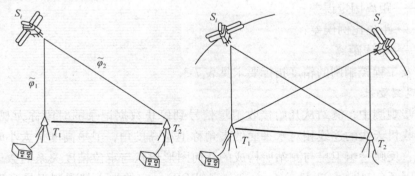

图 11-8　载波相位单差法定位　　　　图 11-9　载波相位双差法定位

双差法：双差就是在不同测站上同步观测一组卫星所得到的单差之差，即在接收机和卫星之间求二次差，也称站间星间差，如图11-9所示。在单差模型中仍包含有接收机时钟误差，其钟差改正数仍是一个未知量。但是由于进行连续的相关测量，求二次差后，便可有效地消除两测站接收机的相对钟差改正数，这是双差模型的主要优点；同时也大大地减小了其他误差的影响。因此，在 GPS 相对定位中，广泛采用双差法进行平差计算和数据处理。

三差法：三差就是在不同历元同步观测同一组卫星所得观测量的双差之差，即在接收机、卫星和历元之间求三次差，如图 11-10 所示。

三差法解决了前两种方法中存在的整周未知数和周跳待定的问题，这是三差法的主要优点。但由于三差模型中未知参数的数目较少，独立的观测方程的数目也明显减少，对未知数

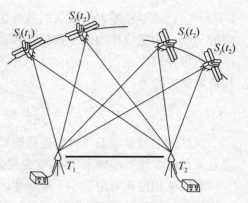

图 11-10 载波相位三差法定位

的解算将会产生不良的影响，使精度降低。所以在实际测量中采用双差法更为适宜。

11. 1. 2. 5 GPS 测量实施

使用 GPS 进行控制测量的过程为：方案设计—外业观测—内业数据处理。用户可以根据测量成果的用途选择相应的 GPS 测量规范实施。GPS 测量规范主要有《全球定位系统（GPS）测量规范》《全球定位系统城市测量技术规程》和《公路全球定位系统（GPS）测量规范》。

（1）精度指标

GPS 测量控制网一般是使用载波相位静态相对定位法，使用两台或两台以上的接收机同时对一组卫星进行同步观测。控制网的精度指标是以网中基线观测的距离误差 m_D 来定义：

$$m_D = a + b \times 10^{-6}D \tag{11-7}$$

式中　　a——距离固定误差；

　　　　b——距离比例误差；

　　　　D——基线距离。

城市及工程控制网的精度指标要求见表 7-3。

（2）观测要求

在同步观测中，测站从开始接收卫星信号到停止数据记录的时段称为观测时段；卫星与接收机天线的连线相对水平面的夹角称卫星高度角，卫星高度角太小时，不能进行观测；反映一组卫星与测站所构成的几何图形形状与定位精度关系的数值称点位图形强度因子（position dilution of precision，PDOP），它的大小与观测卫星高度角的大小以及观测卫星在空间的几何分布变化有关。观测卫星高度角越小，分布范围越大，其中 PDOP 值越小，综合其他因素的影响，当卫星高度角设置为 ≥15° 时，点位的 PDOP 值不宜大于 6。GPS 接收机锁定一组卫星后，将自动计算出 PDOP 值并显示在液晶屏幕上。规范对 GPS 测量作业的基本要求列于表 11-2。

表 11-2 　静态 GPS 测量作业技术指标

等级	二等	三等	四等	一级	二级
卫星高度角(°)	≥15	≥15	≥15	≥15	≥15
PDOP	≤6	≤6	≤6	≤6	≤6
有效观测卫星数	≥4	≥4	≥4	≥4	≥4
平均重复设站数	≥2	≥2	≥1.6	≥1.6	≥1.6
时段长度(min)	≥90	≥60	≥45	≥45	≥45
数据采样间隔(s)	10~60	10~60	10~60	10~60	10~60

（3）网形要求

与传统控制测量方法不同，使用 GPS 接收机设站观测时，并不要求相邻各站点之间相互通视。

网形设计时，根据控制网的用途、现有 GPS 接收机的台数可以分为 2 台接收机同步观测、多台接收机同步观测和多台接收机异步观测 3 种方案。本节只简要介绍 2 台接收机同步观测方案，其 2 种测量与布网的方法如下：

①静态定位　网形之一如图 11-11 所示，将 2 台接收机分别轮流安置在每条基线的端点，同步观测 4 颗卫星 1h 左右，或同步观测 5 颗卫星 20min 左右。它一般用于精度要求较高的控制网布测，如桥梁控制网或隧道控制网。

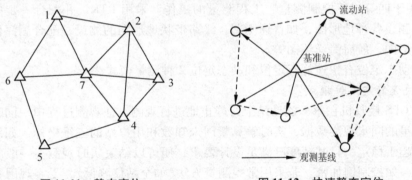

图 11-11　静态定位　　　　　　　图 11-12　快速静态定位

②快速静态定位　网形之一如图 11-12 所示，在测区中部选择一个测点作为基准站并安置一台接收机连续跟踪观测 5 颗以上卫星，另一台接收机依次到其余各点流动设站观测（不必保持对所测卫星连续跟踪），每点观测 1~2min。它一般用于控制网加密和一般工程测量。

控制点点位要选在天空视野开阔，交通便利，远离高压线、变电所及微波辐射干扰源的地点。

（4）坐标转换

为了计算出测区内 WGS-84 坐标系与测区坐标系的坐标转换参数，要求至少有 2 个及以上的 GPS 控制网点与测区坐标系的已知控制网点重合。坐标转换计算通常由 GPS 附带的数据软件自动完成。

11.1.2.6 实时动态定位技术简介

实时动态(real-time kinematic, RTK)定位技术是 GPS 测量技术发展的一个新突破，被广泛应用于各类工程建设中。实时动态定位系统由基准站和流动站组成，建立无线数据通信是实时动态测量的保证，其原理是取点位精度较高的首级控制点作为基准点，安置一台接收机作为参考站，对卫星进行连续观测，流动站上的接收机在接收卫星信号的同时，通过无线电传输设备接收基准站上的观测数据，计算机根据相对定位的原理实时计算显示出流动站的三维坐标和测量精度。这样用户就可以实时监测待测点的数据观测质量和基线解算结果的收敛情况，根据待测点的精度指标，确定观测时间，从而减少冗余观测，提高工作效率。

RTK 测量采用 WGS-84 系统，当 RTK 测量要求提供其他坐标系(北京坐标或 1980 国家大地坐标系等)时，应进行坐标转换。当要求提供 1985 国家高程基准或其他高程系高程时，转换参数必须考虑高程要素。如果转换参数无法满足高程精度要求，可对 RTK 数据进行后处理，按高程拟合、大地水准面精化等方法求得这些高程系统的高程。

RTK 测量宜采用协调世界时 UTC。当采用北京标准时间时，应考虑时区差加以换算。这在 RTK 用作定时器时尤为重要。

RTK 技术当前的测量精度(RMS)平面 $10mm + 2 \times 10^{-6}$ mm；高程 $20mm + 2 \times 10^{-6}$ mm。可用于四等以下控制测量、工程测量的工作。采用 RTK，并配合一定的测图软件，可以测设各种地形图，如普通测图、线路带状地形图的测设，配合测深仪可以用于水下地形图、航海海洋测图等。

实时动态定位有快速静态定位和动态定位 2 种测量模式。

(1)快速静态定位模式

要求 GPS 接收机在每一流动站上，静止地进行观测。在观测过程中，同时接收基准站和卫星的同步观测数据，实时解算整周未知数和用户站的三维坐标，如果解算结果的变化趋于稳定，且其精度已满足设计要求，便可以结束实时观测。一般应用在控制测量中，如控制网加密。若采用常规测量方法(如全站仪测量)，受客观因素影响较大，在自然条件比较恶劣的地区实施比较困难，而采用 RTK 技术可起到事半功倍的效果(单点定位只需要 5~10min)。

(2)动态定位

测量前需要在一控制点上静止观测数分钟(有的仪器只需 2~10s)进行初始化工作，之后流动站就可以按预定的采样间隔自动进行观测，并连同基准站的同步观测数据，实时确定采样点的空间位置。目前，其定位精度可以达到厘米级。

11.1.2.7 精密单点定位(precise point positioning, PPT)技术

传统 GPS 单点定位是指利用伪距及广播星历轨道参数和卫星钟差改正进行定位。由于伪距(即使 P 码伪距)的观测噪声一般为分米级精度，广播星历的轨道精度为米级，卫星钟差改正精度为纳秒级，因此传统单点定位的坐标分量精度只能达到十米级

（P 码单点定位精度约为 3m），仅能满足一般的导航定位需求。

高精度 GNSS 单点定位技术是指采用单台卫星定位接收机独立工作，对全球范围内的任何动态目标进行高精度定位、测速和授时。它利用载波相位观测值和若干个全球国际导航定位服务组织（IGS）的跟踪站或区域连续运行卫星定位服务综合系统（continuous operational reference system，CORS）提供的高精度或实时的卫星星历及卫星钟差，使用 GNSS 双频接收机采集的非差相位数据作为主要观测值来进行单点定位计算，实现厘米级的静态、分米级的动态定位。这种非差相位精密单点定位是最近几年发展起来的一项 GNSS 定位技术，也是精密实时定位与导航的关键技术。近年来，精密单点定位技术已成为国内外的研究热点之一，我国的武汉大学在这方面取得了较好的成果。还可以进一步研究多个卫星系统进行高精度单点定位的 PPP 技术，提高 GNSS 的高精度单点定位软件水平，以实现高精度定位、测速和授时服务。

综上所述，GNSS 高精度单点定位技术是卫星导航定位领域的高新技术，它具有广阔的发展前景。

11.1.2.8 网络 RTK 定位技术

早在 1999 年，著名 GPS 仪器生产商 Trimble 公司开发出网络 RTK 系统软件——VRS（virtual reference station）系统后，网络 RTK 技术在国际上得到了推广与应用。这种虚拟参考站系统几乎覆盖了美洲、欧洲，它所代表的网络 RTK 技术受到测绘界及有关领域重视。

当前，利用多基站网络 RTK 技术建立的 CORS 系统已成为城市 GPS 应用的发展热点之一。该系统是卫星定位技术、计算机网络技术、数字通信技术等高新科技多方位、深度结晶的产物。

连续运行 CORS 的技术有：VRS 虚拟参考站技术、德国的 FKP 区域改正数技术和瑞士 Leica 的主辅站技术。

CORS 系统由基准站网、数据处理中心、数据传输系统、定位导航数据播发系统、用户应用系统 5 个部分组成。各基准站与监控分析中心通过数据传输系统连接成一体，形成专用网络。

（1）基准站网

基准站网由区域内均匀分布的基准站组成，负责采集 GPS 卫星观测数据并输送至数据处理中心，同时提供系统完好性监测服务。

（2）数据处理中心

系统的控制中心，用于接收各基准站数据，进行数据处理，形成多基准站差分定位用户数据。中心 24h 连续不断地根据各基准站所采集的实时观测数据自动生成对应于流动站点位的虚拟参考站，并通过现有的数据通信网络和无线数据播发网，向各类用户提供码相位/载波相位差分修正信息，以便实时解算出流动站的精确单位。

（3）数据传输系统

各基准站数据通过光纤专线传输至监控分析中心，该系统包括数据传输硬件设备和软件控制模块。

（4）数据播发系统

系统通过移动网络、UHF 电台、Internet 等形式向用户播发定位导航数据。

（5）用户应用系统

用户应用系统包括用户信息接收系统、网络型 RTK 定位系统、事后和快速精密定位系统、自主式导航系统以及监控定位系统等。用户服务子系统可以分为毫米、厘米、分米和米级用户系统等；还可以分为测绘与工程用户（厘米、分米级）、车辆导航与定位用户（米级）、高精度用户（事后处理）和气象用户等几类。

CORS 系统彻底改变了传统 RTK 测量作用模式，其主要优势体现在：①改进了初始化时间，扩大了有效工作范围；②采用连续基站，用户随时可以观测，使用方便，提高了工作效率；③拥有完善的数据监控系统，可以有效地消除系统误差和周跳，增强差分作业的可靠性；④用户无需架设参考站，真正实现单机作业，减少了费用；⑤使用固定可靠的数据链通信方式，减少了噪声干扰；⑥提供远程 Internet 服务，实现了数据的共享；⑦扩大了 GPS 的动态领域应用范围，更有利于车辆、飞机和船舶的精密定位；⑧为数字化城市的建设提供了新的契机。

目前，CORS 系统在世界范围内已经得到广泛应用，我国大多数地区已建立了各自的 CORS 系统，部分城市根据各自的需求，也建成了城市 CORS 系统，而且部分省市的 CORS 系统已联网运行。

11.1.3　GNSS 特点和应用前景

11.1.3.1　GNSS 特点

GNSS 测量是一种全新的测量手段，相对于常规测量来说，主要有以下特点：

①测量精度高　GNSS 观测的精度明显高于一般常规测量，在小于 50km 的基线上，其相对定位精度可达 1×10^{-6}，在大于 1000km 的基线上可达 1×10^{-8}。

②测站间无需通视　GNSS 测量不要求测站之间互相通视，只需测站上空开阔即可。因此可节省大量的造标费用。GNSS 测量不需要测站间相互通视，可根据实际需要确定点位，使得选点工作更加灵活方便，省去经典大地网中的传算点、过渡点的测量工作。

③观测时间短　随着 GNSS 测量技术的不断完善，软件的不断更新，在进行 GNSS 测量时，20km 以内静态相对定位每站仅需 20min 左右；快速静态相对定位测量时，当每个流动站与基准站相距在 15km 以内时流动站观测时间只需 $1\sim2$min，动态相对定位仅需几秒钟。

④仪器操作简便　目前 GNSS 接收机自动化程度越来越高，操作智能化，观测人员只需对中、整平、量取天线高及开机后设定参数，接收机即可进行自动观测和记录。接收机的体积越来越小，重量越来越轻，极大地减轻测量工作者的工作紧张程度和劳动强度，使野外工作变得轻松愉快。

⑤全天候作业　GNSS 卫星数目多且分布均匀，可保证在任何时间、任何地点连续进行观测，一般不受天气状况的影响。

⑥提供三维坐标　GNSS 测量可同时精确测定测站点的三维坐标,其高程精度已可满足四等水准测量的要求。

11.1.3.2　GNSS 系统的应用前景

当初,设计 GNSS 系统的主要目的是用于导航、收集情报等军事目的。但是,后来的应用开发表明,GNSS 系统不仅能够达到上述目的,而且用 GNSS 卫星发来的导航定位信号能够进行厘米级甚至毫米级精度的静态相对定位,米级至亚米级精度的动态定位,亚米级至厘米级精度的速度测量和毫微秒级精度的时间测量。因此,GNSS 系统展现了极其广阔的应用前景。

(1)GNSS 系统用途广泛

用 GNSS 信号可以进行海、空和陆导航,导弹的制导,大地测量和工程测量的精密定位,时间的传递和速度的测量等。对于测绘领域,GNSS 卫星定位技术已经用于建立高精度的全国性的大地测量控制网,测定全球性的地球动态参数;用于建立陆地海洋大地测量基准,进行高精度的海岛陆地联测以及海洋测绘;用于监测地球板块运动状态和地壳形变;用于工程测量,成为建立城市与工程控制网的主要手段;用于测定航空航天摄影瞬间摄像机的空间位置,实现仅有少量地面控制或无地面控制的航测快速成图等。

(2)出现多元化空间资源环境

目前,GPS、GLONASS、COMPASS、INMARSAT 等系统都具备了导航定位功能,形成了多元化的空间资源环境。这一多元化的空间资源环境,促使国际民间形成了一个共同的策略,即一方面对现有系统充分利用;另一方面积极筹建民间 GNSS 系统,形成国际共有、国际共享的安全资源环境。

(3)发展 GNSS 产业

今后 GNSS 将像目前汽车、无线电通信等一样形成产业化。美国已计划将广域增强系统 WAAS(即将广域差分系统中的发送修正数据链转为地球同步卫星发送,使地球同步卫星也具有 C/A 码功能,形成广域 GPS 增强系统)发展成国际标准。为发展我国的 GNSS 产业,武汉已经成立中国 GNSS 工程技术研究中心。

(4)GNSS 的应用将进入人们的日常生活

GNSS 信号接收机在人们生活中的应用,是一个难以用数字预测的广阔天地。例如,手表式的 GPS 接收机,已成为旅游者的忠实导游。有人预言 GNSS 将改变我们的生活方式。目前,航海、汽车导航已经得到广泛的应用。将来,所有运载器都会采用 GNSS 作为导航方式。GNSS 将会像移动电话、传真机、计算机、互联网一样对我们的生活产生影响,人们日常生活将离不开它。

11.2　遥感概论

11.2.1　概述

遥感,顾名思义,就是遥远的感知。遥感作为一门综合技术,是美国学者

E. L. Pruitt在 1960 年提出的。为了比较全面地描述这种技术和方法，E. L. Pruitt 把遥感定义为"以摄影方式或非摄影方式获得被探测目标的图像或数据的技术"。从现实意义看，一般称遥感是通过某种传遥感装置，在与研究对象不直接接触的情况下，获得其特征信息，并对这些信息进行提取、加工、表达和应用的一门技术。

人类通过大量的实践，发现地球上每一个物体都在不停地吸收、发射和反射信息和能量。自然界中凡是温度高于 − 273℃的物体都发射电磁波，不同物体的电磁波特性是不同的。电磁波的波长变化范围很大，见表 11-3。遥感就是根据这个原理来探测地表物体对电磁波的反射和自身发射的电磁波，从而提取这些物体的信息，完成远距离识别物体。狭义遥感是指在高空和外层空间的各种平台上，应用各种传感器（摄影仪、扫描仪和雷达等）获取地表信息，通过数据的传输和处理，从而实现研究地面物体形状、大小、位置、性质及其环境的相互关系的一门现代化应用技术科学。

表 11-3　电磁波谱表

名　称			波长范围	频率范围
紫外线			10nm ~ 0.4μm	750 ~ 3000THz
可见光			0.4 ~ 0.7μm	430 ~ 750THz
红外线		近红外	0.7 ~ 1.3μm	230 ~ 430THz
		短波红外	1.3 ~ 3μm	100 ~ 230THz
		中红外	3 ~ 8μm	38 ~ 100THz
		热红外	8 ~ 14μm	22 ~ 38THz
		远红外	14μm ~ 1mm	0.3 ~ 22THz
电波		亚毫米波	0.1 ~ 10mm	0.3 ~ 3THz
	微波	毫米波（EHF）	1 ~ 10mm	30 ~ 300GHz
		厘米波（SHF）	1 ~ 10cm	3 ~ 30GHz
		分米波（UHF）	1 ~ 10dm	0.3 ~ 3GHz
		超短波（VHF）	1 ~ 10m	30 ~ 300MHz
		短波（HF）	10 ~ 100m	3 ~ 30MHz
		中波（MF）	0.1 ~ 1km	0.3 ~ 3MHz
		长波（LF）	1 ~ 10km	30 ~ 300kHz
		超长波（VLF）	10 ~ 100km	3 ~ 30kHz

11.2.1.1　遥感数据获取的基本过程

遥感是通过对地面目标进行探测，获取目标的信息，再对获取的信息进行处理，从而实现对目标的了解和描述。获取信息是通过传感器来实现的。传感器之所以能收集地表的信息，是因为地表任何物体表面都辐射电磁波，同时也反射入照的电磁波。入照的电磁波可以是太阳直射光、天空和环境的漫射光，也可以是有源遥感的"闪光灯"。总之，地表任何物体表面，随其材料、结构、物理/化学特性，呈现自己的波谱辐射亮度。遥感系统的电磁波谱范围如图 11-13 所示。

这些不同亮度的辐射，向上穿过大气层，经大气层的吸收衰弱和散射，穿透大气层，到达航天遥感器。遥感器可以是帧成像的，好像相机，一次成一条线状的图像，

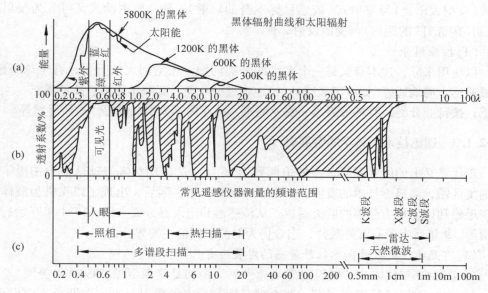

图 11-13   遥感系统的电磁波谱范围

随着卫星的前进，再成下一条线状图像，最后拼成一"轨"卫星图像；也可以是扫描式的，即一次只记录下一个像元的亮度光谱，逐点扫描推进，最后组装为一幅遥感图像（或者不组装）。这 2 种方式，加上多谱段的处理，原则上都是成像时间和传感器陈列空间之间各种要求的折中，对一个像元来说则都是一样的。简单理解，卫星上的遥感器即为一个个"相机"，在不停地给地表照相。

11.2.1.2   遥感的分类

（1）按平台高度分

按平台高度大致可以分为航空、航天与地面测量。这里地面的测量是基础性和服务性的（如收集地物波谱，为航空航天遥感器定标，验证航空航天遥感性能及结果等）。平台高度包括手持（约 1m）、观测架（1.5～2m）、遥感车（10～20m）、观测塔（30～350m）等。航空遥感平台的高度从低轨（<500km）、极轨（保持太阳同步，随重复周期轨道高度可变，一般在 700～900km）到静止卫星轨道（与地球自转同步，高度约 3.6×10^4 km），再到 L-1 轨道（此处太阳与地球对卫星引力平衡，离地约 150×10^4 km）。

（2）按遥感波段分

以遥感使用的波段大体上可分为光学与微波。这里光学包括波长小于热红外（10μm 左右）的电磁波。由于波长小于十几微米，可以认为地表物体的特征远大于波长，因而可以忽略衍射，用几何光学处理光与地表的相互作用。

微波波长可以从亚毫米到毫米，此时衍射、干涉和极化已很难忽略，故与光学遥感在成像机器和仪器制造上差别很大。

（3）按成像信号能量来源分

以成像信号能量来源来分，遥感可分为被动式和主动式 2 种。被动式又可分为反射式(反射太阳光)与发射式(被感目标本身的辐射)2 种。而主动式又可分为反射式(反射"闪光灯"的照射)与受激发射 2 种。

(4)按应用分

以应用来分,这本身又是一个多维的分类问题。按空间尺度分类,有全球遥感、区域遥感、局地遥感(如城市遥感);按地表类型分类,有海洋遥感、陆地遥感、大气遥感;按行业分类,有环境遥感、农业遥感、林业遥感、水文遥感、地质遥感等。

11.2.1.3 遥感技术与科学的发展史

现代意义上的航空遥感,一般追溯到 1856 年,法国用载人气球从空中拍摄了巴黎的街区图,离摄影技术的发明(1839 年)不到 20 年。随后,出现了以飞机为载体的航空遥感和以卫星为载体的航天遥感。从传感器和记录器方面来说,1934 年开始有彩色摄影,9 年后有了彩红外胶片,迄今仍为航测航判的主要媒介之一。

(1)可见光、近红外和热红外遥感的发展历史

20 世纪 60 年代以来,航天遥感飞速发展。最初是气象卫星,1960 年美国"泰诺斯"卫星和"云雨"卫星发回了第一张全球云图。后来气象卫星迅速向两个方向发展:一是极轨太阳同步卫星(1978,NOAA 系列,高度 800km 左右,轨度倾斜角 98°左右),分辨率较高;二是自转同步静止卫星(1975,GOES,轨道高度 36 000m),与覆盖地域(约半个地球)自转同步,但边缘分辨率太低,只标中间部分。

在"云雨"气象卫星基础上,美国 1972 年发射了第一颗"地球资源技术卫星"(ERTS),1975 年发射第二颗时正名为"陆地卫星"(Landsat-2)的卫星,到 Landsat-3 止主要传感器均为 MSS(多光谱扫描仪),地面分辨率 79m,包括绿、红及 2 个近红外共四波段。

1982 年 7 月,Landsat-4 成功发射,与前 3 颗卫星相比,Landsat-4 新增了 TM(专题成像仪),与 MSS 相比空间分辨率提高到 30m(热红外除外),波段数增加到 7 个(扩展到热红外),全球覆盖周期从 18d 缩至 16d,从此 TM 取代 MSS 成为陆地遥感卫星的主流。

在 TM 成功的基础上,各国竞相改进。法国的 SPOT 卫星于 1986 年成功发射,搭载 2 台 CCD 相机,空间分辨率提高到 10m(全色)和 20m(三波段),能偏离星下点成像,已构成立体像对。这些带原创性的改进也成为后来各国效仿和改进的基础,如印度的 IRS 系列(IRS-1,发射于 1995 年)、日本的 AVNIR(1996)和 ALOS(2002)等。美国发射的 Landsat-7 搭载的 ETM(增强型 TM)则主要在 TM 的基础上,吸取了 SPOT 的一些优点,如增加了全波色段(分辨率 15m)。我国的资源系列卫星也分别可视为 TM 或 SPOT 改进型。

(2)微波遥感的发展历史

最早的航天 SAR(synthetic aperture radar)是美国的海洋卫星(Seasat,1978 年 6 月入轨),共获取了 70d 的数据。美国花了 4 年才处理完这些数据,广泛应用于极冰测绘、海洋监测、地质测绘、水文学等领域。随即美国又用航天飞机实施了 SIR-A/B/C 等 SAR 遥感项目。

随着 SIR-A/B/C（1981/1984/1991）的巨大成功，各发达国家迅速跟进，苏联在1987/1990 分别发射成功钻石-I/II；欧洲空间局发射了 ERS-1/2（1991/1995），Envist-1（2000）；日本在 1992 年发射了 JERS-1；加拿大 1995 年成功发射了 Radarsat-1，这颗卫星获得了巨大成功，其 SAR 影像全球销售额稳居第一。

除 SAR 以外，其他类型的微波遥感由于其对云层和小雨的穿透能力强，在对地（和大气）遥感有重要的应用价值，其中常用的有微波辐射计、微波散射计和雷达高度计。前者为被动式，后二者为主动式，但用途各异，不能相互取代。目前总的趋势是探测频带进一步拓宽，一方面拓展到米波频段；另一方面拓展到亚毫米波段（主要用于大气遥感）。

（3）遥感技术与科学的发展趋势

陆地卫星进一步向高空间分辨率和高光谱分辨率发展。新一代的对地遥感器的标志性指标大致为：全色波段分辨率达到 0.15~3m，在保持中等空间分辨率（数十米到数百米）的情况下，光谱分辨率达 2nm，从可见光到红外范围获取数百到上千波段，且波段覆盖向长波红外延伸。

航天遥感目前的另一个发展趋势是小卫星。小卫星主要指体积小、重量轻、功能单一的卫星，使用小火箭或搭载发射，研制周期短，卫星成本大为降低。在对地观测领域，小卫星对地球的观测功能增强，向大众化和商业化迈向一大步。小卫星技术促使整个空间技术发生变革，可能将成为未来航天高技术竞争的主要热点之一。

11. 2. 2　现代遥感技术系统的构成

遥感技术系统是实现遥感目的方法、设备和技术的总称，它是一个多维、多平台、多层次的立体化观测系统，一般由四部分组成。

11. 2. 2. 1　空间信息采集系统

空间信息采集系统主要包括遥感平台和遥感器 2 个部分。遥感平台是运载遥感器并为其提供工作条件的工具，它可以是航空飞行器，如飞机和气球等，也可以是航天飞行器，如人造卫星、宇宙飞船、航天飞机等。显然，遥感平台的运行状态会直接影响遥感器的工作性能和信息获取的精确性。遥感器是收集、记录被测目标的特征信息（反射或发射电磁波）并发送至地面接收站的设备。遥感器是整个技术的核心，体现着遥感技术的水平。

在空间采集中，通常有多平台信息获取、多时相信息获取、多波段或多光谱信息获取几种方式。多平台信息是指同一地区采用不同的运载工具获取信息；多时相信息是指同一地区不同时间（年、月、日）获取的信息；多波段是指遥感器使用不同的电磁波段获取的信息，如可见光波段、红外波段、微波波段等，多光谱信息是指遥感器使用某一电磁波段中不同光谱范围获取的信息，如可见光波段中的 0.4~0.5μm、0.5~0.6μm、0.6~0.7μm 等。多波段和多光谱有时互相通用。

11. 2. 2. 2　地面接收和预处理系统

航空遥感获取的信息，可以直接送回地面并进行一定处理。航天遥感获取的信息一般都是以无线电的形式进行实时或非实时性地发送并被地面接收站接收和进行预处理(又称前处理或粗处理),预处理的主要作用是对信息所含有的噪音和误差进行辐射校正和几何校正、图像的分幅和注记(如地理坐标网等),为用户提供信息产品。

11.2.2.3 地面实况调查系统

地面实况调查系统主要包括在空间遥感信息获取前所进行的地物波谱特征(地物反射电磁波及发射电磁波的特性)测量,在空间遥感信息获取的同时所进行的与遥感目的有关的各种遥感数据的采集(如区域的环境和气象等数据)。地物波谱特征测量工作为设计遥感器和分析应用遥感器信息提供依据,区域环境和气象等数据则主要用于遥感信息的校正处理。

11.2.2.4 信息分析应用系统

信息分析应用系统是用户为一定目的而应用遥感信息时所采取的各种技术,主要包括遥感信息的选择技术、应用处理技术、专题信息提取技术、制图技术、参数估算和数据统计技术等内容。其中遥感信息的选择技术是指根据用户需求的目的、任务、内容、时间和条件(经济、技术、设备等),在已有各种遥感信息的情况下,选择一种或多种信息时必须考虑的技术。当需要最新遥感信息时(如航空遥感),应按照遥感图像的特点(如多波段或多光谱),因地制宜,讲究实效地提出遥感的技术指标。

11.2.3 遥感技术的应用

遥感应用主要包括对某种对象或过程的调查制图、动态监测、预测预报及规划管理等不同的层次,广泛应用于农业、林业、地质、地理、海洋、水文、气象、环境监测、地球资源探测及军事侦察等各个领域。它们可以由用户直接分析从遥感数据中提取出来的信息来实现,也可以在地理信息系统的支持下实现。

11.2.3.1 遥感技术在测绘中的应用

(1)制作卫星影像地图

利用各种传感器的影像制作卫星影像图,先在所需制作影像图的区域内,均匀选取一些控制点,点数与区域大小和选择的纠正模型有关。点的坐标可根据比最后制作影像图大一个等级的比例尺的地形图读取,或用 GPS 或其他测量工具实地测定。

对原始影像进行纠正、镶嵌,拼接影像,也可采用不同分辨率影像间的融合技术,再加标一些地物要素,有些可直接从影像上判读提取,有些需采用地图数字化方式或直接利用 GIS 中的地图数据库的地物要素的矢量数据,经矢量—栅格变换与影像配准并复合,加上符号注记,制作影像图。如利用 IKONOS 卫星分辨率为 1m 的全色影像,制作比例尺为 1∶10 000 的影像图。

(2)利用卫星影像进行地形图的修测

利用卫星影像修测地形图速度快、费用低。因地形一般情况下不会发生大的变化,因此主要修测城镇居民地、道路交通、水系及部分地物类型,还应对变化的地名进行更改。修测地形图的比例尺一般比制作影像图的比例尺小 1 倍，如 TM 图像只能修测1:250 000 比例尺地形图，SPOT 全色影像分辨率为 10m，勉强可用于1:50 000 比例尺地形图的修测。IKONOS 卫星分辨率为 1m 的全色影像，可用于1:10 000 的比例尺地形图的修测。

被修测的地形图数字化后形成栅格地图（DRG）或数字矢量地图（DLG），利用 DRG 或 DLG 对卫星影像进行纠正，将 DRG 或 DLG 与纠正后的影像进行叠合，然后去除 DRG 或 DLG 上已变化了的地物，绘上变化了的地物，形成更新的地形图。根据国家测绘局规范的规定，更新地物一律用紫色表示，以示区别。

（3）陆地地形图的测绘

使用航空像片测绘地形图的技术已相当成熟，它的进一步发展是与计算机和自动控制技术结合起来，实现测图自动化。但航空像片覆盖面积小，不可能在短时间内拍摄世界上全部的陆地，并且价格昂贵。而卫星像片覆盖面积很大，能在短时间内对全球摄影一遍，还可以进行重复摄影。随着分辨率的提高，测图比例尺也在不断提高，例如，IKONOS 获取的立体图像能测绘1:25 000 比例尺的地形图，美国使用像幅为 23cm×46cm 的大像幅相机，在低高度轨道的航天飞机上对地面进行立体摄影，基线高度比达 1.2，纵向重叠达80%，在立体测图仪上也能测绘1:50 000 比例尺的地形图。

为利用卫星图像测绘地形图，各国设计了不同的方案。例如，法国 SPOT 卫星上的 HRV 推扫式扫描仪，是通过控制仪器的一个平面反射器旋转角度的方法，实现轨道间的立体摄影。3-Camera 立体测图卫星可获取同一轨道上向前、垂直、向后推扫的 3 幅影像，它们两相之间可以建立立体模型，测定地形信息 X、Y、Z。这种传感器用 4096 个 CCD 元件作为线阵列探测器组，其地面分辨率为 15m，影像线的长度（4096 个像素）在地面上约为 61.4km。其他用于立体测图的卫星还有中国—西卫星 CBERS（ZY-1），分辨率为 20m，可进行邻轨立体测图。

（4）浅水区的水下地形测绘

电磁波对水有一定的透射能力，因此传感器除了接收水面的反射、辐射外，在某种情况下还接收透过水层底面上反射回来的电磁波，这就有可能用这种信息来测量水深或水底地形。在蓝绿波段的卫星像片上，清洁水在不同的水深处表现出不同的灰度。测绘水的等深线可用密度分割的方法，反射亮度相同的地方被认为是一样的深度。

（5）南极冰面地形地貌测绘

在南极大陆，冰盖白茫茫一片，无论航空照片或卫星照片，雪面的高强度反射，使影像一片白，很难观测立体。在热红外区，影像的亮度值与地面温度和发射率有关，雪面反射在这个波区很弱，地面的温度是随高度的上升而下降，在南极大陆特殊的环境条件下，其发射率为一常数（约 0.7），因此有可能利用热图像来提取南极冰盖表面的高程信息。

11.2.3.2 遥感技术在环境与自然灾害中的应用

（1）洪涝灾情的快速监测

由于水灾期间往往阴雨连绵，常规的遥感方法已无法探测，而雷达图像能穿云过雾，因此是监测洪涝灾害的有效手段。为了监测水情，还须将现时的雷达图像与原先的 TM 图像进行精确配准后做融合处理，在融合图像上可分辨和统计出灾区的灾情状况。

（2）在森林火灾监测中的应用

卫星森林火灾监测的基本原理就是运用遥感卫星对地球表面进行扫描，通过卫星地球站把扫描信息接收下来，再利用计算机对这些信息进行处理，识别出红外热点，结合地理信息系统对热点进行定位，根据植被信息对热点类型进行初步判读，从而实现对森林火灾的卫星监控。

利用卫星森林火灾监测系统，不仅可以及早发现早期林火，特别是边远地区和人烟稀少地区的林火，而且可以对已发现的林火，特别是重大林火蔓延情况进行连续跟踪监测，为扑火提供服务，也可以为日常森林防火及航空护林提供气象、地理信息，以制订预防方案、巡护计划等。

近几年用于森林火灾监测的主要是我国的风云一号（FY1C、FY1D）和美国国家海洋大气局的 NOAA 系列（NOAA-12、NOAA-14、NOAA-15、NOAA-16、NOAA-17）气象卫星，目前用于卫星林火监测的还有美国 EOS/MODIS 地球观测卫星。NOAA 及 FY1 系列星载甚高分辨辐射仪（AVHRR）能够获取甚高分辨率数字化云图，其星下点地面几何分辨率为 1.1km，AVHRR 的第三通道是波长为 3.55~3.93μm 的热红外线，对温度（特别是 600℃ 以上的高温）比较敏感。森林火灾的火焰温度一般在 600℃ 以上，在波长为 3~5μm 红外线的波段上有较强的辐射，而其背景的林地植被的地表温度一般仅有 20~30℃，甚至更低，与火焰有较大的反差，在图像上可清晰地显示出来。在白天利用通道 3 为红色、1 和 2 两个可见光通道为蓝色和绿色的伪彩色合成的图像上，即可以清晰地显示地表的地理特征和植被信息。即使在漆黑的夜晚，卫星几乎收不到来自地面的可见光，但依地面目标本身温度而发出的红外线仍可以正常被卫星所接收到，在用（AVHRR）红外 4、5 通道取代可见光 1、2 通道合成的图像上仍依稀可辨部分地面的地物信息，林火仍明显地显示为亮红色，只要天气晴朗就可在伪彩色的卫星图像上清晰地显示火情信息。应用气象卫星进行林火监测是一种既可用于林火的早期发现，也可用于对林火的发展蔓延情况进行连续跟踪监测的方法，还可用于过火面积及损失估算；应用（AVHRR）的 4、5 通道可以较好地提取地表的温度、湿度等信息，可为森林火险天气预报提供部分地面实况信息；应用（AVHRR）的 1、2 通道可以较好地提取地面的植被指数，以进行宏观的森林资源监测和火灾后地面植被的恢复情况监测等工作。

遥感技术还可用于沙尘暴的监测、臭氧层监测、南极冰川流速监测、海洋赤潮观测等领域，为地球环境保护提供监测技术手段。

11.2.3.3 遥感技术在地质调查中的应用

（1）遥感图像上的地质构造解译

由于地壳运动引起的构造作用力，岩层和层体产生各种不同的构造形变，如褶皱、断层、节理以及不整合接触等。地质构造的类型、走向及密度等是判断成矿条件的重要依据之一，同时对各项建设工程会产生直接的影响。

地质构造与地貌类型密切相关，所以研究地质构造往往从地貌类型的调查开始。卫星遥感图像上对各种地貌类型显示得十分清楚，由于卫片具有宏观观察的特点，地面上许多构造特征历历在目，还能发现一些沉积岩层下的隐伏岩体或松散沉积物下的隐伏构造。

线性构造与成矿条件有密切的关系，线性构造密集的地区成矿条件好，断裂和褶皱强烈的构造线处成矿条件好，构造线交叉地区成矿几率大。某铁矿区将卫星像片上判读出来的线性构造绘制成图，把实地矿点表示在地质构造图上后，发现已开采的老矿点都在构造线的交叉处。根据这一规律和实地勘察，在另外 2 个线性构造交叉处设计了 2 个新的开采矿点，取得满意的效果。

(2)遥感方法调查地质灾害

地质灾害是自然灾害的一种，它的产生主要是不良地质引起的，利用遥感图像判释调查可以直接按影像勾绘出发生灾难的范围，并确定其类别和性质，同时还可查明其产生原因、分布规律和危害程度。某些不良地质发生得较快，利用不同时期的遥感图像进行对比研究，往往能对其发展趋势和危害程度做出准确的判断。

1985 年 6 月 12 日发生在湖北秭归县新滩镇的滑坡，约 $3000 \times 10^4 m^3$ 滑体急剧下滑，一举摧毁新滩镇。入江土石约为 $200 \times 10^4 m^3$，遥感像片上滑坡全貌历历在目，由于有遥感，又结合精密测量，提前疏散人口，未造成人员伤亡。

2000 年 4 月 9 日发生在西藏易贡河巨型大滑坡，从 TM 影像(未发生滑坡前)和 SPOT 影像(发生滑坡后不到一个月)比对发现，碎屑流覆盖面积达 $12km^2$，体积约 $10 \times 10^8 m^3$，流入谷底形成 $2.5km^2$ 的一个滑坡坝，将易贡河堵住，形成一个 $33km^2$ 的易贡湖(堰塞湖)，由于坝体由碎屑构成，十分脆弱，有更多的来水补给时，很易溃口形成洪水，给下游造成严重灾难，给该流域的生态环境造成严重影响。

汶川地震后，及时利用遥感手段，调查灾情，如堰塞湖的分布状况，及时排除险情，为灾后重建和规划提供技术支持。

遥感图像还用于岩性分类，根据各裸露岩体的光谱特性，进行统计分类，绘制分布图。例如，对罗布泊地区特大型钾盐矿进行遥感调查，测定钾盐储量在 $4.6 \times 10^8 t$ 以上。

11.2.3.4 遥感技术在农林牧等方面的应用

(1)遥感信息的农作物估产中的应用

研究作物冠层反射光谱特征与冠层状态参数之间的关系，是用 MSS、TM 和 NOAA 等卫星遥感信息进行作物估产的基础。已有研究表明，可见光和近红外波段反射率组成的植被指数随作物冠层状态参数变化有规律地变化。反映冠层状态的指数，主要有叶面积指数(leaf area index，LAI)，为单位面积上植被叶片面积。植土比是另一个决定反射光谱特性的独立因子，是联系遥感植被指数与作物种植面积的中间参数，是某一地区作物的种植面积与该地区土地面积之比。植土比与叶面积指数相互独立。植被指数是植物光合作用能力，即植物生产力的反映。

为了准确地估计世界小麦产区的产量，再根据国际市场上的小麦价格而有效地控制本国的小麦播种面积，从而控制国际市场上小麦的销售价格，美国采用遥感信息进行了小麦大面积估产试验研究。一方面在国内和国外进行了一些抽样和模拟观测；另一方面，在堪萨斯州、北达科他州、南达科他州等冬小麦和春小麦区进行一系列的严格试验，取得很多可贵的资料，使小麦估产的精度由 79% 提高到 97%。甚至提出"90/93"的标准，即 90% 的概率的单产精度在 93%。从而在这种估产中每年获利数亿美元。

（2）遥感技术在森林立地类型调查中的应用

森林立地是指一定的空间位置及与之相关的环境因子的总和，凡具有相同或相似的林木生长环境或生长效果的地段谓之一种立地类型。它决定一个地段的植被适生条件及林木生产能力，在营林、造林和规划设计中具有重要的意义。近年来迅速发展的遥感技术，为我们对森林生态环境的研究，提供了新的手段。因此，可根据遥感技术的特点，从宏观的角度探讨环境因素对林木生长影响的规律性。

植物和林冠层的光谱特征为立地条件类型判读提供了理论基础。立地生产潜力影响电磁波的辐射特性，例如，荒芜立地比植物繁茂生长立地有较高的红光反射值。根据遥感技术特点，大致可拟定 3 类立地因子，即水热因子、土壤因子和植被因子。水热因子包括海拔、坡向、小气候（温度、湿度）等；土壤因子包括土壤有效厚度和岩性等；植被因子主要指植被类型和植被覆盖度。利用 TM 图像可进行立地因子的提取，如遥感分类可用 TM6 波段通过密度分割直接提取水热因子；选择与土壤有关的 TM4、TM5、TM6 波段进行非监督分类，借此提取土壤因子。TM 的 7 个波段都与植被有关，经过 K-L 变换，选取方差贡献最大的 3 个主成分进行彩色合成，然后对照实地模型，即可根据图像色调直接判读出植被覆盖度。

森林立地分类是针对具体的植被类型、树种以及它们的适生条件而言的。应用遥感方法完成立地分类，必须首先对植被、树种进行分类统计，然后划分出它们的适生界线。

此外，卫星影像还用于土壤侵蚀调查、土壤解译、草场资源分类及评价等方面。

11.2.3.5 遥感技术在其他领域中的应用

（1）遥感技术在考古方面的应用

遥感技术用于考古，可以从高空的航片或卫片上发现一些已不存在的古城遗迹。如我国西安（古长安）秦始皇墓，原有两重城墙（内城和外城）围护，现已没有，但从航空像片上可以清楚地看到内城和外城的规则矩形遗迹。

在意大利波河三角洲地区的高空航片上发现有网格状几何图形，经实地考证，发现是古代的 SOINA 城遗址。

我国曾用卫片进行楚古都纪南城的遥感调查。

（2）遥感技术在旅游资源开发中的应用

遥感图像以其丰富的信息量以及直观性强等优点被广泛应用于旅游资源调查、开发规划等方面。

(3)遥感方法探测南极陨石分布

南极大陆冰盖上散布着大量陨石。据统计，1969 年以来，美、日和欧洲等国家的考察队已回收到南极陨石 17 000 多块，而南极以外的各大洲 200 年内仅发现了 1700 多块陨石。降落在南极冰盖上的陨石，立刻被冰雪包裹起来，不受污染，没有与岩石、土壤和植被等各种地物碰撞，而造成地面各种物质扩散到陨石中去的现象；另外，寒冷的气候防止了陨石样品的风化。所以南极陨石对于研究地外天体物质结构和成分具有更高的科学研究价值。武汉大学部分教师通过对南极蓝冰出露与陨石富集机制原理的研究，成功地应用遥感探测出南极陨石分布。

实践证明，现代遥感技术在地球资源、环境及自然灾害调查、监测和评价中的应用，具有许多其他技术所不能代替的优势，如宏观、快速、准确、直观、动态性和适应性等。但也应该看到，这种技术如果不和其他相关技术(如现代通信、对地定位、常规调查、台站观测、地理信息系统及专业研究等)结合起来，其优势也很难充分发挥出来。

11.2.4 EOS 计划简介

1983 年，美国地球科学界和航空航天局(NASA)提出以地球系统科学作为之后 20 年内的重大科学目标，发展极地轨道平台作为用于这一科学研究的最主要的地球观测系统(earth observation system，EOS)，其主要目的是全面认识人类赖以生存的地球。这里做简要介绍。

美国提出 EOS 计划之后，得到了欧洲空间局(ESA)、日本空间发展局(NAS-DA)、加拿大政府和苏联/俄罗斯的支持，他们把参加 EOS 计划作为自身空间科学和应用计划的一部分而协调发展。EOS 计划的目标，主要是科学认识全球尺度范围内整个地球系统及其各圈层之间的相互作业及作用机理等，进而预测未来 10 年到 1 个世纪地球系统的变化及其对人类的影响。

地球系统科学需要的全球变量是描述地球系统的状态和演化的时空函数。为了获得全球系统的这些时空多变要素，至少需要 15 年系统而连续的观测资料。为了实现这一目标，EOS 计划由以下 3 个部分组成：

11.2.4.1 EOS 科学计划

科学研究是 EOS 计划的基础，它以 NASA 和其他研究机构及其国际合作伙伴的地球科学研究工作为基础，其主要研究任务是：①现有卫星资料的应用及评估；②EOS 资料应用的预研；③发展对观测资料进行分析和判释的数据模式。

11.2.4.2 EOS 资料和信息系统(EOSDIS)

EOSDIS 的基本目的是：有利于各研究机构对 EOS 资料的充分利用；在历时 15 年的 EOS 任务期间，通过网络向用户长期提供可信度高的观测资料。

11.2.4.3 EOS 观测平台

从地球系统科学目标出发，要求 EOS 对地球同一地区做每天 4 次以上的观测，对热带地区加密观测。EOS 平台按 5 年寿命设计，为了完成 15 年的 EOS 计划，需要 3 组 6 个平台，其中包括 5 颗卫星（NASA 2 颗、ESA 2 颗、日本 1 颗）和一个载人太空站。

1991 年 2 月，EOS 的第一个平台（AM-1）拟装载的观测仪器初选选定，有 14 种之多。当时计划提供以下环境变量：①云特性；②地球和空间之间的能量变换；③表面温度；④大气的结构、成分和大气动力，风、雷电和降水；⑤雪的增厚和消融；⑥陆地和表层水中的生物活动；⑦海洋环流；⑧地球表面和大气之间的能量、动量和气体交换；⑨海水的结构和运动的能量、动量和气体交换；⑩裸土和岩石的无机物成分；⑪地质断层周围受力和表面高度变化；⑫太阳辐射和能量粒子对地球的输入。

EOS 计划以 EOS-AM-1、EOS-PM-1、EOS-PM-2⋯的方式按 2~3 年间隔发射上天。这里 AM 和 PM 分别表示卫星通过赤道面的时间为 10:30 和 13:30，以求在地球云量最少时更全面地获得不同时刻的对地观测数据。

1999 年 12 月，名为"Terra"的 EOS-AM-1 成功发射，2000 年 2 月底 Terra 投入科学运行。尽管传感器校正和数据验证工作仍在进行，但是一些影响和数据已可提供订货。

Terra 上装有 5 种仪器：先进星载热发射及光反射辐射计（advanced spaceborne thermal emission and reflection radiometer，ASTER）、云和地表辐射能系统（clouds and the earth's radiant energy system，CERES）、多角度成像光谱辐射计（multigle imaging spectro-radiometer，MISR）、中分辨率成像光谱辐射计（moderate-resolution imaging spec-troradiometer，MODIS）和对流层污染量测计（measurements of pollution in the tropo-sphere，MOPITT）。ASTER 的特点是有 3 个 15m 空间分辨率并构成立体像对的可见光与近红外波段，6 个 30m 空间分辨率的短波红外波段和 5 个 90m 空间分辨率的热红外波段；CERES 尽管空间分辨率仅为 20km，但其光谱波长为 0.3~200μm；MISR 有 9 个 CCD 成像传感器布置成 0°、±26°、±40°、±60°、±71°，可全时获得 4 个波段（蓝、绿、红、近红外）250m、500m 和 1km 空间分辨率图像，可为多角度卫星遥感提供丰富的数据；MODIS 为 36 波段中分辨率成像光谱仪，其空间分辨率分别为 250m（波段 1~2）、500m（波段 3~7）和 1000m（波段 8~36）；MOPITT 有 8 个波段，空间分辨率为 22km（天底），用来测定一氧化碳和甲烷的廓线（4km 分辨率）。

总的来说，EOS 计划具有以下主要特点：

①这是一个史无前例的规模巨大的国际综合性空间计划　其核心是把地球看作一个复杂的系统。从地圈、水圈、大气圈、冰雪圈和生物圈等多学科领域收集资料，研究和解决地球系统科学问题，有别于执行单一任务的卫星遥感系统。

②计划的提出和实施过程都以科学研究为先导　例如，为了确保 EOS 计划的顺利进行，成立了由世界各国著名科学家组成的 EOS 调研工作组（EOSIWG）和 10 余个专家组（含大气、海洋、地球生物化学循环、定标和检验、气候和水文等）。专家组的主要任务是确定研究课题、研究仪器性能、选择卫星仪器及研究 EOS 资料的数据模式等。

③EOS 是空间、遥感、电子和计算机等世界领先技术的最高水平的集中体现

EOS 平台安装 10 多种高精尖的多波段高光谱分辨率、高灵敏度的仪器。仪器频率覆盖宽，同时具有多视角多极化遥感能力。这一新空间计划的实施可能会给天气预报、气候预测以及全球生态变化监测等地学和环境科学领域等一系列重大科学问题带来突破性进展。

11.3 地理信息系统概述

人们的生产和生活中 80% 以上的信息和地理空间位置有关，地理空间信息已经成为最重要、最不可或缺的信息资源之一。如何用信息化手段表达和描述地理实体及相互间的关系，如何采集空间信息，如何存储空间信息，如何快速获取和灵活调用空间信息等，GIS 为上述问题提供了一套有效的解决方案。GIS 作为获取、整理、分析和管理地理空间数据的重要工具、技术和学科，近年来得到了广泛关注和迅猛发展。GIS 是"3S"技术的重要分支，是空间信息科学与技术的一个重要组成部分，是现代测绘技术必不可少的一项技术手段，且已经广泛地应用于国民经济的各个领域和社会生活的诸多方面。

11.3.1 GIS 概念

GIS 是在计算机软件、硬件平台支持下，对地球表面空间（包括地下空间、大气层）中的有关地理分布数据进行采集、存储、管理、分析、显示和描述的空间信息系统。

有时人们赋予它更丰富的解释和剖析，主要有 4 种解释：

GIS = geographic information system（地理信息系统）

GIS = geographic information science（地理信息科学）

GIS = geographic information service（地理信息服务）

GIS = geographic information software（地理信息软件）

从技术和应用的角度，GIS 是解决空间问题的工具、方法和技术。

从学科的角度，GIS 是在地理学、地图学、测绘学和计算机科学等学科基础上发展起来的一门学科，具有独立的学科体系。

从功能上，GIS 具有空间数据的获取、存储、显示、编辑、处理、分析、输出和应用等功能。

从系统学的角度，GIS 具有一定结构和功能，是一个完整的系统。

地图也可以看作是一种模拟的地理信息系统，它有图形数据和拓扑关系，也有属性数据，但是，表现在图面上的空间数据不便于进行多层叠加空间分析，不便于精确和快速量算，不便于及时更新，特别是不便于图形数据与属性数据相关作用共同分析。因此，与传统地图相比，GIS 的功能更为强大，信息更加丰富，具有更为广阔的前景。尤其是近些年，GIS 在众多应用领域内广为应用，发挥了强大的作用。

11.3.2 GIS 的基本功能

从 GIS 的定义中可以看出，GIS 主要是对数据进行采集、加工、管理、分析和表达，因此各类地理信息系统软件及应用系统的功能也都是围绕上述功能进行设计或扩展。一般可将 GIS 划分为四大类功能，包括：数据采集与编辑功能；数据存储与管理功能；空间查询与空间分析功能；图形显示与输出功能。如图 11-14 所示。

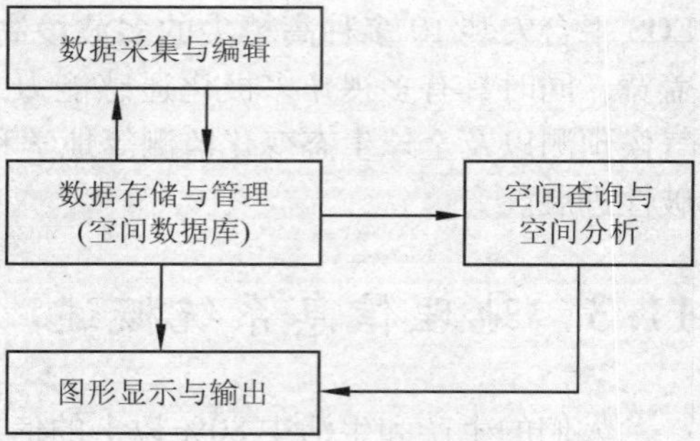

图 11-14　GIS 的主要功能

11.3.2.1　数据采集与编辑功能

数据是 GIS 的核心，建立 GIS 的第一步就是要建立地面上实体的图形数据和描述其信息的属性数据。与实体位置有关的空间数据可通过多种手段获得，包括：野外测量仪器采集数据；地图跟踪数字化；地图扫描数字化；遥感影像识别等。例如，可以通过对航空摄影和遥感影像进行观察，对其进行分析、归类、抽象和综合取舍，判读抽象出空间对象。属性数据是描述实体对象的特征和性质，当属性数据的数据量较小时，可以在输入空间数据的同时，用键盘输入；当属性数据量较大时，则借助辅助软件进行转入。

通过各种手段获得的数据可在 GIS 的编辑功能上进行编辑，一般 GIS 的编辑功能应包括：人机对话窗口；数据获取；图形显示；参数控制；符号设计；图形编辑；拓扑建立；地图整饰；查询功能；属性数据输入与编辑功能等。

11.3.2.2　数据存储与组织

经外业采集的数据或数字化的数据，有时需进行初步的数据处理，主要包括数据格式化、数据转绘、制图综合等操作。数据处理完成后，需要建立完善的数据存储机制，对于庞大的地理数据，往往需要利用数据管理系统（DBMS）进行管理，以方便管理人员快速查询所需要的数据。如何在计算机中有效地存储和管理空间和属性数据，是 GIS 的基本问题。GIS 通过对空间数据和属性数据的分析，对其进行科学的组织，建立合理的空间数据结构，从而有效地建立其海量空间数据和属性数据的存储机制，并建立空间数据与属性数据的关联，使其融合为一体。

11.3.2.3　空间查询与分析

GIS 与普通数字化地图的根本区别在于，GIS 必须至少具备若干个实用的空间分析功能，这也是研究 GIS 的出发点和目标。只有通过空间查询和空间分析才可以获取派生的新信息和新知识，并得出对于决策有重要基础和指导意义的数据。

空间查询包括从空间位置检索空间物体及其属性和从属性条件检索空间物体。例如，查询某铁路周围 1km 的居民点、某小区 500m 内的超市等，这些查询功能是 GIS 所特有的，一个功能强大的 GIS 软件应能满足常见的空间查询的要求。空间分析是比空间查询更深层次的应用，内容更加广泛。空间分析的功能很多，主要包括：缓冲区分析（给定距离某一空间对象一定范围的区域边界，计算该边界范围内其他的地理要素）、叠置分析（即将两层或多层图形数据叠加在一起进行分析）、网络分析（如在道路交通图中寻找最短路径等)、地形分析(如坡度分析、坡向分析等)等功能。

11.3.2.4 图形显示与输出

将地理数据处理与分析结果通过输出设备直观形象地表现出来,供人们观察、使用与分析,这是 GIS 问题求解过程的最后一道工序。主要包括数据校正、编辑、图形整饰、坐标变换、打印、出版印刷等。

11.3.3 GIS 与数据

11.3.3.1 GIS 组成

从应用的角度,地理信息系统由硬件、软件、数据和人员方法四部分组成。硬件和软件为地理信息系统建设提供环境;数据是 GIS 的重要内容;人员是系统建设中的关键和能动性因素,直接影响和协调其他几个组成部分。

硬件主要包括计算机和网络设备、存储设备、数据输入、显示和输出的外围设备等。见表 11-4 所列。

表 11-4 GIS 主要硬件设备

功 能	硬件配置
输入	数字化仪、解析测图仪、扫描仪、遥感影像处理设备等
存储处理	计算机、硬盘、光盘等存储设备
输出	打印机、绘图仪、显示终端等
网络	服务器、网络适配器、传输介质、调制解调器等

软件主要包括以下几类:操作系统软件、数据库管理软件、系统开发软件、GIS 软件等。

数据是 GIS 的重要内容,也是 GIS 系统的灵魂和生命。GIS 系统中数据的数量和质量直接决定整个系统的规模和水平。对数据进行有效的组织和处理是 GIS 系统建设中的关键环节,涉及许多问题。例如,应该选择何种(或哪些)比例尺的数据;已有数据现势性如何;数据精度是否能满足要求;数据格式是否通用;采用何种方法进行数据的更新和维护等。

人是 GIS 系统的能动部分。人员的技术水平和组织管理能力是决定系统建设成败的重要因素。系统人员按不同分工有项目经理、项目开发人员、项目数据人员、系统文档撰写和系统测试人员等。人也包含 GIS 系统的使用人员。

11.3.3.2 空间数据结构

空间数据结构基本上可分为两大类:矢量数据结构和栅格数据结构(也称为矢量模型和栅格模型)。

栅格结构是最简单、最直接的空间数据结构,是指将地球表面划分为大小均匀、紧密相邻的网格阵列,每个网格作为一个像元或像素由行、列定义,并包含一个代码表示该像素的属性类型或量值，或仅仅包括指向其属性记录的指针。因此，栅格结构是以规则的阵列来表示空间地物或现象分布的数据组织，组织中的每个数据表示地物或现象的非几何属性特征。栅格数据结构实际就是像元阵列，每个像元的大小代表了定义的空间分辨率，每个像元由行列确定它的位置。如图 11-15 所示，分别为点、线、面状地物的栅格表示。点用一个栅格单元表示；线状地物用沿线走向的一组相邻栅格单元表示，每个栅格单元最多只有 2 个相邻单元在线上；面或区域用记有区域属性的相邻栅格单元的集合表示，每个栅格单元可有多于 2 个的相邻单元同属于一个区域。

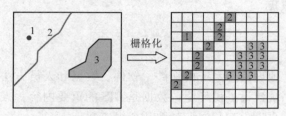

图 11-15　栅格数据结构

地理信息系统中另一种最常见的图形数据结构是矢量数据结构，即通过记录坐标的方式尽可能精确地表示点、线、多边形等地理实体。对于点实体，矢量结构中只记录其在特定坐标系下的坐标和属性代码；对于线实体在数字化时即进行量化，就是用一系列足够短的直线首尾相接表示一条曲线，矢量结构中只记录这些小线段的端点坐标。将曲线表示为一个坐标序列，坐标之间认为是以直线段相连，在一定精度范围内，可以逼真地表示各种形状的线状地物；多边形是指一个任意形状、边界完全闭合的空间区域，多边形的边界线同线实体一样，这种区域就可以看作是由这些边组成的多边形了。如图 11-16 所示为图形的矢量表示方法。

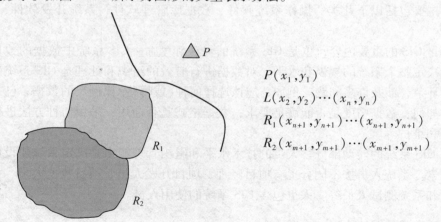

图 11-16　矢量数据结构及其表示

11. 3. 4　GIS 的应用

理论上来说，GIS 可以运用于任何行业。

11.3.4.1 地图制图

GIS 技术源于机助制图。GIS 与 RS、GNSS 技术在测绘界的广泛应用，为测绘与地图制图带来了一场革命性的变化。集中体现在：地图数据获取与成图的技术流程发生根本的改变；地图的成图周期大大缩短；地图成图精度大幅度提高；地图的品种大大增加。数字地图、网络地图、电子地图等新的地图形式为广大用户带来了巨大的应用便利，测绘与地图制图进入了一个崭新的时代。图 11-17 和图 11-18 分别为道路交通数字地图和城市三维地图。

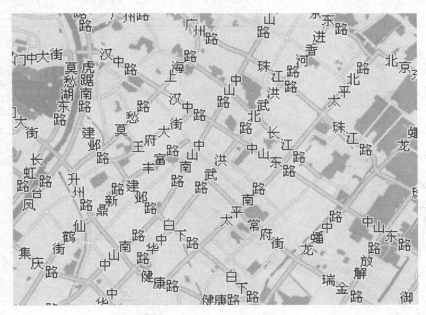

图 11-17　南京市道路交通网络数字图

图 11-18　城市三维地图

11.3.4.2　资源管理

资源管理是 GIS 最基本的职能，其主要任务是将各种来源的数据汇集在一起，并通过系统的统计和分析功能，按多种边界和属性条件，提供区域多种条件组合形式的资源统计和进行原始数据的快速再现，主要应用于农业、林业、土地等资源管理领域。以土地利用类型为例，它可以输出不同土地利用类型的分布和面积，按不同高程带划分的土地利用类型，不同坡度区内的土地利用现状以及不同时期的土地利用变化等，为资源的合理利用、开发和科学管理提供依据。如图 11-19 所示。

图 11-19　GIS 用于资源管理

11.3.4.3　规划和管理

空间规划是 GIS 的一个重要应用领域，包括城乡规划、城市资源配置、区域生态规划等。城市与区域规划中要处理许多不同性质和不同特点的问题，它涉及资源、环境、人口、交通、经济、教育、文化和金融等多个地理变量和大量数据。GIS 的数据库管理有利于将这些数据信息归并到统一系统中，进行城市与区域多目标的开发和规划，包括城镇总体规划、城市建设用地适宜性评价、环境质量评价、道路交通规划、公共设施配置等。这些规划功能是以 GIS 海量的空间数据、高效的空间搜索方法、多种信息的叠加处理和一系列分析功能为保障的。

11.3.4.4 应急响应

随着经济的发展，人们对自然灾害及人为事故更加关注，如洪水、地震、流行疾病、火灾等。解决在发生洪水、火灾、战争、核事故等重大自然或人为灾害时，如何安排最佳的人员撤离路线，并配备相应的运输和保障设施的问题，是 GIS 的重要关注点和应用领域。利用 GIS，借助遥感遥测数据可以有效地进行火灾的预测预报、洪水灾情监测和洪水淹没范围及损失估算等应用，为救灾抢险和防洪决策等突发情况提供及时准确的空间信息。

11.3.4.5 地学研究与应用

地学研究主要包括地形分析、流域分析、土地利用研究、经济地理研究、空间决策支持、空间统计分析等，这些功能都可以借助相应的 GIS 软件和工具完成。如图 11-20 所示即为利用 GIS 软件和数字高程模型进行地形因子提取和地形分析。

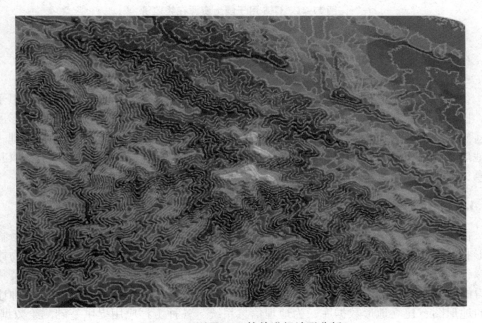

图 11-20   利用 GIS 软件进行地形分析

11.3.4.6 其他应用领域

GIS 的强大功能配合丰富的数据，决定了其广阔的应用领域，并不断深入和发展延续。除上述所列各应用领域，GIS 还可用于国防与军事部署、基础设施（电信、自来水、道路交通、天然气管线、排污设施、电力设施等）管理、商业与市场（房地产开发、物流、超市选址等）、环境保护、车辆导航等诸多领域。图 11-21 为 GIS 用于土地违法违规监管。

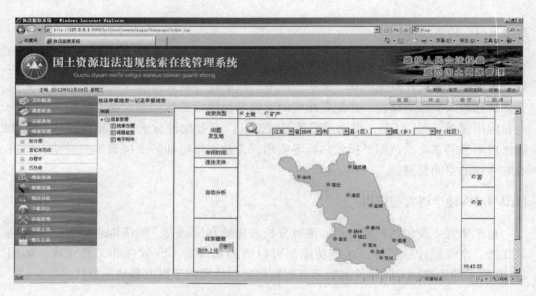

图 11-21 GIS 用于国土资源在线监管

11.4 摄影测量简介

摄影测量学有着较悠久的历史，19 世纪中叶，摄影技术一经问世，便应用于测量。国际摄影测量与遥感协会(ISPRS)1988 年给摄影测量与遥感的定义是：摄影测量与遥感是从非接触成像和其他传感器系统，通过记录、量测、分析与表达等处理，获取地球及其环境和其他物体可靠信息的工艺、科学和技术。摄影测量侧重于提取几何信息，遥感侧重于提取物理信息。

11.4.1 概述

传统的摄影测量学是利用光学摄影机摄取像片，通过像片来研究和确定被摄物体的形状、大小、位置和相互关系的一门科学技术。它包括的内容有：获取被摄物体的影像，研究单张像片或多张像片影像的处理方法，包括理论、设备和技术，以及将所测得的结果以图解的形式或数字形式输出的方法和设备。其主要任务是测制各种比例尺的地形图、建立地形数据库，为地理信息系统、各种工程应用提供基础测绘数据。

摄影测量的主要特点是在像片上进行量测和解译，无需接触被摄物体本身，因而很少受自然和地理的限制，而且可摄得瞬间的动态物体影像。像片及其他各种类型影像均是客观物体或目标的真实反映，信息丰富逼真，人们可以从中获得所研究物体的大量几何信息和物理信息。

摄影测量的分类方法有很多种，根据摄影机平台位置的不同可分为航天摄影测量、航空摄影测量、地面摄影测量、近景摄影测量和显微摄影测量；按用途可分为地形摄影测量和非地形摄影测量。地形摄影测量的目的是测制各种比例尺的地形图，而非地形摄影测量的应用面非常广，服务的领域和研究对象千差万别，如工业、建筑、考古、军事、生物、医学等。

表 11-5　摄影测量发展的 3 个阶段的特点

发展阶段	原始资料	投影方式	仪器	操作方式	产品
模拟摄影测量	像片	物理投影	模拟测图仪	作业员手工	模拟产品
解析摄影测量	像片	数字投影	解析测图仪	机助作业员操作	模拟、数字产品
数字摄影测量	像片、数字影像	数字投影	数字摄影测量系统	自动化操作 + 作业员干预	模拟、数字产品

　　从摄影测量学的发展来看，可划分为 3 个阶段：模拟摄影测量、解析摄影测量和数字摄影测量（表 11-5）。

　　模拟摄影测量是在室内利用光学的或机械的方法模拟的摄影过程，恢复摄影时像片的空间方位、姿态和相互关系，建立实地的缩小模型，即摄影过程的几何反转，再在该视模型的表面进行测量。此阶段主要依赖摄影测量的内业设备，重点也放在仪器的研制上。此时的摄影测量内业设备十分昂贵，一直沿用到 20 世纪 70~80 年代。

　　随着计算机的问世，摄影测量工作者开始研究利用计算机这种快速的计算工具来完成摄影测量中复杂的计算问题，这便出现了始于 20 世纪 50 年代末的解析空中三角测量、解析测图仪和数控正射投影仪。由于受当时计算机发展水平的限制，直到 70 年代中期，解析测图仪才进入商用阶段，在全世界得到广泛的推广和应用。

　　解析空中三角测量是用摄影测量方法在大面积范围内测定点位的一种精确方法。通常采用的平差模型有航带法、独立模型法及光束法。在解析空中三角测量的长期研究中，已解决了像片系统误差的补偿及观测误差的自动检测，从而保证了成果的高精度与可靠性。

　　由于解析摄影测量的发展，非地形摄影测量不再受模拟测图仪器的限制而有了新的活力，特别是近景摄影测量，可采用普通的 CCD 数码相机对被测目标以任意方式进行摄影，研究和监测被测物体的外形和几何位置等，应用领域极其广泛。

　　解析摄影测量的进一步发展是数字摄影测量。数字摄影测量是利用所采集的数字/数字化影像，在计算机上进行各种数值、图形和影像处理，研究目标的几何和物理特性，从而获得各种形式的数字产品和可视化产品。这里的数字产品包括数字地图、数字高程模型（digital elevation model，DEM）、数字正射影像、测量数据库等。可视化产品包括地形图、专题图、纵横断面图、透视图、正射影像图、电子地图、动画地图等。

11.4.2　摄影测量的基本原理

　　摄影测量来自测量的交会，利用影像进行量测。更确切地说，它是利用每个影像的像点摄影光线（投影光线）进行交会，获得对应点的物方空间坐标（图11-22）。

　　为了利用投影光线进行交会，必须恢复摄影像上每一条投影光线（直线）在空间的位置与方向，这就必须引入摄影机的内、外方位元素与共线方程原理，解算摄影时摄影机的"位置"与"姿态"。和地

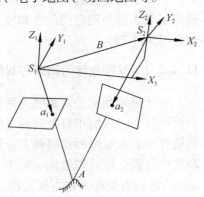

图 11-22　像点交会

面上前方交会一样，若已知摄影时摄影机的"位置"与"姿态"，则摄影测量是所有同名像点的"前方交会"。

11.4.2.1 像片的内、外方位元素与共线方程

从几何上理解，摄影机内光线构成一个四棱锥体，其顶点就是摄影机物镜的中心 S，其底面是摄影机的成像平面（影像），摄影中心到成像面的距离称为摄影机的主距 f，摄影中心到成像面的垂足 O 称为像主点，SO 称为摄影机的主光轴。像主点离影像中心点的位置 (x_0, y_0) 确定了像主点在影像上的位置。f, x_0, y_0 一起称为摄影机的内方位元素，可以通过摄影机检校获得。

摄影机的内方位元素只能确定摄影光线在摄影机内部的方位，不能确定投影光线在物方空间的位置，所以必须确定（恢复）摄影时摄影机的"位置"与"姿态"，即摄影时摄影机在物方空间坐标系中的位置 X_S、Y_S、Z_S 和姿态角 φ、ω、κ 这 6 个参数就是摄影的外方位元素。像点影像是物方空间景物的客观反映，在恢复摄影机的内、外方位元素后，投影光线通过物点 A、摄影中心 S 和所对应的像点 a，即三点共线。

在模拟摄影测量时代，用精密的金属导杆代替投影光线，实现三点共线。进入解析、数字摄影测量时代，用数学公式来描述三点共线的共线方程为：

$$\left.\begin{aligned} x - x_0 &= -f\frac{a_1 \cdot (X - X_S) + b_1 \cdot (Y - Y_S) + c_1 \cdot (Z - Z_S)}{a_3 \cdot (X - X_S) + b_3 \cdot (Y - Y_S) + c_3 \cdot (Z - Z_S)} \\ y - y_0 &= -f\frac{a_2 \cdot (X - X_S) + b_2 \cdot (Y - Y_S) + c_2 \cdot (Z - Z_S)}{a_3 \cdot (X - X_S) + b_3 \cdot (Y - Y_S) + c_3 \cdot (Z - Z_S)} \end{aligned}\right\} \tag{11-8}$$

它描述了像点 $a(x - x_0, y - y_0, -f)$、摄影中心 $S(X_S, Y_S, Z_S)$ 与地面点 $A(X, Y, Z)$ 位于一条直线上，其中 a_1、a_2、a_3、b_1、b_2、b_3、c_1、c_2、c_3 是由 3 个外方位的角元素 φ、ω、κ 所生成的 3×3 的正交旋转矩阵 R 的 9 个元素。

这是摄影测量最基本的方程式，它贯穿于整个摄影测量，被应用于摄影测量的各个方面，如空间后方交会、空中三角测量、数字测图、数字（正射）纠正等。

利用式（11-8），至少选择像片上对应的 3 个地面已知点，列 6 个误差方程式，迭代解算 6 个外方位元素，从而确定了单张像片的空间位置和姿态，这就是单像空间后方交会（图 11-23）。

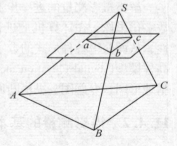

图 11-23 空间后方交会

11.4.2.2 双像立体的构成与双像解析

立体摄影测量是对相邻的两张影像建立立体模型，进行测绘地形图或建立数字地面模型等，当人们用双眼观测自然界时，眼睛本身就相当于一个摄影机，自然界的景物就在左、右眼睛的视网膜上分别产生 2 个影像，如物方两点 A、B，分别在左、右两眼的视网膜上形成影像 a_1、b_1 和 a_2、b_2，由于景深不同（与眼睛的距离），使得 $a_1 b_1 \neq a_2 b_2$，它们的差称为左右视差较：

$$\Delta p = a_1 b_1 - a_2 b_2 \tag{11-9}$$

假如在人的眼睛处用相机对同一景物拍摄 2 张像片，并将像片放置在双眼前，用双眼观察左右像片影像代替直接观察景物，所获得的视觉效果与天然立体视觉完全一样（图 11-24）。

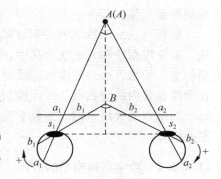

图 11-24　天然立体视觉

这就是立体摄影测量的基础，也是当今计算机立体视觉与"虚拟现实"的重要基础之一。利用两张具有重叠度的影像进行人造立体观察的条件是：①分像，即左眼看左片，右眼看右片；②左右影像必须与眼基线平行，无上下视差。为满足上述条件，最常用的方法有：光学立体镜法、互补色法、同步闪闭法和偏振光法等，现在数字摄影测量系统中常用的是同步闪闭法和偏振光法两种。

恢复影像（摄影机）外方位元素实际是摄影过程的几何反转，它是摄影测量的一个基本原理。确定一个立体像对两张影像的相对位置称为相对定向，它用于建立地面立体模型。相对定向完成的唯一标准是：两张影像上同名像点的投影光线对对相交，所有同名点的集合构成了地面的几何模型，确定两张影像的相对位置的元素称为相对定向元素。

相对定向分为连续法相对定向和独立像对的相对定向两种方法，各有 5 个相对定向元素，其原理都是利用共面条件，即同名光线的两个向量与基线向量所构成的混合积为零。用数学公式表达为：

$$\begin{vmatrix} B_X & B_Y & B_Z \\ X_1 & Y_1 & Z_1 \\ X_2 & Y_2 & Z_2 \end{vmatrix} = 0 \qquad (11\text{-}10)$$

B_X、B_Y、B_Z 为模型基线的分量，$(X_1，Y_1，Z_1)$、$(X_2，Y_2，Z_2)$ 为同名像点在左右像片上各自的像空间辅助坐标系中的坐标，B 的取值大小与模型比例尺有关。为了解算 5 个相对定向元素，至少需选择 5 个同名点（重叠范围内按标准 6 点位分布），列出如上式的 5 个方程进行解算。也就是说，若此 5 个点的同名光线相交了（消除了上下视差），就认为此像对所有的同名光线都对对相交了。再由两张影像上的同名点确定对应的地面点或模型点的坐标，称为摄影测量的前方交会。

相对定向完成了几何模型的建立，还需要将航带像空间辅助坐标系的坐标转换到统一的地面参考坐标系中，取得模型的地面概略坐标，这就是绝对定向。绝对定向共有 7 个参数（又称绝对定向元素），分别是 3 个坐标轴旋转参数（Φ，Ω，K）、3 个坐标轴平移参数（X_G，Y_G，Z_G）和一个缩放参数（λ）。

11.4.2.3　空中三角测量

为了减少野外测量（如测量控制点）工作量，利用少量野外控制点，在室内模型上测点，代替野外测量，以达到加密控制点的目的，这就是空中三角测量，简称空三。空中三角测量同样经历了从模拟、解析到数字的 3 个阶段。摄影测量不能离开野外实地的测量工作。

解析空三是用数学方法来解算控制点坐标的,按数学模型和平差方法划分有航带法、独立模型法和光束法。其中,光束法理论上最严密,是目前数字摄影测量中最常用的空三加密方法。光束法区域网平差是以单张像片为单位,利用每个影像与所有相连影像重叠内的公共点、外业控制点整体解求每张像片的 6 个外方位元素,进而解求每个加密点的大地坐标。其数学模型仍利用共线方程式(11-8)展开的误差方程,整体平差解算。

11.4.2.4 数字高程模型的应用

在航测地形图上,同样用等高线表示地形(起伏),还可以用数字高程模型(DEM)来表达。利用 DEM 也可生成等高线,它将相邻 DEM 点之间地面的变化视为线性的,内插等高线点,最后对它们进行跟踪得到等高线。数字高程模型主要有方格网(GRID)与三角网(TIN)两种形式,它们各有优缺点,不同的形式有不同的应用。

方格网数字高程模型就是将地面 X、Y 分成格网,格网的间隔 ΔX、ΔY 是固定的,因此,表达地面的形态只按格网的行、列号记录每个点的高程 Z。获得格网式 DEM 的方法有两种:一种是在立体测图仪上沿 Y 方向等间隔测定地面点的 Z 值(断面扫描),可直接获取 DEM;另一种常用的方法,根据离散点的坐标(X, Y, Z),用移动曲面进行内插,以 R 为半径,待插点为中心,取落在此圆范围内的离散点,利用下列二次多项式的误差方程内插待定点的高程:

$$v_i = AX_i + BY_i + CX_iY_i + DX_i^2 + EY_i^2 + F - Z_i \qquad (11\text{-}11)$$

式中 A,B,C,D,E,F——待定参数;

$\quad\quad X_i$,Y_i,Z_i——地面点 i 的空间坐标;

$\quad\quad v_i$——拟合高程与实际高程的差值。

地形特征点指的是地形的坡度变化点,若将结构相同的邻近特征点连接起来,则构成地形特征线,显然,利用地形特征线最能有效地表示地形。TIN 就是将离散点按一定的规则连接成三角网。TIN 不仅在测绘上被应用,在工程设计、GIS 关系分析等方面也都有广泛的应用。对 TIN 内插等高线点后,对等高线进行逐条跟踪,利用张力样条函数得到平滑的等高线,

11.4.3 航空摄影测量的主要工作与流程

航空摄影测量简称航测,是将航空摄影机安装在飞机上,对地面进行有计划的摄影,将所摄取的航空底片作为原始资料,对像片进行量测,确定地物和地貌的形状、大小、位置及高程,从而将其测绘成地形原图。

11.4.3.1 航空摄影

航空摄影是将航摄机安装在飞机上,选择晴朗的天气,按照一定的飞行要求,在空中对地面进行摄影,获取航摄底片,经摄影处理获得航空像片(图 11-25)。一张像片可根据摄影比例尺大小覆盖若干平方千米的地面面积,与整个测区相比,一张像片

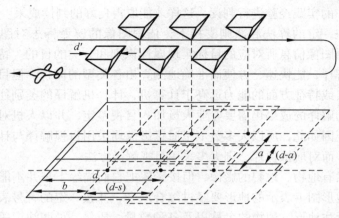

图 11-25 航空摄影

的面积是很小的，整个测区需要拍摄许多像片。因此，航摄需要有计划、有规划地进行，完整无漏的摄取整个测区地形。在摄影过程中，飞机按航线飞行，每隔一定时间曝光一次，拍摄一张像片。相邻两像片之间应保持一定的重叠度（一般为 60% 左右），称为航向重叠。一条航线摄完后，再平行于前一条航线作下一条航线的摄影。两条航线相隔的距离应使航线间保持 30% 左右的重叠度，称为旁向重叠。

11.4.3.2 航测外业

（1）像控联测

利用摄影像片进行信息处理，要有一定数量的控制点作为数学基础。这些控制点不但要在实地测定坐标和高程，而且它们的数量和像片上的位置还要符合像片信息处理的需要。因此，在已有大地成果和航摄资料的基础上，需要在野外定一定数量的控制点，这项工作就是摄影外业控制测量。它的意义在于把航摄资料与大地成果联系起来，使像片量测具有与地面测量相同的数学关系。

用摄影测量方法测图，必须在每张像片或立体像对影像重叠的范围内都要有一定数量的已知控制点，来纠正像片的各种偏差，并与地面坐标相连接。这些控制点的坐标和高程可以全部在野外测定，称为全野外布点。也可以在外业测定少量的控制点，然后在室内进行控制点的加密，即解析空中三角测量法获得所需加密点的地面坐标，这种方法称为非全野外布点法。只测定平面坐标的控制点称为平面点；只测定高程的控制点称为高程点；同时测定平面坐标和高程的控制点称为平高点。所有这些控制点简称为像控点。根据地形条件、摄影资料及信息处理的方法不同，像控点的布设方案也不同。

（2）像片解译与调绘

摄影测量外业工作的另一项任务是像片解译及调绘。像片解译俗称像片判读。解译的目的是识别目标，即识别像片上各种影像所反映的属性特征。用肉眼或借助立体眼镜、放大镜等仪器来分析观察航测摄像片，称为目视解译，这是最原始的也是最基本的一种判读方法。目视解译人员在掌握影像特征的基础上，依据影像的解译标志，并根据专业工作的实践经验进行判读，这样才能取得良好的判读成果。

由计算机在一定的算法和法则支持下，依据图像的解译标志对图像进行自动解译，从而达到对图像信息所对应的目标实现属性识别和分类的目的。特别是对卫星遥感影像的自动解译，能快速、方便而准确地测算出各类型的面积。但目视解译在利用和综合影像要素或特征方面的能力远高于计算机，计算机解译的类别往往不如目视解译详细，其自动解译的成果仍需要专业人员加入目视鉴定，并以人机对话的形式加以调整和修改。正因如此，所以大多数卫星遥感影像均采用目视解译与计算机自动解译相结合的方法，而对航摄像片，则大多采用目视解译方法。

像片上虽然有地物、地貌的影像，但按影像把它们描绘下来并不能作为地形图信息；这是由于地形图上表示的地形要经过综合取舍，并按一定的符号表示。另外，地形图上还必须标注地形、地物的名称以及各种数量、质量、说明注记等，所以，要达到地图的要求，还必须实地调查，并将调查结果描绘注记在像片上，这便是像片调绘。

此外，对于航摄漏洞以及大面积的云影、阴影、影像不清楚地区的补测工作，也是摄影测量外业工作的任务之一。

11.4.3.3 航测内业

航测内业指的是在室内完成的航测工作。随着航测事业的发展，航内工作也发生了很大的变化。传统的航测内业工作除了电算加密像控点和内业测图外，还包括对航测底片进行复制、晒像、纠正、放大等摄影处理，供航测内、外业各工序使用。

传统的航测成图方法有3种，即综合法、分工法和全能法。综合法测图是航测与地形测量相结合的测图方法，地面点的平面位置应用航片来确定，点位高程和地貌用平板仪在野外测定，此法适用于平坦地区的大比例尺测图，其实质是单像测图。分工法也称微分法，点的平面位置和高程都是应用航测的不同工序和仪器求得，此法精度不高，测图原理带有近似性，适用于测绘中、小比例尺地形图。全能法测图是模拟双像空中摄影过程的几何关系，利用全能型立体测图仪，建立与地面严格相似的光学立体模型，进行量测绘制地形图的一种方法，此法理论严密，能测绘各类大、中比例尺地形图。

随着摄影测量技术的发展，用数码相机取代胶片像机，数字摄影测量系统全面取代各类精密立体测图仪和解析测图仪，成为航测生产的主要手段。

11.4.4 数字摄影测量

11.4.4.1 数字摄影测量的基本原理

数字摄影测量沿用摄影测量的基本理论，它的基本内容是数字影像自动测图，数字影像自动测图是利用计算机对数字影像或数字化影像进行处理，由计算机视觉（其核心是影像匹配和影像识别）代替人眼的立体量测与识别，完成影像几何与物理信息的自动提取。数字影像自动测图包括数据准备、内定向、相对定向、核线重排、绝对定向、影像匹配、DEM 生成、数字正射纠正、矢量量测等步骤。

（1）影像扫描数字化

用作数字摄影测量处理的原始资料既有数字影像，也有光学影像（如航片），如果原始资料为光学影像，必须将光学影像扫描成数字影像。为了保证影像清晰、色调均匀，还必须对影像进行灰度调整、反差增强等处理。

所谓数字影像是一个灰度矩阵，矩阵中的每一个元素是一个灰度值，对应着光学影像或实体的一个微小区域，称为像元素、像元或像素。各像元素的灰度值代表其影像经采样与量化后的灰度级。数字影像采用的是扫描坐标系，其坐标值分别代表影像的行列号。对于黑白影像，像元灰度值一般量化为 0~255 之间的一个整数，每个像素灰度值占 8bit，即一个字节。

（2）内定向

数字化影像采用的是仪器扫描坐标系，它与像点的像平面直角坐标系不一致。内定向的目的是建立影像扫描坐标系和像平面直角坐标系之间的转换关系。两坐标系之间的转换关系可用仿射变换式表示：

$$x = a_0 + a_1\bar{x} + a_2\bar{y}$$
$$y = b_0 + b_1\bar{x} + b_2\bar{y} \tag{11-12}$$

式中 a_0，a_1，a_2，b_0，b_1，b_2——待定参数；

x，y——选定点的纵横坐标；

$\bar{x}$，$\bar{y}$——分别为所有选定点纵、横坐标的平均值。

从上式可以看出，内定向的本质是确定 6 个变换参数 a_0、a_1、a_2、b_0、b_1、b_2。为了解求上述 6 个参数，必须观测像片 4 个框标点的影像扫描坐标，并利用已知的框标点的像平面坐标，进行平差计算。

（3）相对定向

相对定向的目的是恢复构成立体像对两张像片的相对方位，建立被摄物体的几何模型。其数学模型是相应的摄影光线与摄影基线应满足共面条件方程。传统的相对定向是通过人工量测 6 个标准点位从而解算出相对定向参数；数字摄影测量系统一般是利用自动影像匹配寻找出大量同名点（一般在 100 点左右）来解求相对定向参数。这样利用了大量的多余观测，提高了定向的精度和可靠性。

（4）核线重排

通过摄影基线所作的任一个与像片相交的平面与像对相交，就会在左右像片上获得一对同名核线。由核线的定义可知，同名像点必须位于同名核线上。

确定同名核线的方法基本可以分成两类：一是基于数字影像的几何纠正，其实质是将倾斜像片上的核线投影（纠正）到"水平"像片对上，求得水平像片对上的同名核线；二是基于共面条件，从核线的定义出发，不通过"水平"像片作媒介，直接在倾斜像片上获取同名核线。此外，当影像的内方位元素不能严格已知，甚至完全不知道时，也可以利用相对定向直接进行核线排列。

由于数字影像的扫描行与和线并不重合，为了获得核线的灰度序列，必须将原始数字影像进行核线排列，即对原始影像根据核线条件进行重采样，消除影像对上下视差后形成核线影像对，为自动匹配做准备。由于核线影像已经消除了上下视差，使得影像匹配这样一个二维搜索同名影像点的过程转化为在核线方向上的一维搜索过程，对影像匹配的效率和可靠性有很大的提高。

（5）绝对定向

绝对定向是确定物方大地坐标系与像方空间坐标系之间的转换关系，通过在模型上量测 3 个以上的控制点，即可解求绝对定向参数。

（6）影像匹配

影像匹配的实质是在两幅或多幅影像之间识别同名点，最终提取物体的几何信息，确定其空间位置。因为早期一般使用相关技术解决影像匹配问题，因此影像匹配又可称为影像相关。影像相关是利用两个信号的相关函数，评价它们的相似性以确定同名点。即首先取出以待定点为中心的小区域中的影像信号，然后取出其在另一影像中相应的影像信号，计算两者的相关函数，以相关函数最大值对应的相应区域中心点为同名点，即以影像信号分布最相似的区域为同名区域。

原始影像的灰度信息可转换为电子、光学或数字等不同的信号，因而可构成电子相关、光学相关和数字相关等不同相关方式，但其理论基础都是基于影像相关。数字摄影测量采用的是数字相关方式。所谓数字相关就是利用计算机对数字影像进行数字计算完成影像的相关，一般情况下它是一个二维的搜索过程，引入核线相关原理后，可以化二维搜索为一维搜索，大大提高了相关的速度，使数字相关技术在摄影测量中的应用得到了迅速的发展。目前常用的影像匹配有最小二乘影像匹配、特征匹配和整体匹配等。

最小二乘影像匹配是以影像的灰度分布为匹配基础，在影像匹配中，它充分考虑了由于辐射畸变核几何畸变引起影像灰度系统变形的相应变形参数，并按照最小二乘的原则求解这些参数。最小二乘影像匹配又被称为"高精度影像匹配"，其影像匹配精度可以达到子像素级。它不仅可以用于一般的数字地面模型和正射影像生产，还可用于空三加密和工业上的高精度量测；它不仅可以解决单点的影像匹配问题，也可以直接解求其空间坐标，并可以解求待定点的坐标与影像的方位元素，此外还能解决多点影像匹配和多片影像匹配。

特征匹配主要用于特征点、线、面的配准，它适合于窗口内信息贫乏、信噪比很小、灰度匹配成功率低的影像，或者只关心影像特征点、线、面的用户。

由于实际作业过程中所使用的资料千差万别，所处理的摄区地形也多种多样，基于灰度的全自动匹配遇到影像中的低反差、文理缺乏区、地形遮蔽区时，匹配结果不十分可靠，此时匹配的结果需要一定的人工编辑。另外，如果被处理地区有大片树林覆盖或是城区时，匹配的同名点会大量落在树林或房屋等人工地物上，则需人工交互式地将它们压倒地面上。

（7）数字高程模型生成

影像匹配过程结束后，获得了一系列同名像点的像坐标，由此可解算各点的三维大地坐标(X, Y, Z)，进而可内插生成数字高程模型（DEM）。

（8）数字正射纠正

数字正射纠正实质是利用数字高程模型，将中心投影的影像通过数字纠正，改正由于地形起伏和像片倾斜而引起的投影误差，最后形成正射投影影像。由于该纠正通常是以数字高程模型格网为单元的微小区域内逐块进行的，因此也称为数字微分纠正。

当通过影像自动匹配，生成了数字高程模型后，利用影像的方位元素，根据空间后方交会原理，即可生成数字正射影像。

(9)矢量测图

数字摄影测量中的矢量测图实质是地物测绘。目前，通过适当的人工干预，利用计算机模式识别技术，可以实现地物要素的半自动测图。实现地物要素的自动识别、提取和测图，是今后研究和发展的重点。

(10)全数字自动空中三角测量

全数字空中三角测量是数字摄影测量系统中最重要的模块之一，它的主要任务是实现单个目标的点定位量测，并为各种摄影测量成图技术，如数字转绘、DEM自动提取、数字正射影像制作、数字立体测图以及解析法和模拟法成图技术提供必要的内业加密控制点坐标和定向元素。它的一个重要特点是实现了空中三角测量中选点、转点和量测的自动化。

利用数字影像进行空中三角测量(或称数字摄影测量空三加密，简称数字空三)有两种方案：一种是利用数字影像进行常规空中三角测量，即按常规作业方式进行加密计划，每张像片布设9个标准位置连接点(每个像对6个控制点)，然后将影像数字化，在数字影像上量测计划点并进行加密解算的空中三角测量；另一种是全自动无刺点空中三角测量，即直接在数字影像上实现加密点选定和量测及航带间的转标、点号编制、相对定向、模型连接与航带连接的全自动化，省去了传统空三的加密计划工作。

目前自动空中三角测量的自动量测还需要一定的人工干预，机载GPS的应用将推动自动空三向无地面控制空三测量发展。GPS与自动空三结合，可以大大减少野外控制点数量。

11.4.4.2 数字摄影测量系统

数字摄影测量系统的任务是利用数字影像或数字化影像完成摄影测量作业。根据所处理的影像是部分数字化还是全部数字化可分为混合型数字摄影测量系统和全数字摄影测量系统。混合型数字摄影测量系统是一种基于解析测图仪或立体测图仪，利用立体像对的局部数字化影像的系统，它不需存储全部像片的数字影像。全数字摄影测量系统是一种直接利用数字影像，由计算机处理，以生产数字地图和数字正射影像为目的的自动化摄影测量系统。

数字摄影测量系统的硬件部分主要由计算机、点输入装置(手轮、脚轮或鼠标等)、立体图像监视系统等组成。其配置应具有较大的内外存空间、较快的CPU速度。

数字摄影测量系统软件是解析摄影测量软件与图像处理软件的集成，其主要模块和功能有：计算定向参数(包括内定向、相对定向和绝对定向)；空中三角测量；形成按核线方向排列的立体影像；影像匹配；建立数字地面模型；自动生成等高线；制作正射影像；等高线和正射影像叠加；制作景观图和 DTM 透视图；矢量测图；注记。

综上所述，数字摄影测量系统能生成空中三角测量加密成果、数字高程模型、数字线划图、数字正射影像、三维透视图、立体模型等多种产品。

目前国内外应用较为广泛的数字摄影测量系统软件有瑞士 Leica 公司的 Leica/Hanava 系统，武汉测绘科技大学研制的 VirtuZo NT 系统，美国的 Intergraph 系统，中国测绘科学研究院的 JX-4A 系统等。

11.4.5　近景摄影测量简介

近景摄影测量是通过摄影（摄像）、随后的图像处理和摄影测量处理以获取被摄目标形状、大小和运动状态的一门技术。凡可摄取其影像的目标，均可作为近景摄影测量的对象，以获得目标上点群的三维空间坐标，以及基于这些三维空间坐标的长度、面积、体积、等值线（剖面线）等。在同时记载时间信号的情况下，还可获取运动目标的运动状态，即获取运动目标（点）的速度、加速度和运动轨迹。

11.4.5.1　近景摄影测量的定义

近景摄影测量是摄影测量与遥感学科的一个分支。通过摄影手段以确定（地形以外）目标的外形和运动状态的学科分支称为近景摄影测量（close-range photogrammetry）。包括工业、生物医学、建筑学以及其他科技领域中的各类目标是此学科分支的研究对象。也有人认为，应把摄影距离大约小于 100m 的摄影测量称为近景摄影测量。

11.4.5.2　近景摄影测量目标的多样性

近景摄影测量，即各类物体外形和运动状态的摄影测量，已广泛应用于科学技术的各个领域。原则上说，凡是可获取其影像的各类目标，都可以使用近景摄影测量的相关技术，以某种精度测定它的形状、大小和运动参数。此技术已用于工业、生物医学和建筑学的众多基础研究和应用研究的各个方面。根据世界各国的应用情况，现几乎找不到未使用近景摄影测量技术的行业。

11.4.5.3　近景摄影测量的优点

①它是一种瞬间获取被测物体大量物理信息和几何信息的测量手段。作为信息载体的像片或影像拥有被测目标最大的信息（可重复使用的信息，容易存储的信息），特别适应于测量点众多的目标。

②它是一种非接触性量测手段，不伤及测量目标，不干扰被测物自然状态，可在恶劣条件下（如水下、放射性强、有毒缺氧以及噪音）作业。

③它是一种适合于动态物体外形运动状态测定的手段，是一种适用于微观世界和较远目标的测量手段。

④它是一种基于严谨的理论和现代的硬软件，可提供相当高的精度与可靠性的测量手段，根据处理方法以及技术手段和资金投入大小不同，测量精度有所变化，可提

供 1/1000～1/1 000 000 的相对精度。

⑤就当前发展而言，它是一种基于数字信息和数字影像技术以及自控技术的手段，使实时近景摄影测量日益广泛地深入工业生产流程中，成为工业产品分类、导向、监测、装配和自动化生产的重要组成。

⑥可提供基于三维空间坐标的各种产品，包括各类数据、图形、图像数字表面模型以及三维动态序列影像等。

11.4.5.4 近景摄影测量的缺陷

像所有测量技术一样，近景摄影测量也有它的不足与缺陷：

①技术含量高，需要较昂贵的硬设备投入和较高素质的技术人员，设备的不足以及技术力量的欠缺均会导致不良的测量成果。

②对所有测量对象不一定是最佳的技术选择。衡量一个技术的适用性，至少要从提供成果的质量、速度精度、所需的投入（包括硬软件设备投入、技术人员投入和资金投入）等几个方面予以审度。因此，当被测目标是以下类型时，就不一定选择近景摄影测量方案：

• 不能获取质量合格的影像。被测目标纹理匮乏，不尽适宜的摄影环境，难以寻得适宜的摄影机或摄像机。

• 目标上待测点为数不多，可用其他简易测量方法实施。

11.4.5.5 近景摄影测量的发展现状

近景摄影测量的发展，在国际上已有五六十年的历史。国际摄影测量与遥感协会（International Society for Photogrammetry and Remote Sensing）下属一个专门组织，称为近景摄影测量与机器视觉（Close Range Photogrammetry and Machine Vision）委员会。在他的组织下，每两年召开一次国际性的学术讨论会。近景摄影测量，在国内近十余年有较大发展。中国测绘学会摄影测量与遥感委员会负责协调学术交流工作。国际上把近景摄影测量的主要用途归结为 3 个方面：

①古建筑与古文物摄影测量（architectural and archaeological photogrammetry）；

②生物医学摄影测量（biomedical photogrammetry）；

③工业摄影测量（industrial photogrammetry）。

11.4.5.6 近景摄影测量的应用

①用立体测图仪测制建筑立面图；

②古塑像等值线图的测制；

③历史遗址测量；

④浮雕近景摄影测量；

⑤近景摄影测量在船舶制造工业方面的应用；

⑥汽车外壳的摄影测量；

⑦普通照相机用于橡胶护舷变形测量；

⑧海轮螺旋桨外形的测定；

⑨大江截流时流速流态的测定；

⑩大坝和冷却塔变形测量；

⑪煤田地质小构造的测定；

⑫动物躯体外形的摄影测量；

⑬鸟嘴外形的摄影测量；

⑭口腔外科的近景摄影测量应用；

⑮交通事故的近景摄影测量快速测定；

⑯体育运动高速影像空间分析；

⑰喷气式飞机发动机进风口变形测定；

⑱子弹出膛后运动轨迹测定等军事上的应用。

11.5 激光雷达技术原理与应用

11.5.1 概述

激光雷达（light detection and ranging，LiDAR）是 20 世纪 90 年代初发展起来并投入商业化应用的一种新兴空间测量系统，其应用已超出传统测量、遥感所覆盖的范围，成为一种独特的数据获取方式。LiDAR 系统通常分为机载 LiDAR 和地基 LiDAR 两大类。

11.5.1.1 机载 LiDAR

机载 LiDAR 是主动式的对地观测系统，具有不需要大量地面控制点、自动化程度高、受天气影响小、数据生产周期短、时效性强等诸多优点。机载激光雷达测量系统设备主要包括三大部件：机载激光扫描仪、航空数码相机、定向定位系统（POS，包括全球导航定位系统 GNSSS 和惯性导航仪 IMU），如图 11-26 所示。机载激光扫描仪是 LiDAR 的核心，一般由激光发射器、接收器、时间间隔测量装置、传动装置、计算机和软件组成。其功能是采集三维激光点云数据，测量地形同时记录回波强度及波形。航空数码相机用于拍摄采集航空影像数据；利用高分辨率的数码相机可获取地物地貌真彩或红外数字影像信息，经过纠正、镶嵌生成彩色正射数字影像，可对目标进行分类识别，或作为纹理数据源。POS 系统用来测量设备在每一瞬间的空间位置与姿态，其中 GNSS 确定空间位置，IMU 惯导测量仰俯角、侧滚角和航向角数据。机载 LiDAR 一般采用动态载波相位差分 GNSS 系统，利用安装于飞机上与 LiDAR 相连接的和设在一个或多个基准站的至少两台 GNSS 信号接收机同步而连续地观测 GNSS 卫星信号，同时记录瞬间激光和数码相机开启脉冲的时间标记，再进行载波相位测量差分定位技术的离线数据后处理，获取 LiDAR 的三维坐标。惯导的基本工作原理是以牛顿力学定律为基础，通过测量载体在惯性参考系的加速度，把它变换到导航坐标系中，得到载体在导航坐标系中的速度、偏航角和位置等信息。机载 LiDAR 工作原理如图 11-27 所示。

机载激光扫描仪   航空数码相机   POS系统(GPS+IMU)

LMS-Q680i

图 11-26　机载 LiDAR 系统部件

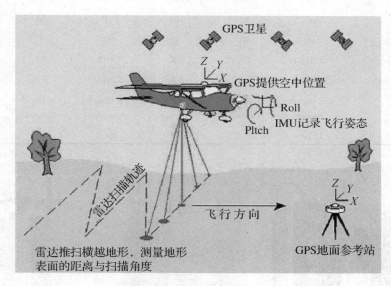

图 11-27　机载 LiDAR 工作原理

机载 LiDAR 传感器发射的激光脉冲能部分地穿透树林遮挡,直接获取高精度三维地表地形数据,从而避免了数字摄影测量中的影像匹配、前方交汇、内插等步骤,具有传统的摄影测量和地面常规测量技术无法取代的优越性。

11.5.1.2　地基 LiDAR

地基 LiDAR 系统,国内常称其为地面三维激光扫描系统,它是利用激光测距的原理,通过记录被测物体表面大量的密集的点的三维坐标、反射率和纹理等信息,快速复建出被测目标的三维模型及线、面、体等各种图件数据。地基 LiDAR 系统一般由三维激光扫描仪、控制器(计算机)和电源供应系统三部分组成。激光扫描仪部分包括激光测距系统和激光扫描系统,同时也集成 CCD 和仪器内部控制和校正系统等。表 11-6 给出常用地面激光雷达的主要性能参数。图 11-28 为部分地面三维激光扫描仪。

表11-6 常用地面激光雷达的主要性能参数

性能指标	产品					
	Callidus	Cyrax2500	I-SiTE	GS100	ILRIS-3D	LMS-Z420
激光等级	1	2	1	2	1	1
波长(nm)	905	532	904	NA	NA	904
标识距离(m)	32	1.5~50	2~300	2~100	350	2~250
最大距离(m)	150	100	450	NA	800	1000
距离精度(mm)	5	6	25	6	10	10
瞬时视角(mrad)	0.17	0.12	3.00	0.06	0.30	0.25
扫描速度(Hz)	28 000	1000	6000	1000	2000	9000
垂直视角(deg)	360	40	340	360	40	360
水平视角(deg)	180	40	80	60	40	80
垂直角精度(deg)	0.017	NA	NA	0.018	NA	0.0025
水平角精度(deg)	0.030	NA	NA	0.018	NA	0.002
图像	On Board Camera	On Board Camera	3D Imaging	On Board Camera	On Board Camera	3D Imaging
重量(kg)	15.0	20.5	13.0	13.0	12.0	14.5

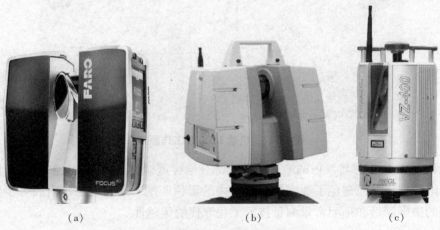

(a) (b) (c)

图11-28 部分地面三维激光扫描仪主机

(a)Faro (b)leica (c)Riegl

11.5.2 激光测距原理

目前,激光测距主要采用两种测量模式:脉冲式测距模式,直接测定光脉冲在测量两端往返传播的时间 t,求出距离 R 的方法;相位差测量模式,测量发射信号和目标反射回波信号间的相位差测距,采用连续波激光(continuous wave,CW)。

11.5.2.1 脉冲式测距模式

目前,大部分激光雷达的测距模式都采用脉冲测距模式,如图4-8所示。脉冲激光器向目标发射一个或一列很窄的光脉冲(脉冲宽度于 50ns),测量从发射光脉冲开始到由目标返回到接收机的时间(time-of-flight),由此计算出激光器到目标的距离:

$$R = \frac{1}{2} \cdot c \cdot t \tag{11-13}$$

式中 R——测距仪到目标的距离;

c——光在空气中的速度;

t——光从发射到接收的时间间隔。

由式(11-13)可得:

$$\Delta R = \frac{1}{2} \cdot c \cdot \Delta t \tag{11-14}$$

其中,ΔR 是测距分辨率,表示两个物体能够区分的最小距离,由时间测量的精度决定。

$$R_{max} = \frac{1}{2} \cdot c \cdot t_{max} \tag{11-15}$$

其中,R_{max} 是最大量测距离,由两侧的最长时间(t_{max})决定,同时又受到激光功率、光束发散度、大气传输、目标发射特性、探测器灵敏度、飞行高度和飞行姿态记录误差的影响。为保证能够区分不同波束的回波,通常脉冲测距仪必须接收到上一束激光脉冲的回波信号后再发射下一个激光脉冲,因此必须考虑最大量测距离。

11.5.2.2 连续波激光测距

连续波激光测距雷达用相位法测距,即利用连续波激光器向目标发射一束已调制的连续波激光束。激光接收机接收由目标反射或散射的回波,通过量测激光器发射波和接收波之间的相位差来测量目标与发射器之间的距离。相位法的相对误差仅有百万分之一。

相位差量测的时间间隔 t 可按下式计算:

$$t = \frac{\varphi}{2\pi}T + nT \tag{11-16}$$

式中 n——经理的波长数;

T——经历一个波长所需的时间,表示相位差;

φ——相位差量。

因此,目标到激光器间的距离 R 可表示为:

$$R = \frac{1}{2} \cdot c \cdot t \tag{11-17}$$

当 n 等于 0 时,有:

$$\left. \begin{array}{l} R = \frac{\varphi}{4\pi} \cdot \frac{c}{f} \\[2mm] \Delta R = \frac{\Delta\varphi}{4\pi} \cdot \frac{c}{f} \\[2mm] R_{max} = \frac{\varphi_{max}}{4\pi} \cdot \frac{c}{f} = \frac{2\pi}{4\pi} \cdot \lambda = \frac{\lambda_{max}}{2} \end{array} \right\} \tag{11-18}$$

式中 f——波段频率；

  λ_{max}——最大波长；

  φ_{max}——最大相位差量；

  ΔR——测距分辨率；

  $\Delta\varphi$——相位差。

式(11-18)表明，测距分辨率与相位差量测精度和所用的波段有关。多用的波段频率越高其测距分辨率越大，因此，相位差测距易获得高精度测距精度。但其最大量测距离由最大波长决定，波长越长，其量测距离越大。

目前，大多的机载激光 LiDAR 测量系统采用的是脉冲测距仪进行测距。

11.5.2.3 LiDAR 工作原理

设三维空间中一点 O_S 的坐标 $(X_S,\ Y_S,\ Z_S)$ 已知，求出该点到地面上某点待定点 $P(X,\ Y,\ Z)$ 的向量 S，则 P 点的坐标就可由 OS 加 S 得到。在机载激光雷达系统中，利用惯性导航系统(INS)获得飞行过程中的 3 个姿态角 $(\omega、\varphi、\kappa)$，通过全球定位系统(GPS)获取到激光扫描仪重心坐标 $(X_O,\ Y_O,\ Z_O)$，最后利用激光扫描仪获取到激光扫描仪中心至地面点的距离 D，由此可计算出此刻地面上相应激光点 $(X,\ Y,\ Z)$ 的空间坐标为：

$$\begin{bmatrix} X \\ Y \\ Z \end{bmatrix} = \begin{bmatrix} X_O \\ Y_O \\ Z_O \end{bmatrix} + R(\omega,\varphi,\kappa) \begin{bmatrix} 0 \\ 0 \\ D \end{bmatrix} \tag{11-19}$$

11.5.3 LiIDAR 数据特点

激光雷达获取的数据，从严格意义上讲，包括位置、方位/角度、距离、时间、强度等飞行过程中系统得到的各种数据。而实际应用中，人们接触和使用的是与具体时间及发射信号波长一一对应的点坐标及对应的强度等。总体而言，机载 LiDAR 点云数据具有以下特点：

11.5.3.1 离散随机性

机载 LiDAR 点云数据的分布呈离散性状态，但这并不意味电源之间彼此独立存在，而是指点云的位置、点云之间的间隔等在空间中的不规则分布，允许在相同平面坐标对应多个不同高程值。每个点云都是随机获取的，没有考虑地表的特征点和特征线。点云一般只有空间坐标信息，不含有所属类别信息等，故在地物自动识别和提取方面存在阻碍。

11.5.3.2 分布不均匀性

机载 LiDAR 的作业方式通常是按照扫描带进行推扫，由于扫描时飞行状态不稳定、系统参数变化和地形起伏等因素的影响，容易造成扫描带两侧数据密度大，中间数据稀疏现象。比如，相同飞行条件和系统参数条件下，由于地形的起伏，山区的点云数据密度比平坦地区的要低。

11.5.3.3 存在数据空白或过度冗余

造成点云数据空白的原因主要有两方面：一是水体对激光有吸收作用，在水体区域不会接收到回波信息；二是在数据获取过程中，由于系统故障或者物体遮挡等原因导致局部数据缺失。数据的空白对该区域真实地形信息的获取有影响，所以必要时要进行数据修补。

11.5.3.4 多次回波

机载 LiDAR 系统可以接收单次回波或多次回波。当激光信号遇到地物后反射回波，若此时信号能量未消耗殆尽，可以继续传播，从而接收器可以得到多次回波信息。这种现象一般发生在森林地区和高程变化较大处。

11.5.4 机载 LIDAR 数据的滤波分类

机载 LIDAR 数据的处理涵盖多个方面，包括动态 GNSS 数据后处理、INS 和 GNSS 组合姿态确定、不同传感器的观测值的时间系统同步处理、激光脚点（foot point）三维坐标计算、坐标系的转换、系统误差的改正、粗差的剔除、数据的滤波分类、DEM/DTM 的生成以及后续的地物提取、建筑物三维重建、3D 城市模型等高级处理。下面简要介绍机载 LIDAR 数据后处理中的滤波与分类。

11.5.4.1 滤波原理

机载 LIDAR 数据后处理中滤波的基本原理是基于临近激光脚点间的高程突变（局部不连续），一般不是由地形的陡然起伏造成，更为可能的是较高点位于某些地物上。即使高程突变是由地形变化引起的，陡坎只引起某个方向的高程突变，而房屋所引起的高程突变在 4 个方向都会形成跃阶边界。在同一区域一定范围内，地形表面激光脚点的高程和临近地物（房屋、树木、电线杆等）激光脚点的高程变化显著，在房屋边界处更为明显，局部高程不连续的外围轮廓就反映了房屋的形状。当激光束扫描到枝叶繁茂的参天大树时，激光脚点间的高程也会出现局部不连续的情况，但其表现形态却与前者有显著差异。两临近点的距离越近，两点间高差越大，较高点位于地形表面的可能性就越小。因此，判断某点是否位于地形表面时，要顾及该点到参考地形表面点的距离，随着两点间距的增加，判断的阈值也应放宽。这主要是为了同时考虑地形起伏产生的高程变化。两地面点间的距离越远，地形变化形成的高差就会越大。

11.5.4.2 滤波分类方法

（1）数学形态学方法

核心思想是应用形态学运算，借助于一个移动窗口，窗口内最低点就认为是地面点，高程值高出该点一定范围的其他点也认为是地面点，并结合移动窗口的尺寸大小给以一定的权，可结合不同尺寸的窗口重复进行，最好考虑各点的权内插 DEM。

（2）移动窗口滤波法

利用一个大尺度的移动窗口找最低点计算出一个粗略的地形模型，然后过滤掉所有高差（以第一步计算出的地形模型为参考）超过给定阈值的点，计算一个更精确的 DEM。窗口的大小及阈值的大小都会影响分类结果。过滤参数的设置取决于测区的实际地形状况，对于平坦地区、丘陵地区和山区，应设置不同的过滤参数值。

（3）迭代线性最小二乘内插法

核心思想是基于地物点高程比对应区域地形表面激光脚点的高程高，线性最小二乘内插后，激光脚点高程拟合残差（相对于拟合后的地形参考面）不服从正态分布，高出地面的地物点高程拟合残差都为正值，且偏差较大。该方法需要迭代进行，首先用所有激光脚点的高程观测值按等权计算出初步的曲面模型，该表面实际上是介于真实地面（DTM）和地物覆盖面（DSM）之间的一个曲面，其结果是拟合后真实地面点的残差出现负值的概率大；而植被点的残差有一部分是绝对值较小的负值，另一部分的残差是正的。然后用这些计算出来的残差来给每个高程观测值定权。计算出每个观测值的权后，就可以进行下一步的迭代计算。负得越多的残差对应的点应赋予越大的权，使它对真实地形表面计算的作用更大。而居于中间残差的点赋予小权，使它对真实地面计算的作用更小。

该方法能很好地获得地形趋势面，既可以直接利用原始数据进行，也可以对数据进行预先的分类，能自动处理，通过调权还可以剔除残差负的特别大的粗差观测值，获取的数字地面模型的质量很高。该方法的缺点是假设了地形特征局部水平或点均匀分布。为了保留倾斜地形的地面点，在滤波的过程中需要不断调整滤波参数，以适应不同的地形类型。在地形陡然起伏的地方不适用，通常不能滤掉大型建筑物，会出现负粗差。该方法没有考虑地形断裂线，往往是地形特征边界变得模糊。另外该方法参数设置复杂，计算时间长。

（4）基于坡度变化的滤波算法

该算法的核心思想是根据地形坡度变化确定最优滤波函数。为了保留倾斜地形信息，要适当调整滤波窗口尺寸大小，并增加筛选阈值的取值，以保证属于地面点的激光点不被滤掉。滤波参数的最优值是随着地形的变化而变化的。基本思想是，地形急剧变化产生临近两点间高程差异很大的可能性很小，其中一点属于地物点的可能性更大。该方法是通过比较两点间的高差值的大小来判断拒绝还是接收所选择的点。两点间高差的阈值定义为两点间距的函数，即所谓的滤波函数。

常用的确定滤波函数的方法都是尽量使 DEM 保留重要的地形特征信息，使过滤条件太宽松，接收一些非地面点。分类结果的好坏同数据点的密度有着密切的关系，点的密度越稀疏，分类误差就越大，滤波的效果越差。对于被较矮小的地面植被反射而获得的数据点很难被过滤掉。我们可以引进图像分析算法来提高分类精度，如果地形的形态特征随所处理区域的变化而变化，可粗略进行分割，每块的地形变化具有一定的均一性。对于每种地形的数据应该选择不同的数据训练集来推求最优的滤波函数。

11.5.5 LIDAR 的应用

LIDAR 是一种集激光、全球定位系统、惯性导航系统 3 种技术于一身的系统，用于获得高精度、高密度的三维坐标数据，构建目标物的三维立体模型。该技术在基础测绘 4D 产品生产、精密工程测量、数字城市建设等领域具有广泛的应用前景，它代表了测绘技术又一个新时代的到来。

11.5.5.1 数字高程模型

LiDAR 技术最主要的数据产品是高密度、高精度的激光点云数据，该数据直接反映点位的三维坐标。通过自动或人工交互处理，把入射到植被、房屋、建筑物等非地形目标上的点云进行分类、滤波或去除，然后构建不规则三角网，就可以快速提取 DEM。

11.5.5.2 基础测绘的实施

除了数字高程模型，基础测绘的"4D"产品还包括数字正射影像（DOM）、数字线划地图（DLG）和数字栅格地图（DRG）。对于 DOM 和 DLG 两种产品，其生产也不能缺乏高精度三维信息的支持。例如，DOM 是在 DEM 提供精确的地形信息的前提下，进行数字微分纠正得到的。如果没有可靠的 DEM 资料，传统生产 DOM 方法是通过数字摄影测量的方法实现的。数字摄影测量作业工序烦琐，设备要求和技术路线非常严格，对生产人员的技能要求比较高，而机载 LIDAR 技术提取的地面三维坐标，完全满足高精度影像微分纠正的需要，使得 DOM 的生产变得相当容易，可以无须使用数字摄影测量这种昂贵的专业平台，在一般的遥感图像处理系统中即能实现规模化生产。此外，高精度的激光点云数据还直观反映植被和地物的三维信息，利用这些资源，DLG 地形地物的判读和量测更加准确，数据采集变得更加容易。

11.5.5.3 精密工程测量

很多精密工程测量，都需要采集测量目标的高精度三维坐标信息，甚至需要建立精确的三维物体模型，如电力选线、矿山和隧道测量、水文测量、变形测量、文物考古等行业。地面和机载 LIDAR 就是解决这种实际问题的最有效手段。通过数码相片获取的纹理信息和构筑物模型进行叠加构架三维模型，是进行景观分析、规划决策、形变测量、物体保护的重要依据。例如，利用 LIDAR 技术为公路、铁路设计提供高精度的地面高程模型（DEM），以方便线路设计和施工土方量的精确计算。在进行电力线路设计时，通过 LIDAR 的成果数据可以了解整个线路设计区域内的地形和地物要素情况。在树林密集处，可以估算需要砍伐树木的面积和木材量。在进行电力线抢修和维护时，根据电力线路上的 LIDAR 数据点和相应的地面裸露点的高程可以测算出任意一处线路距离地面的高度，这样可以便于抢修和维护。

11.5.5.4 数字城市建设

数字城市是 21 世纪以来，很多地方正在力争构建的信息化目标。空间信息作为数字城市的基础框架和平台，是构建数字城市的重要研究课题。LIDAR 系统可以获取高分辨率、高精度的数字地面模型和数字正射影像，提供构建数字城市最宝贵的空间信息资源，因此是数字城市建设的重要技术力量。

数字城市还需要构建高精度、正三维、可量测、具有真实感的城市三维模型作为管理城市的虚拟平台，但是采用传统技术，进行城市三维建模是精雕细琢的工艺，工作量很大，效率非常低，而且效果并不好，影响了数字城市服务面的宽度和深度。利用 LIDAR 技术对地面建筑物进行空中激光扫描或地面多角度激光扫描，可快速获取目标高密度、高精度的三维点坐标，在软件支持下对点云数据进行模型构建和纹理映射，很方便地构建大面积的城市三维模型，并可以实施快速动态更新，为数字城市建设基础数据源的持续性、历史性提供切实的保障。

11.5.5.5 水下地形测量

LIDA 系统采用了两种不同波长的激光束，可对水底进行测量。比如，SHOALS 系统在采用红光(或红外光)测量水面的同时，用蓝绿光穿透水面测量水底，通过这两个光束的接收时间差计算水的深度，从而完成大面积的水下地形测量。通常情况下，海道测量 LIDAR 所能测量的海水深度为 50m，此深度随水质高清晰度的不同而变化，为巷道、近海海洋、水文等行业的人士所推崇。

思考与练习题

1. 目前正在运行或即将运行的全球导航卫星系统主要有哪些?
2. GPS 系统主要由哪几部分组成?
3. GPS 的定位方式有哪两种?
4. 何为 GPS RTK? 何为网络 GPS?
5. 简述 GPS 在某一领域的具体应用。
6. 什么是遥感? 遥感技术系统由哪几部分构成?
7. 遥感技术在测绘中有哪些应用?
8. 遥感技术在环境与自然灾害中有哪些应用?
9. 遥感技术在农林牧等方面有哪些应用?
10. 什么是地理信息系统? 它有哪些基本功能?
11. 数字摄影和近景摄影有何区别? 它们各自有哪些功能?
12. LIDAR 的数据存储方法有哪些?
13. 机载 LIDAR 在农林牧等方面有哪些应用?
14. 地基 LIDAR 在土木工程领域有哪些应用?
15. 地基 LIDAR 在农林领域有哪些应用?

宁津生，陈俊勇，刘经南，等．2005．测绘学概论［M］．武汉：武汉大学出版社．

王侬，过静珺．2009．现代普通测量学［M］．北京：清华大学出版社．

周秋生，郭建明．2004．土木工程测量［M］．北京：高等教育出版社．

李天文．2007．现代测量学［M］．北京：科学出版社．

党星海，郭宗河，郑加柱．2006．工程测量［M］．北京：人民交通出版社．

李小文，等．2008．遥感原理与应用［M］．北京：科学出版社．

李晓莉．2006．测量学实验与实习［M］．北京：测绘出版社．

胡伍生，潘庆林．2007．土木工程测量［M］．南京：东南大学出版社．

高井翔，等．2008．数字测图原理与方法［M］．徐州：中国矿业大学出版社．

岳建平，陈伟清．2006．土木工程测量（精编本）［M］．武汉：武汉理工大学出版社．

潘正风，等．2004．数字测图原理与方法［M］．武汉：武汉理工大学出版社．

王笑峰．2004．工程测量［M］．北京：水利水电出版社．

杨正尧，等．2005．测量学［M］．北京：化学工业出版社．

覃辉，等．2004．土木工程测量［M］．上海：同济大学出版社．

刘星，吴斌，等．2004．土木测量学［M］．重庆：重庆大学出版社．

梁盛智，等．2002．测量学［M］．重庆：重庆大学出版社．

李生平，等．1997．建筑工程测量［M］．武汉：武汉工业大学出版社．

过静珺．2003．土木工程测量［M］．武汉：武汉理工大学出版社．

翟翊，等．2003．现代测量学［M］．北京：解放军出版社．

邹永廉，等．2004．土木工程测量［M］．北京：高等教育出版社．

胡伍生，等．1999．土木工程测量［M］．南京：东南大学出版社．

文孔越，等．2002．土木工程测量［M］．北京：北京工业大学出版社．

张远智．2005．园林工程测量［M］．北京：中国建材工业出版社．

耿美云．2008．园林工程［M］．北京：化学工业出版社．

臧克．2007．地面激光雷达应用处理关键技术研究［D］．北京：首都师范大学．

中华人民共和国国家质量监督检验检疫总局，中国国家标准化管理委员会．2012．国家基本比例尺地形图分幅和编号（GB/T 13989—2012）［S］．北京：中国标准出版社．